Grundriss der Bioinformatik

Hooman H. Rashidi und Lukas K. Bühler

Grundriss der Bioinformatik

Anwendungen in den Biowissenschaften und der Medizin

Aus dem Englischen übersetzt von Olaf Werner

Spektrum Akademischer Verlag Heidelberg · Berlin

Originaltitel: Bioinformatics Basics. Applications in Biological Science and Medicine
Aus dem Englischen übersetzt von Olaf Werner
Amerikanische Originalausgabe bei CRC Press LLC, Boca Raton/London/New York/Washington, D.C.

Die Deutsche Bibliothek – CIP-Einheitsaufnahme

Rashidi, Hooman H.:
Grundriss der Bioinformatik : Anwendungen in den Biowissenschaften und der Medizin /
Hooman H. Rashidi ; Lukas K. Bühler. Aus dem Engl. übers. von Olaf Werner.
- Heidelberg ; Berlin : Spektrum, Akad. Verl., 2001
Einheitssacht.: Bioinformatics basics <dt.>
ISBN 3-8274-1094-0

Lektorat: Ulrich Moltmann, Bettina Saglio (Ass.)
Produktion: Katrin Frohberg
Umschlaggestaltung: Kurt Bitsch, Birkenau
Satz: TypoDesign Hecker GmbH, Leimen
Druck und Verarbeitung: Franz Spiegel Buch GmbH, Ulm

Inhalt

Geleitwort

Die Bioinformatik ist ein Teilbereich der Wissenschaft, der im Entstehen begriffen ist und rasch wächst. Es überrascht daher nicht, dass es zwischen dem aktuellen Stand der Erkenntnisse und der Veröffentlichung von Handbüchern, die man braucht, um Grundkenntnisse zu erlangen und sie zur Problemlösung anzuwenden, eine riesige Verzögerung gibt. Hooman H. Rashidi und Dr. Lukas K. Bühler haben einen Weg gefunden, diesen Bedürfnissen entgegenzukommen. Ihr Buch stellt eine hervorragende, zur rechten Zeit erschienene und leicht verständliche Informationssammlung zum Studium für all jene dar, die keine tieferen Kenntnisse der Bioinformatik besitzen. Das Buch ist jedoch alles andere als vereinfachend und selbst erfahrene Bioinformatiker können es als knappes Nachschlagewerk benutzen. Ich persönlich fand das Material didaktisch geschickt aufbereitet und bei meiner eigenen Forschung sehr nützlich. Ich bin von dem Buch begeistert und sicher, dass es einen weiten Benutzerkreis, von Studenten bis zu erfahrenen Forschern, ansprechen wird.

Dr. Elzbieta Izbicka
Cancer Therapy and Research Center
San Antonio, Texas
und
Adjunct Faculty of Medicine
University of Texas Health Science Center
San Antonio

Vorwort

Nach Jahren der Forschung über Struktur-Funktions-Zusammenhänge war das letzte Jahrzehnt äußerst zufriedenstellend, bedingt durch den technischen Fortschritt bei der Genomsequenzierung (Genomik) und der Identifizierung von Proteinen (Proteomik). Das Vorhandensein von öffentlichen Datenbanken mit Milliarden von Datensätzen verlangt solide analytische Vorgehensweisen, um diese Daten bezüglich ihrer biologischen Bedeutung zu katalogisieren und darzustellen. Das vereinheitlichende Thema ist die biologische Evolution, wie sie von Darwins Evolutionstheorie und ihrer modernen „Synthese" unter Berücksichtigung der Prozesse der molekularen Evolution beschrieben wird. Zur Bearbeitung dieser riesigen Datenmengen benötigt man die Bioinformatik. Das exponentielle Anwachsen der Rechenleistung von Computern und ihrer Speicherkapazität war eine wichtige Grundlage für das Zeitalter der Gene und der Biotechnologie.

Da die Idee zu diesem Buch vor etwa einem Jahr entstand, haben sich viele der hier beschriebenen Techniken inzwischen weiter entwickelt und ändern sich auch im Internet ständig. Wir beziehen uns zum Beispiel auf die Version der Proteindatenbank des Brookhaven National Laboratory. Sie war über viele Jahre hinweg eine zuverlässige Quelle zur Strukturinformation – sowohl was Proteine als auch was Nucleinsäuren angeht. Aber zum Zeitpunkt des Drucks dieses Buches wird die Proteindatenbank ein neues zu Hause haben, das Research Collaboratory for Structural Bioinformatics (RCSB).

Wegen des schnellen Wandels der Bioinformatik und der im Internet zugänglichen öffentlichen Datenbanken beziehen sich Bücher wie unseres oft auf veraltete Links. Die wichtigsten nationalen und internationalen Datenbanken, die hier besprochen werden, werden jedoch noch viele Jahre verfügbar sein. Außerdem stehen die Vorgehensweisen und die Methodik der Bioinformatik auf einer soliden Grundlage und hierzu werden umfassende Softwarepakete angeboten. Die Innovation wird natürlich neue Werkzeuge hervorbringen. Es ist faszinierend, dem Anwachsen der Datensätze in den Datenbanken zu folgen, die von den aktuellen Genomprojekten erzeugt werden. Der Benutzer dieses Buches wird dies entdecken, wenn er die hier zusammengestellten Daten mit dem jeweils aktuellen Stand der Datenbanken vergleicht. Dies wird der Beweis für den raschen Fortschritt der Bioinformatik, der Genomik und der Proteomik sein.

Lukas Bühler
La Jolla, Kalifornien
Hooman Rashidi
San Antonio, Texas
Juni 1999

Vorwort zur deutschen Ausgabe

Dieses Buch hat sich auf dem Markt sehr gut durchgesetzt, was nicht zuletzt daran erkennbar ist, dass die deutsche Ausgabe innerhalb eines Jahres nach der Originalausgabe nun erscheint. Wie bereits im Vorwort zur englischen Ausgabe erwähnt, hat es der schnelle Fortschritt in Genomsequenzierung und Datenbankentwicklung erfordert, Zahlen, Internetadressen und Datenbankinhalte zu aktualisieren. Die bedeutendsten Entwicklungen haben auf dem Gebiet der Vervollständigung der Genomsequenzen höherer Organismen stattgefunden: der Nematode *C. elegans*, die Fruchtfliege *Drosophila melanogaster*, und *Homo sapiens*, das Humangenomprojekt, welches zu 90 % sequenziert ist, davon 75 % noch im Entwurfsstadium. Weniger bekannt, aber wahrscheinlich von größerer Bedeutung sind die Fortschritte in der Agrargenomik, ein hauptsächlich von der Industrie betriebener Zweig der Biowissenschaften. Die genetische Modifizierung von Reis zur Erhöhung der Konzentration des in vielen wirtschaftlich unterentwickelten Ländern Afrikas und Asiens so notwendigen Vitamins A beweist nicht nur den starken Einfluss, den die Biotechnologie auf das Genetic Engineering hat, sondern verkörpert zudem die Art von technologischem Fortschritt, der aus den Anwendungen der Bioinformatik in den Biowissenschaften resultiert. Gesundheit und Ernährung werden in den nächsten zehn Jahren vermutlich den wirtschaftlichen Antrieb für Fortschritte in der Bioinformatik liefern, der theoretische Zweig der neuen Gebiete der Biologie: Genomik und Proteomik.

Lukas K. Bühler, Ph.D.
Hooman H. Rashidi, MS
August 2000

Danksagung

Ich möchte meinen Eltern für ihre Unterstützung über all die Jahre danken. Besonderen Dank schulde ich Kristen S. Rashidi, Becky McEldowney und Dr. Elzbieta Izbicka für ihre kompetenten Anmerkungen. Ihre Hilfe war sehr wertvoll. Außerdem möchte ich meinem Mentor, Dr. Douglas Smith, für seine Weisheit und Hilfe während der Jahre unserer Zusammenarbeit danken.

Hooman Rashidi

Ich verdanke Lidia Szczupak einen großen Teil der Motivation und der Ausdauer zum Schreiben dieses Buches. Mit ihr teile ich das gemeinsame Interesse an Wissenschaftsphilosophie und -geschichte und den Glauben daran, dass es wichtig ist, die eigenen wissenschaftlichen Arbeiten und Interessen an ein breiteres Publikum weiterzugeben.

Lukas Bühler

Die Autoren

Hooman Rashidi, M.S. hat Biowissenschaften unterrichtet, geforscht und war als Berater im Bereich der Bioinformatik tätig. Er ist der Gründer des Vorsorgeprogramms sexuell übertragbarer Krankheiten in San Diego, das seinen Plänen zufolge über die ganzen USA ausgeweitet werden soll. Nach Studienabschluss an der University of California in San Diego erhielt er seinen akademischen Titel in Biochemie und Zellbiologie mit den höchsten Auszeichnungen. Er ist Mitglied von Phi Beta Kappa (einer Verbindung, die nur besonders begabte Studenten aufnimmt). Seine Studien nach dem Erlangen des Universitätsabschlusses befassten sich mit Computermodellen und der phylogenetischen Analyse mehrerer Gene von *Dictyostelium discoideum*. Gegenwärtig arbeitet er an der Entwicklung von Computermodellen zum *rational drug design*.

Lukas K. Bühler, Ph.D. besitzt einen Universitätsabschluss in Biochemie der Universität Basel. Seine wissenschaftliche Arbeit befasst sich mit dem Struktur-Funktions-Zusammenhang bei Ionenkanalproteinen, die in unterschiedlichen Organismen gefunden werden – von Bakterien bis zum Menschen. Seine Forschungserfahrung im Hochschulbereich umfasst Mikrobiologie, Neurowissenschaften, Zellbiologie und Materialwissenschaft. Er hat auch an Projekten zur Entwicklung neuer Arzneimittel mitgewirkt und Methoden erarbeitet, die ein rasches Screening vieler Proben erlauben. Dabei werden neue Gene eingesetzt, die man durch die Sequenzinformation der aktuellen menschlichen Genomprojekte gewinnt. Er ist der Gründer von whatislife.com, einem Internetforum zur Förderung der wissenschaftlichen Bildung, und hält Vorlesungen an der Fakultät für Biologie der University of California in San Diego.

1 Einführung in die Bioinformatik

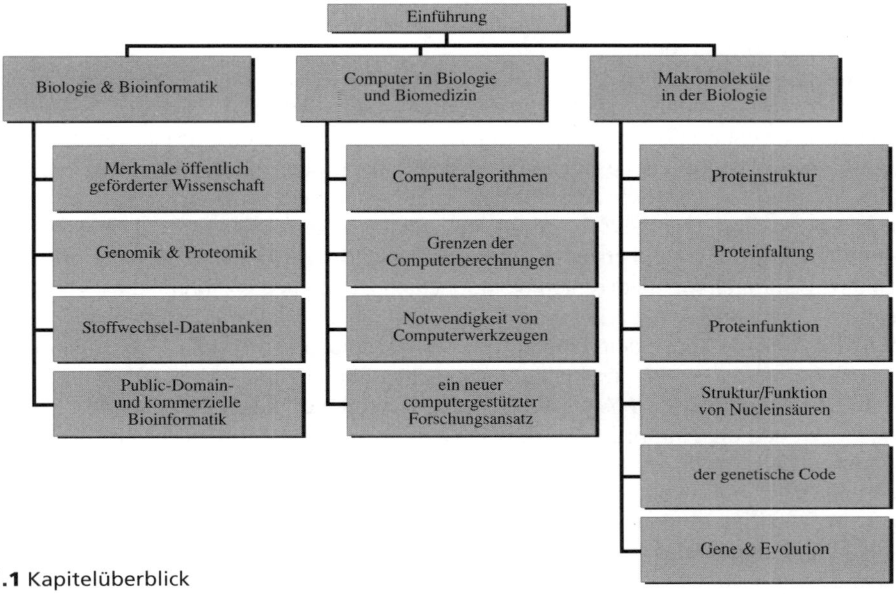

1.1 Kapitelüberblick

1.1 Biologie und Bioinformatik

Die Bioinformatik ist ein schnell wachsendes Feld der Biowissenschaften, entstanden aus der Notwendigkeit, mit großen Mengen genetischer und biochemischer Daten umzugehen. Diese Daten, die sich aus individuellen Forschungsanstrengungen ergeben, sind durch ihren gemeinsamen Ursprung verbunden: die Zellen lebender Organismen. Um die Zusammenhänge zwischen Einzelinformationen aus Forschungsgebieten wie Molekularbiologie, struktureller Biochemie, Enzymologie, Zellbiologie, Physiologie und Pathologie zu verstehen, benutzt die Bioinformatik Rechnerleistung, um diese Einzelinformationen zu katalogisieren, zu organisieren und sie in biologisch bedeutungsvollen Gebilden zu strukturieren. Diese „Gebilde" spiegeln die zelluläre Organisation des Lebens wider und lassen eines erkennen – dass alles Leben von einem gemeinsamen Vorfahren abstammt.

Da es sich bei der Bioinformatik um eine noch junge Wissenschaft handelt, definiert sie jeder anders. Im Allgemeinen bezeichnet man sie als die Aufgabe, zunehmend komplexe Daten, die sich aus *modernen molekularen und biochemischen* Techniken ergeben, *zu organisieren und zu analysieren*. Für einige umfasst die Bioinformatik den Begriff des Informationsflusses innerhalb biologischer Systeme, und sie spielen dabei auf die in der Nucleotidsequenz (DNA) gespeicherten Informationen und deren Übersetzung in die Moleküle des Lebens (Proteine) an. Die Bioinformatik ist ein ernsthafter Versuch zu verstehen, was es heißt, wenn wir sagen, dass Gene ein bestimmtes physiologisches Merkmal wie Intelligenz, braunes Haar oder Krebsanfälligkeit codieren. In diesem Buch wird die Bioinformatik als die Wissenschaft der Erstellung und des Managements biologischer Datenbanken vorgestellt, die die Komplexität lebender Organismen wiedergeben und schließlich simulieren sollen. Sie basiert auf der Annahme, dass es eine hierarchische Beziehung zwischen der Struktur der Gene, ihrer Anordnung innerhalb des Genoms, der Funktion von Proteinen und Protein-Protein-Wechselwirkungen innerhalb eines Organismus gibt, wodurch sich Energiestoffwechsel, Reproduktion und Form ergeben.

Gene sind die Erbeinheiten des Lebens. Deshalb ist das genaue Kopieren der molekularen Information, die in den Genen enthalten ist, für die Überlebensfähigkeit von Organismen von entscheidender Bedeutung. Eine gewisse Mutationsrate ist jedoch für ihre Evolution und die Vielfalt des Genpools in den Populationen genau so wichtig. Ein Beispiel: Wenn Wissenschaftler einen Bericht über Mutationen bei Genen veröffentlichen, die mit Brust- bzw. Ovarialkrebs in Zusammenhang stehen (BRCA-1 und -2), so ist das Klonieren dieses Gens ein erster entscheidender Schritt, die Sequenzinformationen mit den dazugehörigen regulatorischen Komponenten zu erhalten. Während dieses Vorganges muss man ein DNA-Fragment mit dem Gen aus der betroffenen Person isolieren (bei BRCA-1 und -2 aus dem langen Arm der Chromosomen 13 und 17 des menschlichen Genoms) und es in eine kleine, entsprechend bearbeitete Vektor-DNA einfügen, wodurch rekombinante DNA entsteht. Solche Vektoren erlauben die Manipulation der Sequenzen und die Amplifikation des Gens in einem Säuger- (nicht-menschlich) oder Bakterien-Zellsystem, wodurch das menschliche Gen für genetische Manipulation zugänglich wird. Ein menschliches Gen kann in einer Bakterienzelle mit dem einfachen Ziel vervielfältigt werden, genügend identische Kopien oder Klone zu erhalten, wenn es erst einmal integraler Bestandteil der Vektor-DNA ist.

An dieser Stelle ist es wichtig, die Technologie der rekombinanten DNA zu verstehen: Die Manipulation menschlicher Gene in Bakterienzellen ist möglich, weil eine enge Verwandtschaft zwischen allen lebenden Organismen besteht, eine direkte Folge der biologischen Evolution, wie sie von Darwins Evolutionstheorie beschrieben wird.

Das Amplifizieren menschlicher DNA in Bakterienzellen ist nicht nur einfach und effizient, es vermeidet auch den praktisch unmöglichen Schritt, große Mengen menschlichen Gewebes zu erhalten, um DNA oder Proteine aufzureinigen. Einem erfolgreichen Klonieren folgt die Sequenzierung des Gens, um sicherzustellen, dass man das vollständige Gen isoliert und korrekt in die Vektor-DNA eingesetzt hat. Die Gensequenz legt einen Großteil der erwarteten Eigenschaften der entsprechenden Proteinstruktur und -funktion offen. Man kann die rekombinante DNA dann dazu benutzen, große Proteinmengen für die biochemische Analyse herzustellen, um die vorhergesagte Struktur und Funktion zu bestätigen.

Bei der Suche nach Genen, die für Erbkrankheiten verantwortlich sind, benötigt man nicht nur Proben von Personen, die die Mutation tragen, sondern auch von gesunden Männern und Frauen, um den Genlocus im Genom herauszufinden (siehe positionelle Klonierung, Kapitel 3.1). In der Tat benötigt man viele betroffene und gesunde (Kontroll-) Individuen, um den vermuteten Zusammenhang zwischen einem Gen und einer Krankheit herzustellen. Auch hier fördert das Zusammentragen genetischer Datenbanken, die entsprechend medizinischer Bedürfnisse geordnet sind, unser Verständnis der genetischen Prädisposition im Falle von Erbkrankheiten. Die Bioinformatik stellt die statistischen Werkzeuge für eine solche vorhersagende Genomanalyse zur Verfügung.

Das Klonieren, Sequenzieren und die Lokalisierung von Genen auf Chromosomen sind also drei miteinander verwobene Aspekte, die man braucht, um die Molekularbiologie eines Gens und seines Produktes, des Proteins, zu verstehen. Die Molekularbiologie stellt die Grundlage für die Erforschung des Genotyps mit den Mitteln der Bioinformatik zur Verfügung. Die Enthüllung der Beziehung zwischen der DNA-Sequenz, der Lokalisierung auf den Chromosomen und der Struktur von Genen, die an der Entstehung von Krebs beteiligt sind, ist die eigentliche Herausforderung für die heutigen Biowissenschaften. Einige der ungelösten Rätsel der Genetik betreffen die Beziehung zwischen Genen und Bewusstsein, Genen und der Kontrolle des Herzschlags (mit dem Ziel, Arrhythmien zu vermeiden), Genen und Allergien sowie Genen und Verhalten – die wichtigste Beziehung von allen, weil sie uns zwingt, über das Wesen des menschlichen Daseins nachzudenken.

Während der ersten Jahre des 20. Jahrhunderts benutzten die Biochemiker die Organische Chemie, um die Stoffwechselwege offen zu legen, die Enzymkinetik zu untersuchen und den Zusammenhang zwischen den Stoffwechselwegen und genetischen Krankheiten herauszufinden. Bemerkenswert hierbei ist, dass dies ohne molekularbiologische Informationen oder Kenntnisse der Proteinstruktur erreicht wurde und man einige der Erkenntnisse erlangt hat, bevor die letzten Zweifel daran ausgeräumt waren, ob Nucleinsäuren – und nicht Proteine – die Erbeinheiten des Lebens bilden. Was in der Vergangenheit die Chemie für die Biochemiker leistete, das wird heute von der Molekularbiologie übernommen. Datenbanken, die auf Computerkenntnissen basieren, werden morgen die gleichen Dienste für die Biowissenschaftler leisten.

Die Merkmale öffentlich geförderter Forschung

Es ist nicht nur so, dass die Techniken die Produktivität und Ziele der Biochemie beeinflusst haben. Auch die Art und Weise, wie Wissenschaftler in ihren Labors miteinander arbeiten und interagieren, um die gewaltige vor ihnen liegende Aufgabe in Angriff zu nehmen, ist durch die neuen Techniken zu einem kollektiven Ansatz geworden. Traditionsgemäß wurde das Verständnis von Stoffwechselwegen oder das Sequenzieren von Genen von einzelnen Forschern angegangen, indem sie einen Klon-nach-Klon-Ansatz verfolgten. Oftmals ist es das persönliche Interesse eines Wissenschaftlers an Krebs, Herzleiden, oder am Gedächtnis, das die gesamte Forschung anspornt. Diese individuellen Projekte werden von Regierungsstellen wie dem National Institute of Health (NIH; http://www.nih.gov/), der National Science Foundation (NSF; http://www.nsf.gov/), hunderten von staatlichen Behörden, privaten Gesellschaften und nicht gewinnorientierten Organisationen gefördert.

Akademische Forschung wird von Wissenschaftlern vorangetrieben, deren Streben es ist, neue Kenntnisse zu erlangen und deren Leistungen ihnen Zugang zu Fördermitteln ermöglichen. Fähige und erfolgreiche Wissenschaftler sind die Grundlage des wissenschaftlichen Fortschritts. Voraussetzung dafür ist die akademische Freiheit, die auch den freien Zugang zu Informationen bedeutet, aber unangemessene ökonomische Zwänge vermeidet. Wegen der täglich zunehmenden Menge an Informationen, die in zentralen Datenbanken gesammelt wird, auf die jeder zugreifen kann, ist das Internet zu einem wesentlichen Werkzeug für Wissenschaftler geworden. Dazu hat auch der verbesserte Informationsfluss beigetragen.

Die Wissenschaftler profitieren von diesem Informationsfluss im Internet auf dreifache Weise. Erstens ermöglicht er jeder Person mit einem Internet-Browser Zugang zu Informationen – eine Art der Demokratisierung von Information. Zweitens zeigen die in den zentralisierten Datenbanken erfassten Informationen einen wechselnden Grad an Redundanz. So ist zum Beispiel bei dem 12-Megabasen-Genom der Bäckerhefe, das man 1997 vollständig sequenziert hat, die 2,5fache Datenmenge erfasst worden. Ein Großteil dieser Sequenzinformation ist das Ergebnis der Tatsache, dass Hefe in der Molekularbiologie als eukaryotischer Modellorganismus verwendet wird. Obwohl dies den meisten Menschen unnötig erscheinen mag, stellt diese Redundanz – als Nebenprodukt mehrfacher Einreichungen von unterschiedlichen Autoren – ein Mittel zur Qualitätskontrolle, sowohl für die Sequenzinformationen als auch für die biologische Bearbeitung der Daten, dar. Drittens können bei dem Versuch, menschliche Krankheiten zu heilen, viele Gene und Stoffwechselwege, die man zum Beispiel in Hefe untersucht hat, Wissenschaftlern dabei helfen, homologe Gene und Stoffwechselwege beim Menschen zu finden und zu untersuchen, da alle Lebewesen aufgrund der Evolution eng miteinander verwandt sind. Das ist eine neue Biologie der vergleichenden Genomforschung über Artgrenzen hinweg.

Der Start des Human-Genom-Projektes in den späten Achtzigerjahren (und vieler Genomprojekte anderer Organismen) war entscheidend für die Entwicklung der Bioinformatik. Die Molekularbiologen, die am Human-Genom-Projekt teilnehmen, werden nicht von der Suche nach einem bestimmten zellulären Vorgang, seiner zugrunde liegenden Mechanismen und seiner genetischen Basis angetrieben. Sie produzieren vielmehr kleine Sequenzstücke, die zur kompletten Genomsequenz zusammengefügt werden. Die Bioinformatik ist das analytische Werkzeug, das zur Vervollständigung der Sequenz und die Aufdeckung der damit verbundenen biologischen Information benötigt wird. Genomische Information wird immer wichtiger, da die Funktion eines Gens nicht nur in seiner proteincodierenden Sequenz besteht, sondern auch durch die Organisation der Gene innerhalb des Genoms vorgegeben wird. Gene werden nicht isoliert, sondern in Gruppen gelesen. Dies haben die Entwicklungsbiologen, die Genaktivitätsmuster während des Lebenszyklus eines Organismus verfolgen, schon vor langem verstanden. Da jede einzelne Zelle in einem vielzelligen Organismus den vollständigen Gensatz besitzt, aber nur einen kleinen Teil davon benutzt (und viele Gene inaktiviert, die sie nie gebraucht), definiert die Kombination der aktiven Gene das biologische Schicksal einer Zelle. Dies ist auch als Zelldifferenzierung bekannt, und es handelt sich in der Regel um einen im Leben einer Zelle irreversiblen Vorgang. Die funktionelle Genomforschung ist die direkte Folge der angehäuften Information über Genomsequenzen und die Organisation der Gene innerhalb des Genoms. Durch die Analyse von Genaktivitätsmustern in Zellen, Geweben und Organen werden nun medizinische Fragen angegangen, aber die technischen Schwierigkeiten und Anforderungen machen diese Art der Analyse extrem kostspielig. Wegen des Potenzials der Entwicklung neuer Arzneimittel sind starke kommerzielle Interessen mit diesen Genomprojekten verbunden, und die Kämpfe um Patentrechte auf noch unbekannte DNA-Sequenzen hat man bereits mit dem Goldrausch im 19. Jahrhundert verglichen.

Genomik und Proteomik

Das Ergebnis der Sequenzierungsversuche in vielen universitären Forschungslabors mit zellbiologischen und biochemischen Schwerpunkten ist eine zufällige Sammlung von Gensequenzen in verschiedenen öffentlichen Datenbanken. Der Vorteil dieses Gen-nach-Gen-Ansatzes liegt in der Information bezüglich der Funktion, die mit dem Gen verbunden ist. Im Gegensatz dazu führt der Versuch, ein vollständiges Genom zu sequenzieren, zwar zu einer systematischen Anhäufung von DNA-Sequenzen, jedoch ohne jegliche Kenntnis über Physiologie oder Funktion und stellt die Molekularbiologie auf den Kopf. Die Wissenschaftler müssen Zelllinien oder Tiergewebe nicht mehr materiell durchsuchen, um ein neues Gen zu identifizieren. Sie können auf elektronischem Weg öffentliche Datenbanken nach neuen vermutlichen Genfragmenten durch-

Tabelle 1.1: Die Zahlen der Genomtabelle des EBI (http://www.ebi.ac.uk/~sterk/genome-mot/). Die Zahlen beziehen sich auf abgeschlossene Sequenzen, nicht auf Entwürfe. Im Falle des menschlichen Genoms sind ≈23 % abgeschlossen und ≈70 % noch nicht fertig (im Entwurfsstadium) oder schon fast fertig, wie es im Juni 2000 öffentlich angekündigt wurde, als man fertige und Rohdaten zusammenrechnete.

Art	wichtigste Mitarbeiter	Anzahl der sequenzierten Basen	Gesamtgröße des Genoms
Mensch*	1. Sanger Center 2. Washington University Genome Sequencing Center 3. Whitehead Institute for Biomedical Research (MIT Center for Genome Research) 4. The Institute for Genomic Research 5. Lawrence Berkeley National Laboratory Human Genome Center 6. Baylor College of Medicine Human Genome Sequencing Center 7. University of Tokyo 8. Deutsches Konsortium 9. University of Oklahoma 10. Lawrence Livermore National Laboratory Human Genome Center 11. University of Washington 12. Keio University 13. Stanford Human Genome Center 14. Los Alamos National Laboratory	≈ 840 000 000	≈ 3 000 000 000
Maus	1. Whitehead Institute for Biomedical Research (MIT Center for Genome Research) 2. University of Washington 3. Baylor College of Medicine Human Genome Sequencing Center 4. Sanger Center	≈ 36 000 000	≈ 3 000 000 000
Drosophila melanogaster	1. Lawrence Berkeley National Laboratory Human Genome Center 2. Sanger Center	vollständig	164 390 439
Caenorhabditis elegans	1. Washington University Genome Sequencing Center 2. Sanger Center	vollständig	101 985 722
Arabidopsis thaliana	1. The Institute for Genomic Research 2. Cold Spring Harbor Laboratory 3. Washington University Genome Sequencing Center 4. University of Pennsylvania	vollständig	141 290 606
Schizosaccharomyces pombe	1. Sanger Center 2. Washington University Genome Sequencing Center 3. andere Einrichtungen	vollständig	12 067 280
Mycobacterium tuberculosis	1. Sanger Center	vollständig	4 411 525

* Celera ist unter dem Vorsitz von Dr. Venter ebenfalls einer der wichtigsten Mitspieler beim Human-Genom-Projekt.

suchen (elektronischer Northern), die das Ergebnis von Anstrengungen im Rahmen groß angelegter Genomprojekte sind. Dies ermöglicht im Vergleich zu traditionellen Methoden, bei denen man mRNA isolieren oder Proteine sequenzieren musste, um an die Sequenz eines Gens zu gelangen, einen „Kurzschluss“. Die systematische Erkennung und Erfassung der Proteinmengen, die man durch die 2-D-Gelelektrophorese analysiert (Proteomik, Kapitel 4.1), fügt eine neue Schicht physiologisch relevanter Informationen hinzu, die mit der Entwicklung, dem Altern und Krankheiten in Zusammenhang stehen und zur Entdeckung neuer, wichtiger Proteine führen können. Um zu verstehen, wie der genetische Bauplan bei der Entwicklung und der Funktionsweise eines lebensfähigen Organismus gelesen und ausgeführt wird, sind diese Informationen von grundlegender Bedeutung.

Die modernen Genomsequenzierungsprojekte versprechen zweierlei: Erstens hoffen die meisten Wissenschaftler, dass das Studium der vollständigen Daten – die gesamte Genomsequenzinformation eines Organismus – zum Verständnis der Biologie des Organismus beitragen wird, da die Genomstrukturen von physiologischer Bedeutung sind. Zweitens enthalten höhere Organismen große Mengen nichtcodierender DNA, deren Funktion und Existenz man bis vor kurzem in Frage gestellt und missverstanden hat. Wenn man diese Sequenzinformation hat, die derzeitig bei funktionellen Ansätzen nicht zugänglich ist, kann man zukünftige Experimente planen, um Entdeckungen in diesem Bereich zu fördern. Das Versprechen der Genomprojekte ist folglich, das Leben zu verstehen. Heureka!

Stoffwechseldatenbanken

Als nächstes müssen wir fragen: Ist DNA die einzige Form von Information, die vererbt wird? Es stellt sich heraus, dass es nicht einfach ist, den Nucleinsäuren allein die Vererbungsfunktion zuzuweisen, da die DNA nicht außerhalb einer zellulären Umgebung replizieren kann. Die DNA ist ein Bauplan und muss auf irgend eine Art „gelesen“ werden. In Zellen erfolgt dieses „Lesen“ durch Proteine. *Maternale Faktoren*, das heißt vorprogrammierte RNA sowie nucleäre und cytoplasmatische Proteine und Enzyme des weiblichen Gameten, sind die Werkzeuge für das Lesen des Bauplans eines befruchteten Eies und spielen bei den frühen Schritten der Embryogenese eine Schlüsselrolle. Ein Effekt, der möglicherweise zu den maternalen Faktoren in Beziehung steht, ist die *genetische Prägung*, ein Kontrollmechanismus der Genexpression, der einen Einfluss darauf hat, ob die väterliche oder mütterliche Kopie eines Gens im Nachwuchs aktiv ist (zum Beispiel die Hypothese von Lyon bezüglich der X-Chromosomen). Gene, die immer in doppelter Ausführung vorhanden sind, werden nur auf einem Chromosom exprimiert, das entweder vom Vater oder der Mutter stammt. Die Organisation der Chromosomen – die Wechselwirkung und die strukturelle Anordnung von DNA-Protein-Komplexen – bildet ebenfalls einen Teil der vererbten Information, der nicht einfach nur aus der DNA-Sequenz besteht.

Um Phänomene wie die genetische Prägung und andere Gendosiseffekte (wie viel Protein ein Gen im Vergleich zu einem verwandten Gen herstellen kann) zu verstehen, muss man die räumliche und zeitliche Kontrolle von zellulären Vorgängen untersuchen. Die Möglichkeiten sind beträchtlich. Wenn sie einmal abgeschlossen sind, werden die Genomprojekte die molekularbiologischen Labors in elektronische Labors verwandelt haben (eine vornehme Übertreibung), in denen die genetischen Informationen frei verfügbar sein und dazu dienen werden, die Rolle von Genen in Arbeitsgebieten wie Entwicklung, Altern, Struktur und Funktion von Proteinen sowie Gedächtnis herauszufinden.

Datenbanken sind Kataloge, die rasch an Umfang zunehmen, und von denen manche täglich auf den neuesten Stand gebracht werden, um der wissenschaftlichen Gemeinschaft neu aufgenommene Informationen zugänglich zu machen. Mit Stand August 2000 umfassten die Genomprojekte 261 Arten. Davon waren 34 Projekte abgeschlossen (drei Eukaryoten, sechs Archaea und 25 Bacteria; viele weitere vollständige Genome umfassen Viren und Organellen) und 127 waren im Gange (http://www.ncbi.nlm.nih.gov/Entrez/Genome/main_genomes.html; Entrez Genome). Diese Genomprojekte werden von automatisierten Klonierungs- und Polymerasekettenreaktionen (PCR) vorangetrieben, die der Amplifikation und Sequenzierung von DNA dienen. Sie werden durch Software unterstützt, die kontinuierliche Sequenzen ohne Unterbrechungen (Contigs) aus zufällig hergestellten Chromosomenfragmenten rekonstruiert (Schrotschusstechnik), was letztendlich zur Basenfolge des gesamten Genoms führt. Die zu sequenzierenden Fragmente werden nicht mehr nach ihrer biologischen Bedeutung ausgewählt. Die Vorgehensweise der Genomprojekte ist dagegen: „zuerst schießen und dann fragen" – Fragen, die wichtig sind, wenn man Einblick in den großen unbekannten Anteil des Bauplans von Lebewesen erlangen will. Die Funktionen von noch unbekannten Genen zu entdecken, ist eine der Zielsetzungen der meisten Genomprojekte. Das größte Projekt – das Human-Genom-Projekt – ist zu 90 % „vollständig". Das bedeutet, dass 23 % der Sequenzen vollständig vorliegen und weitere 71 % sequenziert, aber noch nicht in eine lesbare Form überführt sind.

In der Zwischenzeit gibt es eine riesige Informationsmenge, die täglich von den aktuellen Genomprojekten zur Verfügung gestellt wird. Die Nützlichkeit und die Handhabung dieser Informationen mittels statistischer Analyse ist das Thema dieses Buches.

Öffentliche und private Bioinformatik

Von Anfang an war die Bioinformatik ein Forschungsbereich, bei dem verschiedene Forschergruppen aus oftmals unterschiedlichen Ländern zusammengearbeitet haben. Die Bioinformatik wurde durch das Aufkommen zentraler Datenbanken und des Internets in eine selbstständige Wissenschaft verwandelt, und sie wird durch die Initiativen zum menschlichen Genom vorangetrieben, aus denen ständig effektivere Klonierungs- und Sequenzierungstechniken hervorgehen. Wissenschaft auf hohem Niveau ist stets eine internationale Angelegenheit und folglich hat man viele Organisationen – private und öffentliche – mit dem Ziel gegründet, ganze Genome zu sequenzieren, alle Gene zu kartieren und relationale Datenbanken zu schaffen, die die Sequenzinformationen mit strukturellen und funktionellen Informationen auf Zellebene in Verbindung bringen.

Die Industrie, die das wirtschaftliche Potenzial des Managements und Verkaufs von Informationen wahrgenommen hat, spielt eine zunehmend dominantere Rolle und zwingt so die Mitglieder der akademischen Gemeinschaft zu einem Wettrennen um den ersten Platz bei der Sequenzierung des menschlichen Genoms. Die Industrie benutzt jedoch auch öffentliche Datenbanken, um bei ihren eigenen Forschungsarbeiten schneller voranzukommen. Ohne diesen Zugriff würden private Datenbanken mit ihren Informationen weit zurück liegen. Die Grenzen zwischen akademischer und industrieller Forschung verschwimmen jedoch zunehmend, und Forscher wechseln von einer Seite zur anderen. *The Institute for Genomic Research* (TIGR), 1992 von Craig Venter[1] gegründet, ist ein erstklassiges nicht gewinnorientiertes Forschungsinstitut, das zusammen mit dem Internet gewachsen ist und von Anfang an davon Gebrauch gemacht hat. Für viele Wissenschaftler symbolisiert TIGR das Ideal eines Genomprojektes und hat dem Begriff *Sequenzierung mit hohem Umsatz* eine neue Bedeutung gegeben. TIGR war wesentlich an der Entwicklung automatisierter Sequenzierungsverfahren und Datenauswertung beteiligt. Die Bedeutung des Nutzens privat organisierter Institute wie TIGR für die Öffentlichkeit ist nicht zu unterschätzen. Die Informationen, die bei TIGR und anderen Organisationen erarbeitet und in das Internet gestellt werden, sind wirklich erstaunlich.

Tabelle 1.2: In der Biomedizin und Biochemie häufig benutzte Datenbanken

Datenbank	Typ der Datenbank	Zahl der Datensätze	Stand
SWISS-PROT	Sequenzen	≈ 87 000	08-2000
SWISSNEW	Sequenzen	≈ 11 000	06-1998
PIR	Sequenzen	≈ 110 000	05-1998
EMBL	Sequenzen	≈ 6 760 000	06-2000
EMBLNEW	Sequenzen	≈ 275 000	06-1998
NRL3-D	Sequenzen	≈ 11 000	04-1998
SPTREMBL	Sequenzen	≈ 299 000	08-2000
REMTREMBL	Sequenzen	≈ 26 000	04-1998
TREMBLNEW	Sequenzen	≈ 49 000	06-1998
IMGT	Sequenzen	≈ 24 000	04-1998
PROSITE	Motive	≈ 1 404	08-2000
BLOCKS	Motive	≈ 3 845	04-1998
TAXONOMY	Sequenzhomologien	≈ 78 000	08-2000
PDB	3-D-Strukturen	≈ 12 900	08-2000
OMIMALLELE	Mutationen	≈ 4 700	03-1998
OMIM	Mutationen	≈ 11 900	08-2000

Das Institute for Genomic Research

TIGR ist ein nicht gewinnorientiertes Forschungsinstitut, das sich der strukturellen, funktionellen und vergleichenden Analyse von Genomen und Genprodukten von Viren, Bakterien, pathogenen Bakterien, Archaea und Eukaryoten (sowohl von Pflanzen als auch von Tieren) einschließlich des Menschen widmet. Das Institut befindet sich in Rockville, MD, etwas außerhalb von Washington D.C. und steht in der Nähe des National Institutes of Health, der Johns Hopkins University, der University of Maryland und anderer Forschungsinstitute und Biotechnologie-Firmen. Seine Einrichtungen umfassen mehr als 5 000 m^2 Labor- und Bürofläche sowie einen Campus mit einer Ausdehnung von 5 Hektar. Das Institut hat ein großes DNA-Sequenzlabor und moderne Einrichtungen für Bioinformatik, Biochemie und Molekularbiologie. (Aus http://www.tigr.org/about/)

TIGR erbrachte Pionierleistungen bei der Entwicklung und Verbreitung von Techniken, die zur Massenklonierung von DNA-Fragmenten und zum Ansequenzieren von cDNA-Klonen (so genannten ESTs von *expression sequence tags*) erforderlich sind. Die hunderttausende elektronischer Sequenzen, die man in öffentlichen Datenbanken deponiert hat, sind Goldgruben für andere Wissenschaftler, die an biologischer Forschung Interesse haben.

Viele private EST-Bibliotheken (Incyte Pharmaceuticals, Millenium Pharmaceuticals) erstellt man für medizinische oder pharmazeutische Anwendungen und ihre Produkte richten sich an kommerzielle Käufer. So bilden spezifische Gewebetypen – krank oder normal, aus Embryonen oder Erwachsenen – die Basis für private Bibliotheken im Bereich der Pharmazie und der Biotechnik. Diese Bibliotheken mit cDNA-Fragmenten enthalten meistens Sequenzen mit vorhergesagten Eigenschaften, von denen viele neue Gene darstellen. Bioinformatische Arbeitsgruppen in der Industrie abonnieren die monatlichen Veröffentlichungen der auf den neuesten Stand gebrachten Datenbankinformationen, um sie regelmäßig zu screenen. Auf diese Art lassen sich funktionell oder therapeutisch interessante neue Gene zur Entwicklung neuer pharmazeutischer Wirkstoffe identifizieren.

Die Wissenschaftler bemühen sich, bei der Technologie zur Entdeckung neuer und möglicherweise interessanter Gene, die auf Gewebeproben und nicht auf genetischen Datenbanken basiert, in immer kleinere Dimensionen vorzudringen. Affymetrics in Santa Clara, Kalifornien, ist führend dabei, die Informationen der Genomprojekte schnell zu ergänzen und zu benutzen. Dieses Unternehmen hat Mikroarray-DNA-Chips[2] entwickelt, um die Aktivitätsmuster von Genen durch das Messen von mRNA-Konzentrationen zu bestimmen. Diese Chips enthalten auf weniger als 6 cm^2 bis zu 15 000 Proben.

Literatur

1. TIGR veröffentlicht frei zugängliche EST-Daten. *Nat. Biotechnol.*15 (1997) S. 397.
2. Fodor, S. P. et al., *Multiplexed biochemical assays with biological chips*. In: *Nature* 364 (1993) S. 555 – 556.

1.2 Computer in Biologie und Medizin

Angewandte Mathematik und Computerwissenschaften sind die Werkzeuge, die man in der Bioinformatik benutzt. Die heutige Molekularbiologie wäre ohne das Speichern und Abrufen von Informationen, statistische Analysen, Datenaufbereitung und Computersimulationen undenkbar.

Die Bioinformatik benutzt natürlich Computertechnologie – von PCs mit netzwerkunabhängiger *standalone*-Software bis zum Internet –, aber Computer nehmen auch in fast allen anderen wissenschaftlichen Aktivitäten eine zentrale Stelle ein. Die medizinische Forschung und Behandlung, die Neurobiologie und die Benutzung komplizierter Laborgeräte wären ohne Computer unmöglich. Die moderne Medizin benutzt viele analytische Geräte (zum Beispiel Biosensoren zur *in situ*-Messung der Glucosewerte) und virtuelle Technologien, um Ärzten bei der Diagnose zu helfen, angefangen beim Einsetzen von Miniatursonden in winzige Blutgefäße bis zur Durchführung schwieriger chirurgischer Eingriffe. Ironischerweise hat ein Problem mit den Computeruhren, das „Jahr-2000-Problem", das Verständnis der Öffentlichkeit für unsere Abhängigkeit von der Computertechnik deutlich erhöht.

Neurobiologen beginnen damit, die Anatomie des Gehirns und seine zelluläre Zusammensetzung zu kartieren – sehr ähnlich der Kartierung der Chromosomen durch Genomprojekte. Das Gehirn ist ein äußerst komplexes Organ und ist für unser Verständnis, was es bedeutet, ein Mensch zu sein, von zentraler Bedeutung. Die Neuroinformatik ist eine neue Wissenschaft, die aus einer gemeinsamen Anstrengung von Neurobiologen, Kognitionsforschern und Psychologen entsteht. Unser Wissen über das Gehirn – oder genauer seine Komponenten, die Neuronen – wird als ein neuer Weg zum Verständnis komplexer Strukturen in Form neuronaler Netzwerke benutzt. Genetische Algorithmen und nichtlineares Denken weisen über die heutige Bedeutung der Bioinformatik hinaus und verbinden sie mit künstlicher Intelligenz und evolutionären Rechenmodellen (The Genetic Algorithms Archive; ein Archiv, das von Alan C. Schultz am Navy Center for Applied Research in Artificial Intelligence unterhalten wird:

http://www.aic.nrl.navy.mil/galist/). Ein weiterer Bereich der Bioinformatik, der auf den Informationsfluss *innerhalb* biologischer Systeme abzielt, könnte schließlich durch die Verbindung von Biomolekülen mit elektronischen Schaltkreisen entstehen.

Computeralgorithmen

Der Einsatz von Computern ist unumgänglich, wenn man große Datenmengen Zeit sparend verarbeiten muss. Computer brauchen jedoch Anleitungen – oft der „menschliche Eingriff" genannt. Dieser von Menschen vorgenommene analytische Vorgang, die Instruktionen auszuarbeiten, muss mit einbezogen werden, wenn man die Gesamtzeit abschätzt, die für die Lösung eines Problems benötigt wird. Der Eingriff des Menschen braucht seine Zeit, deshalb haben viele der heutigen automatisierten Vorgänge das Ziel, Computern beizubringen, in der Zukunft selbst Entscheidungen zu treffen (ein einfaches Problem der Kontexterkennung). Expertensysteme beruhen auf Computern, und man definiert sie im engeren Sinne als Programme, die Aufgaben ausführen, welche eine hohe Rechenleistung erfordern. Situationen des wirklichen Lebens lassen sich nie genau reproduzieren und man glaubt, dass viele der Entscheidungen, die gegenwärtig von Menschen getroffen werden, in Zukunft von lernfähigen neuronalen Netzwerken (NNs) vorgenommen werden können. Obwohl neuronale Netzwerke viel versprechend sind , »ist es schwierig, sie erfolgreich bei Problemen anzuwenden, die mit der Manipulation von Symbolen und Speicherplatz zu tun haben. Und es gibt keine Methode, NNs dazu zu trainieren, auf magische Art Informationen zu schaffen, die nicht in den Trainingsdaten enthalten sind« (Warren S. Sarle, Cary, NC, U.S.A.; aus Neural Network FAQ; ftp://ftp.sas.com/pub/neural/FAQ.html). Wenn ein Algorithmus erst einmal erarbeitet und erfolgreich implementiert ist, bearbeitet der Computer eine sich wiederholende Aufgabe, wobei eingegebene und ausgegebene Daten sich ständig durch Feedback- und Feedforward-Schleifen an vorgegebene Werte anpassen lassen.

Die Bedeutung von Computern ist mittlerweile offensichtlich. Durch die kinderleichte Handhabung von Textverarbeitungsprogrammen zum Beispiel, sind sie zu einem populären und unentbehrlichen Werkzeug geworden. Obwohl ein Text in Sekunden formatiert und das Layout eines Textes und Abbildungen leicht geändert werden können, ist es zu einer enormen Verschwendung von Papier gekommen, weil wir immer noch das greifbare Endprodukt sehen wollen. Es ist immer noch zuverlässiger, einen auf Papier ausgedruckten Text zu bearbeiten als am Bildschirm. Programme zur Rechtschreibprüfung sind ein gutes Beispiel eines einfachen Algorithmus, der nicht über die analytischen Möglichkeiten der Sprache verfügt. Ein Mangel dieser Programme besteht darin, dass sie einen Text kontextuell nicht überprüfen können. Schreibfehler werden nicht gefunden, wenn es sich um ein Wort mit einer anderen Bedeutung handelt (zum Beispiel wenn man „mit" anstelle von „mir" schreibt). Die analytische Fähigkeit des menschlichen Geistes, die richtige Rechtschreibung, den Stil und die Grammatik zu erkennen, lässt sich von Computern nicht zufrieden stellend nachahmen, weil Computer und Gehirn unterschiedlich arbeiten. Ähnlich wie beim Korrekturlesen helfen Computer bei der Analyse und der anschließenden Interpretation wissenschaftlicher Daten, aber nur unter der strikten Kontrolle des menschlichen Geistes.

Computer sind hervorragende Werkzeuge zur Lösung numerischer Probleme (Analysen, Simulationen), zur Kontrolle und Steuerung von Maschinen, zur Bearbeitung von Informationen/Texten, zur Suche von Textstellen, zum Auffinden von Zusammenhängen zwischen Daten und zur Verwaltung von Datenbanken. Die letzten drei Anwendungen sind in der Bioinformatik von elementarer Bedeutung.

Unterschiedliche Computertypen für unterschiedliche Aufgaben

PCs sind Vielzweckwerkzeuge und werden für alles benutzt – sei es Textverarbeitung, Tabellenkalkulation, Präsentationen, Internetzugang oder aber spezielle Software zur Kontrolle von Laborausstattung wie pClamp von Axon Instrument (http://www.axon.com), eine Softwareanwendung, die häufig zur elektrophysiologischen Kontrolle und Messung der Neuronenaktivität benutzt wird. Andere Laboranwendungen umfassen die bildliche Darstellung der Konzentration von Ionen und Analyten, in der Genomforschung Projekte zur Analyse der Hybridisierungsmuster von DNA-Chips, in der funktionellen Neurochirurgie die Lenkung von Mikroelektroden während einer Operation sowie die Diagnose und Überwachung von Bewegungsstörungen (z. B. Parkinson). Die Vielseitigkeit, die Geschwindigkeit und die zunehmende Rechenleistung von PCs und lokalen Netzwerken (Pentium-Prozessoren, NT-Workstations) ermöglichen es Wissenschaftlern, Arbeiten wie das Erstellen molekularer Modelle und die Berechnungen zum *alignment* vieler Sequenzen (molekulare Evolution) unabhängig von Supercomputern vorzunehmen. Viele Laborgeräte sind mit optionalen Computerschnittstellen ausgestattet, die es den Forschern erlauben, ihre Geräte spezifischen experimentellen Bedingungen anzupassen.

Man schätzt, dass nur ein Prozent aller Mikroprozessoren der Welt in PCs eingesetzt werden. Der Rest befindet sich weltweit in vielerlei Produkten wie Flugzeugen, Heizungen, Laborinstrumenten, Sicherheitssystemen und anderen Vorrichtungen. Diese Prozessoren werden oft als „Firmware" bezeichnet, das heißt Chips, deren Funktion fest eingebaut ist und keine Programmierung erfordert.

Die Wissenschaft benötigt viele Geräte mit fest eingebauten Prozessoren, wie Gaschromatographen, spezielle computerisierte Waagen und Spektrophotometer. Man benutzt Spektrophotometer zur Messung von Absorptionsspektren bei unterschiedlichen Wellenlängen, darunter auch Echtzeitmessungen, um chemische Veränderungen der Zusammensetzung einer Testlösung zu bestimmen – die automatisierte Fraktionierung in der Flüssigchromatographie bei der Trennung molekularer Mischungen in die einzelnen Komponenten nach Größe oder Löslichkeit. Diese Laborgeräte werden von eingebauten Mikroprozessoren kontrolliert und nicht über Schnittstellen und externe Computer. Die Mikroprozessoren sind über ein kleines Fenster zugänglich, das eine oder mehrere Zeilen Code oder Bedienungstext anzeigt, der sich in einem kurzem Menü eingeben oder auswählen lässt. Sie funktionieren im Wesentlichen wie Geldautomaten, bei denen eine kleine Anzeige und eine Tastatur den Zugang zum Konto ermöglichen. Sie interagieren zwar mit einem Computer, wenn Sie Geld abheben, aber Sie können damit keinen Brief an die Abteilung für Kundenbetreuung Ihres Bankinstituts schreiben. Der Geldautomat ist jedoch an ein Telefonnetz angeschlossen und es handelt sich um ein Terminal eines speziellen Internets. Während der letzten 20 Jahre haben sich diese Mikroprozessoren von einfachen Kontrollschaltkreisen zu „echten" Computern entwickelt, die die Speicherung umfangreicher Dateien und Grafiken ermöglichen und damit die Notwendigkeit zur Speicherung auf Papier und Filmmaterial mittels Plotter ersetzt haben.

Supercomputer

Supercomputer setzt man ein, wenn hohe Rechenleistung gefragt ist, da sie über den entsprechenden Arbeits- und Plattenspeicher verfügen. Sie sind die Arbeitspferde der Internetprovider und benutzen in den meisten Fällen das Betriebsystem UNIX. Auch im Forschungsbereich werden sie oft eingesetzt. Aufgrund ihrer großen Rechenleistung und ihrer doch beträchtlichen Anschaffungskosten sind sie Paradebeispiele für Geräte, die an akademischen Forschungseinrichtungen von vielen Nutzern geteilt werden.

Das San Diego Super Computer Center (SDSC) ist ein von der öffentlichen Hand unterhaltenes Rechenzentrum, das von vielen Hochschulforschern genutzt wird. Das SDSC stellt eine Vielfalt von Ressourcen im Computerbereich zur Verfügung und unterhält sie. Gegenwärtig verfügt es über einen Cray C90 Vektor-Supercomputer, einen Cray T3E Parallel-Supercomputer, ein Labor für fortgeschrittene Visualisierung und ein System zur Archivspeicherung. Diese Systeme stehen Wissenschaftlern und Studenten in den USA zur Verfügung, wobei der Zugang durch die Prüfung der Projekte geregelt wird. Die Einrichtungen stehen auch Regierungsstellen und kommerziellen Nutzern aus den USA und dem Ausland offen. In diesem Fall werden spezielle Vereinbarungen zur Kostendeckung getroffen. Gegenwärtig benutzen mehr als 5 100 Forscher an mehr als 240 Einrichtungen diese Geräte für Forschungszwecke (Quelle: http://www.sdsc.edu; Dezember 1997).

Hochgeschwindigkeitsverbindungen und Parallelrechnen

Am 20. Juni 1997 verbanden Forscher des Pittsburgh Supercomputing Center und der Universität Stuttgart Supercomputer auf beiden Seiten des Atlantiks über ein Hochgeschwindigkeitsnetzwerk. Es war das erste Mal, das man Hochgeschwindigkeitsnetzwerke zur Telekommunikation, wie den extrem schnellen Backbone Network Service (vBNS), zur Bildung eines transatlantischen Megacomputers benutzt hat.

Das Projekt war darauf ausgerichtet, als Prototyp für internationale Hochleistungsnetzwerke zu dienen. Es verbindet den mit 512 Prozessoren ausgestatteten CRAY T3E-Computer in Pittsburgh mit einem Computer gleichen Typs im Höchstleistungsrechenzentrum Stuttgart (HLRS). Die Verbindung von zwei oder mehr Supercomputern der höchsten Leistungsklasse mit dem Ziel, eine einzige Applikation gemeinsam zu bearbeiten, wird als Metacomputing bezeichnet. Die Verbindung Pittsburgh – Stuttgart schafft ein virtuelles System mit 1 024 Prozessoren und einer theoretischen Spitzenleistung von 675 Milliarden Rechenschritten pro Sekunde. Das Projekt hängt von einer Reihe von Forschungsnetzwerken ab, die die transatlantische Hochgeschwindigkeitsverbindung zwischen den beiden Zentren ermöglichen. Solche Netzwerke, die während der letzten Jahre eingerichtet wurden, erlauben es, Informationen bis zu 100 Mal schneller als im Internet zu verbreiten. Der vBNS, der die US-Supercomputerzentren miteinander verbindet, überträgt mit einer Geschwindigkeit von 622 Millionen Bits pro Sekunde; schnell genug, um die gesamte Encyclopaedia Britannica in weniger als 10 Sekunden zu übertragen (aus *PSC News*; Michael Schneider; Pittsburgh Supercomputing Center; http://www.psc.edu/).

Schließlich handelt es sich beim Internet um ein Netzwerk von Supercomputern und Workstations, die durch Switches, Router und Glasfaseroptik miteinander verbunden sind. Die große Stärke des Internets ist seine Interaktivität. Die meisten interaktiven Aufgaben, die im World Wide Web zur Verfügung stehen, laufen auf entfernten (*remote*) Supercomputern und ersetzen so die Notwendigkeit des Downloads geeigneter Software zur lokalen Analyse, obwohl dies oft wünschenswert wäre und durch die immer besseren PCs auch möglich ist. Die Bioinformatik ist ein Beispiel dafür, wie das Internet zu einem integralen Bestandteil der Forschung geworden ist und wie Programme für Arbeitsplatzrechner an Bedeutung verlieren.

Die Grenzen der Computeranalyse: Das paradoxe Versprechen des Internets

Wenn ein Experiment abgeschlossen ist, müssen die gewonnenen Daten analysiert oder verarbeitet werden. Dies umfasst die Verarbeitung der Daten zu Tabellen, statistische Tests für Korrelationsanalysen und als wichtigsten Schritt die Auswahl der Daten, die analysiert und zur Interpretation herangezogen werden sollen. Der letzte Schritt ist computerunabhängig und hängt offensichtlich von der Erfahrung des Forschers ab. Die Einschätzung der Datenqualität liegt beim Betrachter, oder anders ausgedrückt, das erwartete Ergebnis basiert auf der Hypothese, die dem Experiment zu Grunde liegt.

Intuition und Motivation des Forschers sind die wichtigsten Faktoren bei der Entscheidungsfindung. Natürlich können Computer dabei behilflich sein, aber nur mit einer Software, die für eine geeignete Analyse geschaffen wurde. Das bedeutet, dass der Mensch eingreifen muss. Während der automatisierte Teil des analytischen Vorgangs von Computern allein vorgenommen wird, können die Daten selbst nicht von einem Computer interpretiert werden. Jedoch kann die computergestützte Datenanalyse fallweise die Subjektivität des Experimentators eliminieren und die Daten auf eine konsistente Art und Weise einlesen, wodurch ein neutraleres Ergebnis erzielt wird (und nicht das, welches der Forscher sehen will).

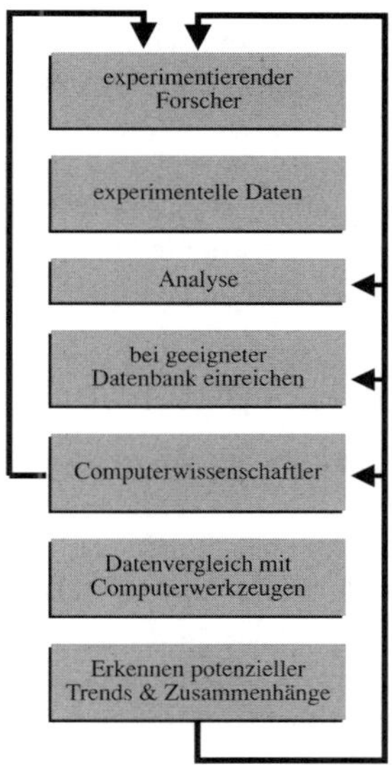

1.2 Die Verbindung zwischen experimentellen und Computerwissenschaften.

Weder technische Handbücher, noch Fachbücher, nicht einmal das Internet können Erfahrungswerte ersetzen. Der Unterricht und das Sammeln praktischer Erfahrung sind die wichtigsten Faktoren in diesem Stadium des wissenschaftlichen Prozesses. Hier bietet das Internet scheinbar einen hilfreichen Dienst an – und zwar in Form von Kursen. Die in Lehrbüchern, institutionellen Websites oder Laborprotokollen enthaltenen Informationen, um einige wenige zu nennen, sind jedoch kein Ersatz für praktische Übungen, obwohl gerade der interaktive Charakter des Internets einen solchen irreführenden Eindruck erwecken mag. Das Internet ist gegenwärtig nicht interaktiver als das Ausleihen eines Buches in einer Bibliothek oder ein traditionelles Fernstudium. In der Tat bietet die Universität Oxford Fernkurse über das Internet an.

Die Genauigkeit von computergenerierten Daten hängt von der korrekten Eingabe und Handhabung der Ausgangsdaten durch Programmierer und Anwender ab. Der Grund dafür, dass wir diesen Punkt besonders betonen, liegt in der bekannten Unzuverlässigkeit von Datensätzen, die in Datenbanken gespeichert sind. Es ist kein Geheimnis, dass die DNA- und Protein-Sequenzdatenbanken Fehler bezüglich der Hintergrundinformationen beinhalten, woher und wie die Sequenzen erhalten wurden. Der Erfolg der Bioinformatik hängt direkt von der vollständigen und zuverlässigen Hinterlegung der Sequenzinformationen mit exakten biologischen Daten ab. Der Vorgang, Datensätze auf ihre Exaktheit zu prüfen, ist nicht automatisiert und wird es auf längere Sicht auch nicht sein. Um aus Datenbanken zuverlässige Informationsquellen zu machen, müssen statt dessen viele Spezialisten mit entsprechenden Kenntnissen die Informationen Wort für Wort überprüfen.

Programme wie BLAST[1] haben den Sequenzvergleich von Genen ziemlich vereinfacht. Was die Ergebnisse eines solchen Vergleichs bedeuten, kann dagegen extrem schwer zu verstehen sein. Die Ergebnisse hängen von der Art der verglichenen Sequenzen und ihrem Ursprung ab. Beides deutet auf die Tatsache hin, dass man nicht nur die Sequenzen kennen muss, sondern auch ihre funktionelle Struktur, die Art und Weise, wie man sie erlangt hat und ihren zellulären Ursprung. Mit anderen Worten, man muss die Biologie verstehen, die hinter einer Sequenz steht, um die Ergebnisse eines Vergleichs mit einer verwandten oder neuen Sequenz zu begreifen. Die Genomprojekte produzieren – und das ist natürlich ihre Vorgabe – hauptsächlich Sequenzen, mit denen keine biologische Funktion verbunden ist. Die Hoffnung besteht darin, Voraussagen treffen zu können, mit denen sich Experimente entwickeln lassen, die die Biologie hinter einer Sequenz schnell und zuverlässig bestätigen.

Die Notwendigkeit von Computerwerkzeugen

Die Biologie und die Medizin sind heute vielgestaltige Bereiche, die sich mit zahlreichen Aspekten des Lebens befassen. Die Neurowissenschaft konzentriert sich auf die Biologie des Neurons. Die Biochemie beschäftigt sich mit der Chemie biologischer Systeme. Die Molekularbiologie untersucht die biologischen Wechselwirkungen auf der Molekülebene und ihre Bedeutung für das ganze System auf dem Niveau der Zelle oder des ganzen Organismus. Die Virologie und die Bakteriologie befassen sich mit den Lebenszyklen von Viren beziehungsweise Bakterien. Viele andere Fassetten der Biologie konzentrieren sich auf bestimmte Themen, die für das entsprechende Arbeitsgebiet wichtig sind. Während alle diese Teilaspekte der Biologie unterschiedlich zu sein scheinen, kann ihre wechselseitige Relevanz nicht abgestritten werden. Die Überschneidungen zwischen diesen Bereichen werden mit dem Fortschritt in der Datenverarbeitung immer offensichtlicher und man braucht daher immer komplexere Rechenwerkzeuge.

Der unglaubliche Fortschritt in der Biologie und in der Medizin während der letzten Jahrzehnte hat einen positiven Rückkopplungseffekt in Gang gesetzt, wobei jede neue Erkenntnis das Wachstum des Arbeitsbereichs und seine Popularität weiter erhöht. Das hat auch zu einem exponentiellen Anwachsen der biologischen Daten geführt. Deshalb ist die Notwendigkeit eines effizienten und leistungsfähigen biologischen Dateimanagementsystems (z. B. NCBI) offensichtlich geworden, aber es ist unvorstellbar, die Daten ohne die Hilfe leistungsfähiger Computer zu archivieren. Computer sind heute ein integraler Bestandteil der Biologie, und ohne sie würde der Fortschritt in der Biologie und der Medizin zweifelsohne langsamer verlaufen. Die Partnerschaft zwischen diesen Maschinen (Computer) und der Biologie hat die Notwendigkeit für einen Zusammenschluss bei bestimmten Aspekten der Computer- und Biowissenschaften geschaffen. Neue Arbeitsgebiete wie medizinische Informatik und Computerbiologie sind im Entstehen begriffen und finden innerhalb der Biowissenschaften immer mehr Akzeptanz. Diese Gebiete ermöglichen eine schnellere Analyse biologischer Daten und die Entdeckung vieler vorher unbekannter biologischer Trends. Diese Trends sind ihrerseits ein wichtiges Instrument des therapeutischen Fortschritts (z. B. Design von Wirkstoffen) bei der Verlängerung und Verbesserung des Lebens gewesen.

Die Einführung des Internets in die Biowissenschaften hat sich gelohnt. Es hat die Kommunikation zwischen den Wissenschaftlern drastisch verbessert und repetitive Arbeiten in mehreren Arbeitsgebieten abnehmen lassen. Das Vorhandensein von Dateimanagementsystemen wie das National Center for Biotechnology Information (NCBI) und das European Bioinformatics Intitute (EBI) hat die Forschungsanstrengungen vieler Wissenschaftler auf der ganzen Welt effizienter gemacht und gleichzeitig Biowissenschaftler verschiedener Disziplinen zusammengeführt. Das exponentielle Anwachsen biologischer Daten erfordert die Notwendigkeit einer organisierten Beschreibung und Einordnung der Daten durch ein spezialisiertes und spezifisches Managementsystem. Zum Beispiel sollten die biologischen Daten über Proteine von jenen getrennt sein, die Polynucleotide (DNA oder RNA) betreffen. Die Protein-Data-Bank- (PDB-) Bibliothek[2] ist ein Beispiel für eine Datenbank, in der Proteindaten gespeichert werden, und sie umfasst spezifisch Strukturdaten von Proteinen. Wie die meisten anderen biologischen Server beinhaltet der PDB-Server auch Trends und Beziehungen zwischen den gespeicherten Molekülen. Bei der PDB kann man diese Information über die Klassifizierung von Proteinen nach Strukturmerkmalen (SCOP, *Structural Clasification of Proteins*)[3] erhalten. Datenbanken wie SCOP sind nützliche Werkzeuge bei der Charakterisierung von Makromolekülen in ihrer Beziehung untereinander und zu ihren biologischen Systemen. Das reine Auftrennen der Moleküle in spezifische Kategorien ist jedoch nicht ausreichend. Das Dateimanagementsystem sollte auch in der Lage sein, Informationen anzuzeigen, die mit dem Molekül von Interesse zusammenhängen. Die Information eines bestimmten Eintrags sollte Links zu verwandten Einträgen anderer relevanter Datenbanken aufweisen. Die Zusammenfassung des Datensatzes zum Pferdemyoglobin in der PDB bietet zum Beispiel vielfältige Linkoptionen zu verwandten Informationen (d. h. Zusammenfassungen über verwandte Sequenzen) von Myoglobinmolekülen. Die relationalen Informationen eines Eintrags zeigen mögliche Beziehungen zu anderen Molekülen und Systemen auf anderen Servern auf, und diese Informationen sind wiederum wertvoll für die Interpretation von anderen Datensätzen.

Neue Forschungsansätze mit Computern

Problemstellungen, die früher unlösbar schienen, können durch die computerisierte Biologie heute angegangen werden. Die Biochemie, die Molekularbiologie, die Evolutionsbiologie, die Bioinformatik, die Neurowissenschaft und die Pharmakologie sind nur einige der Arbeitsgebiete im Spektrum der Naturwissenschaften, die erheblich von Computerwerkzeugen beeinflusst wurden. Im Gegensatz zur Physik galten die Arbeitsgebiete der Biologie bis vor kurzem als ziemlich unvorhersagbar und von vielen ihrer Teilgebiete dachte man sie stünden in keiner Beziehung zueinander. Die Einführung von

Computerwerkzeugen auf dem Gebiet der Biowissenschaften hat die Probleme des Dateimanagements erheblich verringert und, was noch wichtiger ist, sie hat die Zusammenhänge zwischen Biomolekülen und einzelnen Teilgebieten der Biowissenschaften aufgezeigt. Die biologische Information und unsere verbesserten Fähigkeiten, Vorhersagen zu treffen, haben dieses Arbeitsgebiet gefördert und haben die Zusammenarbeit über das ganze Spektrum der einzelnen Bereiche hinweg initiiert. Die Idee von der Biologie als einer vorhersagbaren Naturwissenschaft ist die Triebkraft für viele Forscher und wäre ohne Computer nichts als Zukunftsmusik. Bedingt durch die riesigen Fortschritte in der Medizin, haben die Biowissenschaften in den letzten Jahrzehnten eine große Aufmerksamkeit erfahren. Die Einführung neuer Arzneimittel, die das Leben verlängern und seine Qualität verbessern können, hat erheblich dazu beigetragen, vielen Gebieten der Biowissenschaften, einschließlich der Molekularbiologie und der Biochemie, Spitzenplätze in den Naturwissenschaften zu sichern.

Literatur

1. Altschul, S. F. et al. *Basic local alignment search tool*. In: *J. Mol. Biol.* 215 (1990) S. 403–410.
2. Sussman, J. L. et al. *Protein Data Bank (PDB): database of three-dimensional structural information of biological macromolecules*. In: *Acta Crystallogr. D. Biol. Crystall.* 54 (1998) S. 1078–1084.
3. Barton, G. J. *Scop: structural classification of proteins*. In: *Trends Biochem. Sci.* 19 (1994) S. 554–555.

1.3 Biologische Makromoleküle

Proteine

Proteinstruktur

Die Aminosäuren sind die Bausteine aller Proteine. Das Verständnis der fundamentalen Eigenschaften der Proteine verlangt einen genauen Blick auf ihre Aminosäurebestandteile.

Aminosäuren haben sowohl eine Amino- als auch eine Carboxylgruppe (Abb. 1.3). Die Aminogruppe gibt ihnen eine basische Komponente, während das Carboxylende zum sauren Charakter beiträgt. Bei physiologischen pH-Werten sind beide Gruppen geladen. Das bedeutet, dass das Aminoende protoniert vorliegt, während das Carboxylende die deprotonierte Form aufweist. Die besondere Eigenschaft von alpha-Aminosäuren liegt in ihrer Seitenkette, auch Rest genannt. Die Reste werden auch als R-Gruppen bezeichnet und die charakteristischen R-Gruppen sind das Unterscheidungsmerkmal zwischen den 20 alpha-Aminosäuren. Manche dieser Reste sind sauer, manche basisch und die übrigen sind praktisch neutral.

Saure Reste

Glutamat (E) und Aspartat (D):

Dies sind die konjugierten Basen der Glutarsäure- und der Asparaginsäurereste. Bei physiologischem pH sind sie deprotoniert und negativ geladen.

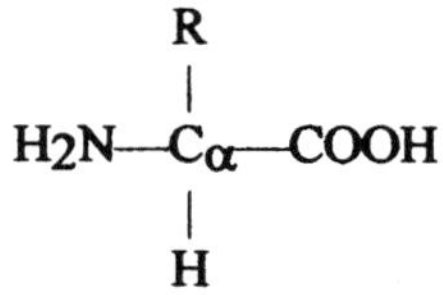

Lα-Aminosäure

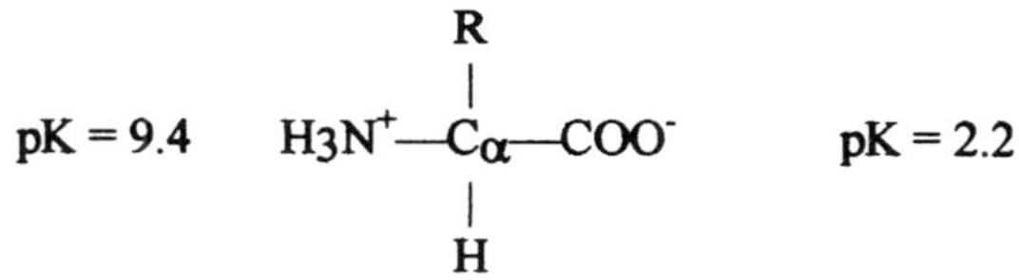

zwitterionische L-Aminosäure bei physiologischem pH 7,4

1.3 Die chemische Struktur einer L-α-Aminosäure und ihre Zwitterioneigenschaft: Eine L-α-Aminosäure besteht aus einem alpha-Kohlenstoffatom und vier chemischen Resten. R steht für die Seitenkette, deren chemische und physikalische Eigenschaften im Text erklärt werden. NH_2 und COOH repräsentieren die basische Amino- und die saure Carboxylgruppe, die unter physiologischen Bedingungen immer geladen sind.

Basische Reste

Lysin (K) und Arginin (R)

Lysin und Arginin sind bei physiologischem pH relativ basisch. Diese Eigenschaften bewirken, dass ihre Seitenketten von der Umgebung protoniert werden und sie deshalb eine positive Ladung aufweisen.

Aminosäuren lassen sich auch gemäß ihrer relativen Hydrophobizität einteilen. Einige sind relativ hydrophob, während andere polare Umgebungen vorziehen. Die relative Hydrophobizität eines Restes ermöglicht uns, seine Position innerhalb der Proteinstruktur vorherzusagen. Hydrophobe Reste findet man im Allgemeinen im Kernbereich eines Proteins, während sich polare Reste überwiegend an der Oberfläche befinden, wo sie mit der wässrigen Umgebung in Wechselwirkung stehen. Das chemische Prinzip, dass sich „Gleiches in Gleichem löst", lässt sich auch auf biologische Systeme anwenden. In den meisten biologischen Systemen werden folglich hydrophobe – hydrophobe Wechselwirkungen im Vergleich zu konkurrierenden hydrophoben – hydrophilen Wechselwirkungen bevorzugt eingegangen.

- Glutamat, Aspartat, Lysin und Arginin sind bei physiologischem pH geladen und man findet sie hauptsächlich an der Oberfläche von Proteinen, wo sie mit der polaren Umgebung in Wechselwirkung stehen. Im Allgemeinen ziehen geladene Moleküle eine polare Umgebung vor. Dies liegt vor allem daran, dass eine polare Umgebung Ladungen stabilisiert (durch Wasserstoffbrücken und elektrostatische Wechselwirkungen).
- Alanin, Valin, Leucin, Isoleucin, Phenylalanin, Cystein, Methionin, Glycin und Tryptophan gelten weitgehend als relativ hydrophob und man findet sie überwiegend im Innern von Proteinen und anderen hydrophoben Umgebungen. Die Existenz von Kohlenstoffketten in diesen Resten trägt zu ihrer hydrophoben Natur bei.

Tabelle 1.3: Allgemeine Eigenschaften der alpha-Aminosäuren

Rest	Einbuch-staben-Code	hydro-phob	aro-matisch	ali-phatisch	klein	polar	ge-laden
Alanin	A	✓			✓		
Arginin	R					✓	✓
Asparagin	N				✓	✓	
Aspartat	D				✓	✓	✓
Cystein	C	✓			✓	✓	
Glutamat	E					✓	✓
Glutamin	Q					✓	
Glycin	G	✓			✓	✓	
Histidin	H	✓	✓			✓	✓
Isoleucin	I	✓		✓			
Leucin	L	✓		✓			
Lysin	K	✓				✓	✓
Methionin	M	✓					
Phenylalanin	F	✓	✓				
Prolin	P				✓		
Serin	S				✓	✓	
Threonin	T				✓	✓	
Tryptophan	W	✓	✓			✓	
Tyrosin	Y	✓	✓			✓	
Valin	V	✓		✓			

✓ zeigt an, dass die Seitenkette die betreffende Eigenschaft aufweist.

- Asparagin, Glutamin, Prolin, Serin und Threonin besitzen ungeladene polare Seitenketten, die eine Tendenz aufweisen, dem Lösungsmittel ausgesetzt zu sein.
- Die Hydroxylgruppe von Tyrosin trägt zu seinen hydrophilen Eigenschaften bei, während der aromatische Rest die hydrophoben Merkmale verstärkt. Die dualen Eigenschaften dieser Seitenkette bewirken, dass sie zu beiden Umgebungen passt.
- Histidin ist relativ polar. Die Konformationsänderungen seiner ringförmigen Seitenkette tragen zu seinem weiten pKa-Bereich und zu seiner amphoteren Natur bei. Histidin kann sowohl protoniert als auch deprotoniert vorliegen, je nach den Umgebungsbedingungen. Diese Eigenschaften machen es in vielen Enzymen zu einer geeigneten Schiffschen Base.

Tabelle 1.4 zeigt drei repräsentative Hydrophobizitätsskalen. Einige sind populärer als andere. Aber die wichtigen Werte sind diejenigen, die in den unterschiedlichen Skalen der Tabelle konsistent sind.

Die Peptidbindung

Aminosäuren sind miteinander über die Peptidbindung gebunden. Es handelt sich im Wesentlichen um eine Säure-Base-Reaktion, wobei sich ein Wassermolekül bildet (Abb. 1.4a). Um die Konformation des Proteinrückgrats besser zu verstehen, muss man die Natur der Peptidbindung und ihre Beziehung zum Rückgrat des Proteins begreifen. Die Peptidbindung ist eine spezielle Bindung, die bestimmte Konformationsänderungen durch Drehung einschränkt (Abb. 1.4b). Diese Einschränkung limitiert die Gesamtzahl der möglichen 3-D-Konformationen des Rückgrats eines Polypeptids.

Eigenschaften der Peptidbindung

Die Peptidbindung hat Doppelbindungscharakter, was hauptsächlich auf das zwischen den Substituenten vorhandene Resonanzsystem zurückzuführen ist (Abb. 1.5). Die Re-

Tabelle 1.4: Einige verbreitet genutzte Hydrophobizitätsskalen

Rest	Einbuchstaben-Code	Kyte/Doolittle [1]	Edelman [2]	Eisenberg [3]
Alanin	A	1,8	0,4397	0,25
Arginin	R	–4,5	–0,7010	–1,80
Asparagin	N	–3,5	–1,414	–0,64
Aspartat	D	–3,5	–2,588	–0,72
Cystein	C	2,5	1,150	0,04
Glutamat	E	–3,5	–1,270	–0,62
Glutamin	Q	–3,5	–1,656	–0,69
Glycin	G	–0,4	–0,8634	0,16
Histidin	H	–3,2	0,0268	–0,40
Isoleucin	I	4,5	1,546	0,73
Leucin	L	3,8	1,517	0,53
Lysin	K	–3,9	–1,502	–1,10
Methionin	M	1,9	1,746	0,26
Phenylalanin	F	2,8	0,4345	0,61
Prolin	P	–1,6	–1,721	–0,07
Serin	S	–0,8	–0,3841	–0,26
Threonin	T	–0,7	–0,0078	–0,18
Tryptophan	W	–0,9	–0,0638	0,37
Tyrosin	Y	–1,3	–0,4585	0,02
Valin	V	4,2	0,5056	0,54

Positive Werte geben hydrophobe Seitenketten an

sonanzstabilisierung beziehungsweise der Doppelbindungscharakter der Peptidbindung trägt zu ihrer Starrheit bei und begrenzt Drehungen. Der Winkel der Peptidbindung wird auch als omega bezeichnet. Eine Drehung um diese Achse ist in der Polypeptidkette praktisch unmöglich. Der Doppelbindungscharakter der Peptidbindung zwingt ihre Substituenten in eine Ebene, wodurch die meisten omega-Winkel auf 180° festgelegt sind. Dies liegt zum Teil an der cis-Natur der meisten Dipeptide. In den seltenen Fällen mit trans-Konformation beträgt der omega-Winkel 0°. Die trans-Konformation ist typisch für den Prolinrest. Abbildung 1.5 zeigt den partiellen Doppelbindungscharakter der Peptidbindung in einer ihrer Resonanzformen. Die Winkel phi und psi sind ebenfalls markiert. Phi und psi sind die beiden wichtigsten Winkel, die mit der Konformation des Polypeptidrückgrats in Verbindung stehen und werden in zweidimensionalen Darstellungen angegeben, um die dreidimensionale Konformation des Proteinrückgrats anzudeuten. Diese Darstellung ist auch als Ramachandran-Plot bekannt und ist in Farbfoto 1.1 zu sehen.*

Phi gibt die Drehbarkeit um die Achse zwischen dem alpha-C-Atom und der benachbarten N–H-Gruppe an, während psi den Drehwinkel um die Achse zwischen dem alpha-C-Atom und dem damit verbundenen Carbonylsubstituenten repräsentiert.

Proteinfaltung

Die linear gestreckte Konformation eines Proteins ist auch als Primärstruktur bekannt. Die Kenntnis der Primärstruktur eines Proteins könnte auch Einblick in seine dreidimensionale Struktur gewähren.

Die folgenden Wechselwirkungen sind die treibenden Kräfte der Proteinfaltung:
- Hydrophobe Wechselwirkungen oder hydrophobe Effekte
- Elektrostatische Wechselwirkungen

* Siehe Farbtafelteil in der Mitte des Buches.

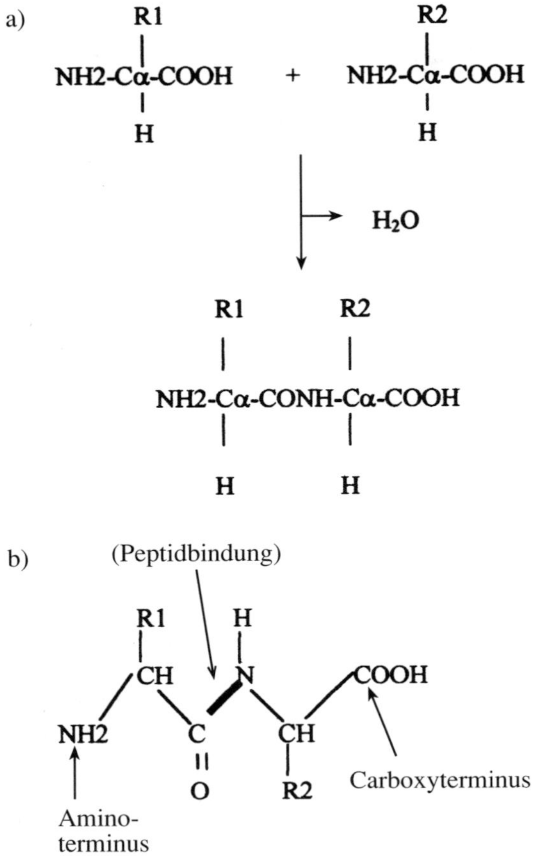

1.4 Die Bildung der Peptidbindung. (a) Zwei Aminosäuren verbinden sich kovalent in einer Kondensationsreaktion ihrer Amino- und Carboxylgruppe unter Freisetzung eines Moleküls Wasser und bilden ein Dipeptid (R1 und R2 sind in derselben chemischen Struktur gebunden). (b) Die Peptidbindung bildet eine ebene Struktur, die man Aminebene nennt. Die kovalente Bindung zwischen dem N–H und der C–O-Gruppe ist im Gegensatz zu den C–C- und den C–N-Bindungen, die es dem Protein ermöglichen, sich in komplexen dreidimensionalen Strukturen zu falten, nicht flexibel.

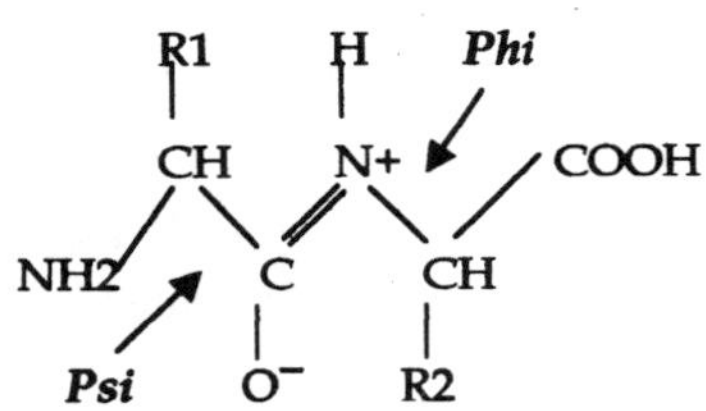

1.5 Der Elektronenresonanzcharakter der Peptidbindung: Beweise für diese Struktur stammen aus der Röntgenkristallographie einfacher Peptide, die zeigt, dass die Länge der N–C_α-Bindung 1,46 Å beträgt, wie man das für eine Einfachbindung erwartet. Die C–N-Peptidbindung ist 1,33 Å lang, nur etwas mehr als die 1,27 Å einer durchschnittlichen C–N-Bindung von Modellsubstanzen. Ähnliche Röntgenuntersuchungen beweisen, dass die sechs Atome C_αNH-COC_α fast genau in einer Ebene liegen.

- Wasserstoffbrücken
- Konformationsentropie
- Van-der-Waals-Wechselwirkungen.
- kovalente Bindungen (zum Beispiel Disulfidbrücken)

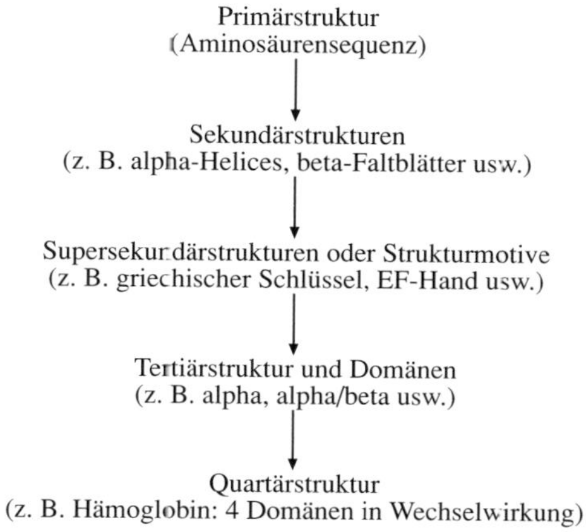

1.6 Der Weg der Proteinfaltung.

Der hydrophobe Effekt und sein Beitrag zur Proteinfaltung

Der hydrophobe Effekt ist nichts anderes als die Präferenz von hydrophoben oder apolaren Atomen, zusammenzubleiben und sich von Wassermolekülen abzusondern. Das kann man leicht sehen, wenn man Wasser mit Öl mischt. Die Ölmoleküle sind hydrophob und haben deshalb die Tendenz, mit anderen Ölmolekülen in Wechselwirkung zu treten und ihren Kontakt mit den polaren Wassermolekülen zu reduzieren. Bei Raumtemperatur wird dieser Effekt vor allem von der Entropie angetrieben.

Es ist weithin anerkannt, dass der hydrophobe Effekt die wichtigste Triebkraft auf dem Weg der Proteinfaltung darstellt. Die meisten Proteine befinden sich in einer wässrigen Umgebung. Da Wassermoleküle ständig mit anderen Wassermolekülen Wasserstoffbrücken bilden und wieder aufbrechen, würde das Vorhandensein von apolaren Seitenketten ein solches konformationelles Anordnungsschema stören, das in einer wässrigen Umgebung von der Entropie bevorzugt wird. Unter dem Gesichtspunkt der Entropie ist es also energetisch günstiger, diese apolaren Seitenketten in einer wässrigen Umgebung im Innern des Moleküls gemeinsam zu verbergen.

Wie kann man die relative Hydrophobizität einer Seitenkette messen?
Man macht dies üblicherweise durch Aufteilungsexperimente. Frühe Versuche von Fauchere und Pliska ergaben Hydrophobizitätswerte für jede Seitenkette, indem ihre Konzentration in einer Modellsubstanz in einem Medium gemessen wurde, das den Proteinkern und seine wässrige Umgebung repräsentieren sollte.[4] Als Medium benutzten sie Octanol. Die lange aliphatische Kette von Octanol und seine terminale Hydroxylgruppe machten es zum Molekül der Wahl, um Wechselwirkungen mit polaren und nichtpolaren Seitenketten zu messen. Einige der Hydrophobizitätsskalen sind in Tabelle 1.4 wiedergegeben.

Was ist die zugängliche Oberfläche (ASA, accessible surface area) und wie hängt sie mit der Hydrophobizität zusammen?
Die zugängliche Oberfläche oder ASA eines gelösten Teilchens wird als die Oberfläche definiert, die das Zentrum eines kugelförmig gedachten Wassermoleküls beschreibt, wenn man es über die Van-der-Waals-Oberfläche eines gelösten Teilchens rollt.[5]

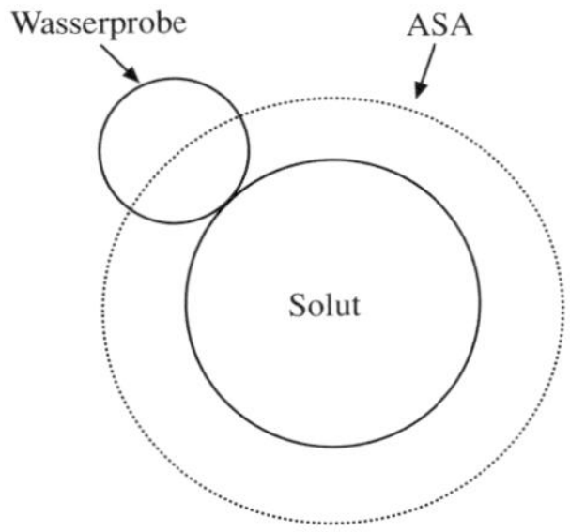

1.7 Lösungsmittelzugängliche Oberfläche: Ein gelöstes Teilchen hat in Wasser eine spezifische Oberfläche, die man Van der Waals-Oberfläche nennt. Wassermoleküle interagieren mit der Oberfläche des gelösten Teilchens und nehmen einen Raum ein, der das Volumen des gelösten Moleküls erhöht. Die apparente Oberfläche, die durch das Abrollen eines als Kugel gedachten Wassermoleküls über die Van der Waals-Oberfläche des gelösten Teilchens gegeben wird, bestimmt die wasserzugängliche Oberfläche (ASA) und stellt bei der Modellierung von Arzneimittel-Rezeptor-Wechselwirkungen eine nützliche Beschreibung des von einem gelösten Teilchen eingenommenen Volumens dar.

Welche Beziehung besteht zwischen der Hydrophobizität eines gelösten Teilchens und seinem ASA?
Das ASA eines nichtpolaren Atoms der nach außen gerichteten Seitenketten steht ungefähr in einer linearen Beziehung zu seiner Hydrophobizität.[6,7] Das ist jedoch keine exakte wissenschaftliche Aussage und die erwähnte Beziehung muss noch genauer analysiert werden.

Elektrostatische Wechselwirkungen

Dieser Punkt bezieht sich im Allgemeinen auf die elektrostatischen Wechselwirkungen, die zwischen Ionenpaaren innerhalb eines Proteinmoleküls bestehen. Man glaubt, dass die elektrostatische Wechselwirkungen der Proteinstruktur ihre Spezifität verleihen. Die Effekte, die mit diesen Wechselwirkungen zusammen hängen, werden zum größten Teil durch das Coulombsche Gesetz bestimmt. Die Ladung der Ionenpaare, die Entfernung zwischen geladenen Gruppen und die relativen Dielektrizitätskonstanten sind die Schlüsselvariablen des Coulombschen Gesetzes und sie setzen eine maximale Wechselwirkung zwischen den Ionenpaaren in dem Protein und seiner wässrigen Umgebung voraus. Das liegt hauptsächlich daran, dass so der thermodynamisch günstigste Zustand für alle geladenen Ionenpaare erreicht wird. Isolierte Ladungen sind typischerweise an der wässrigen Oberfläche lokalisiert und vollständig von Wassermolekülen solvatisiert. Es ist thermodynamisch ungünstig, die Solvatationshülle um diese isolierten geladenen Gruppen zu zerstören. Deshalb ist es relativ unwahrscheinlich, dass diese isolierten geladenen Gruppen in das innere des Proteins gelangen. Untersuchungen haben gezeigt, dass lösungsmittelexponierte geladene Paare und isolierte Gruppen zur Gesamtstabilität

Tabelle 1.5: Nichtpolares ASA und Hydrophobizität

Rest	Einbuchstaben-Code	Hydrophobizität	nichtpolares ASA (A°2)
Alanin	A	–0,20	71
Arginin	R	1,34	80
Asparagin	N	0,69	45
Aspartat	D	0,72	50
Cystein	C	–0,67	98
Glutamat	E	1,09	61
Glutamin	Q	0,74	53
Glycin	G	–0,06	33
Histidin	H	–0,04	96
Isoleucin	I	–0,74	140
Leucin	L	–0,65	143
Lysin	K	2,00	118
Methionin	M	–0,71	159
Phenylalanin	F	–0,67	164
Prolin	P	–0,44	120
Serin	S	0,34	48
Threonin	T	0,26	76
Tryptophan	W	–0,45	186
Tyrosin	Y	0,22	135
Valin	V	–0,61	116

eines Proteinmoleküls beitragen. Man nimmt an, dass eine Salzbrücke 0,65 ± 0,35) kcal/mol zur Stabilität beisteuert[8].

Wasserstoffbrücken

Es ist nicht klar, bis zu welchem Punkt Wasserstoffbrücken zur Gesamtstabilität von Proteinstrukturen beitragen, aber ihre periodische Anordnung innerhalb von alpha-Helices und beta-Faltblättern erklärt die Bildung von Sekundärstrukturen plausibel. Wasserstoffbrücken sind auch an den Wechselwirkungen Seitenkette – Seitenkette und Seitenkette – Hauptkette beteiligt.[9] Die größten Zweifel an dem Anteil, den eine im Inneren liegende Wasserstoffbrücke für die Proteinstabilität haben könnte, erwächst aus der Konkurrenz von Protein – Lösungsmittel Wasserstoffbrücken mit denen aus Protein – Protein Wechselwirkungen.

Konformationsentropie

Die dreidimensionale Faltung einer Proteinstruktur begrenzt die Anordnungsmöglichkeiten der angularen Konformationen des Rückgrats und der Seitenketten, was unter dem Gesichtspunkt der Entropie ungünstig ist. Man könnte die Boltzmann-Gleichung benutzen, um den relativen Verlust an Konformationsentropie abzuschätzen, wenn die Seitenkette auf ein einziges Rotamer festgelegt ist. Die Limitierung der rotameren Konformationen ist vor allem durch das Verbergen der Seitenketten innerhalb der Proteinstrukturen bedingt.

Van-der-Waals-Wechselwirkungen (Verpackung)

Die gefaltete Struktur der meisten Proteine fördert die dichte Packung der Atome innerhalb des Moleküls. Die Atome im Kernbereich liegen im Allgemeinen geordneter vor als die der Oberfläche des Proteinmoleküls. Durch das Falten ist der Kern der Proteinstruktur fester als die Oberfläche oder die nichtgefaltete Struktur. Dieser Übergang flüssig - fest wird von der Entropie angetrieben und man glaubt, das er etwa 0,6 kcal/mol pro CH_2-Substituent freisetzt.[10]

Kovalente Bindungen (Disulfidbrücken)

Die wichtigste kovalente Bindung innerhalb einer Proteinstruktur ist die Disulfidbrücke. Man glaubt, dass die Disulfidbrücke die gefaltete Struktur stabilisiert, indem bestimmte Freiheitsgrade der ungefalteten Kette im Vergleich zur selben Kette ohne kovalente Bindung einschränkt. Dieser Vorgang ist entropieabhängig. Im Allgemeinen bedeutet eine Verlängerung der kovalenten Verbindung einen Zuwachs an Stabilität.[11] Diese Regel lässt sich nur auf eine einzige Disulfidbrücke anwenden. Der stabilisierende Effekt einer Disulfidbrücke ist in kleineren Proteinen ausgeprägter.

Proteinfunktionen

Proteine sind wichtige biologische Makromoleküle und an vielfältigen Funktionen beteiligt.

Enzyme

Sie sind die biologischen Katalysatoren. Die meisten Enzyme sind Proteine und ohne sie würde das Leben, wie wir es kennen, aufhören zu existieren. Ihr Vorhandensein ist essenziell, um biologische Reaktionen beschleunigt durchzuführen, die anderenfalls zu langsam wären, um das Leben aufrechtzuerhalten. Enzyme sind im Allgemeinen substratspezifisch und ihre Effizienz hängt typischerweise von der Konzentration des Substrates in der Zelle ab. Diese Abhängigkeit verhindert zusammen mit anderen Faktoren, dass das Enzym zu viel von seinem Produkt produziert und damit eine Überreaktion auslöst, was letztendlich in der Zelle eine Katastrophe auslösen könnte. Die funktionelle Spezifität eines Enzyms ist eng mit seiner dreidimensionalen Struktur verknüpft. Die dreidimensionale Konformation seines aktiven Zentrums schafft seine Spezifität und unterscheidet die unterschiedlichen Enzyme. Eine bessere Kenntnis der strukturellen Eigenheiten ermöglicht uns deshalb ein besseres Erfassen ihrer funktionellen Rollen. Das Verständnis der strukturellen Merkmale von Proteinen mit bekannter Struktur ist wesentlich für das Auffinden von Struktur-Funktions-Wechselbeziehungen bei Sequenzen, deren Strukturen noch aufgeklärt werden müssen. Das Verständnis der Struktur-Funktions-Beziehung dieser lebenswichtigen Proteine könnte ein sehr wirksames Werkzeug sein, wenn man ihre Aktivität im Falle einer Fehlfunktion steuern will. Man nimmt an, das solche Fehlfunktionen für eine Reihe pathogener Vorgänge verantwortlich sind.

Regulatorische Proteine

Diese Proteine dienen vor allem der Regulation der Aktivität anderer Makromoleküle in der Zelle. Für den Regulationsprozess ist die Konzentration dieser Moleküle verantwortlich. Viele regulatorische Proteine sind an negativen Rückkopplungsschleifen beteiligt. Bei den meisten negativen Rückkopplungsschleifen verhindert ein Anwachsen der Konzentration eines späten Produkts die Bildung der frühen Produkte. Die meisten Rückkopplungsmechanismen arbeiten auf der Ebene der Transkription (DNA) oder der Translation (RNA).

Speicherfunktion

Bestimmte Ionen, Stoffwechselprodukte oder kleine Moleküle können mit Proteinen Komplexe bilden, um so gespeichert zu werden. So speichert zum Beispiel das Ferritinin der Leber Eisen, indem es Eisenionen mithilfe seiner Hämgruppe komplexiert.

Transportfunktion

Bestimmte Proteine dienen als biologische Transporteure. Transferrin und Hämoglobin sind zwei unterschiedliche Transportproteine, die im Körper Eisen beziehungsweise Sauerstoff befördern.

Signalfunktion

Einige Proteine sind spezifisch an der Übertragung biologischer und zellulärer Signale beteiligt. Bei vielen dieser Proteine handelt es sich um Rezeptoren für kleine Moleküle und Hormone. Die Bindung eines kleinen Moleküls oder Hormons an seinen Rezeptor löst ein Signal aus, das letztendlich zu einer zellulären Antwort führt.

Immunität

Bei den meisten Makromolekülen, die an unserer Immunantwort beteiligt sind, handelt es sich um Proteine und Polypeptide. Immunglobuline sind herausragende Beispiele für eine große Proteinfamilie, die an einer Vielzahl von immunzellulären Antworten beteiligt sind.

Struktur

Ein großer Teil unserer Proteine hat eine strukturelle Funktion. Diese Proteine geben größtenteils mechanische Festigkeit. Kollagen ist in vielzelligen tierischen Organismen wahrscheinlich eines der häufigsten Strukturproteine. Es ist in beinahe allen Geweben zu finden und ist ein wichtiger Grundbestandteil vieler Zellen.

Literatur

1. Kyte, J.; Doolittle, R. F. *A simple method for displaying the hydropathic character of a protein*. In: *J. Mol. Biol.*157 (1982) S. 105–132.
2. Edelman, J. *Quadratic minimization of predictors for protein secondary structure. Application to transmembrane alpha-helices*. In: *J. Mol. Biol.* 232 (1993) S. 165–191.
3. Eisenberg, D. et al. *Analysis of membrane and surface protein sequences with the hydrophobic moment plot*. In: *J. Mol. Biol.* 179 (1984) S. 125–142.
4. Fauchere, J. L. et al. *Amino acid side chain parameters for correlation studies in biology and pharmacology*. In: *Int. J. Pept. Protein Res.* 32 (1988) S. 269–278.
5. Richards, F. M.; Richmond, T. *Solvents, interfaces and protein structure*. In: *Ciba Found. Symp.* 60 (1977) S. 23–45.
6. Chothia, C. *Hydrophobic bonding and accessible surface area in proteins*. In: *Nature* 248 (1974) S. 338–339.
7. Miller, S. et al. *The accessible surface area and stability of oligomeric proteins*. In: *Nature* 328 (1987) S. 834–836.
8. Serrano, L. et al. *The folding of an enzyme. II. Substructure of barnase and the contribution of different interactions to protein stability*. In: *J. Mol. Biol.* 224 (1992) S. 783–804.
9. Baker, E. N.; Hubbard, R. E. *Hydrogen bonding in globular proteins*. In: *Prog. Biophys. Mol. Biol.* 44 (1984) S. 97–179.
10. Nicholls, A.; Sharp, K. A.; Honig, B. *Protein folding and association: insights from the interfacial and thermodynamic properties of hydrocarbons*. In: *Proteins* 11 (1991) S. 281–296.

11. Harrison, P. M.; Sternberg, M. J. *Analysis and classification of disulphide connectivity in proteins. The entropic effect of cross-linkage.* In: *J. Mol. Biol.* 244 (1994) S. 448–463.

DNA- und RNA-Struktur

Nucleinsäurestruktur und -funktion

Die für alle Lebewesen zentralen Moleküle lassen sich in zwei Klassen einteilen: Nucleinsäuren und Proteine. Da sich die gesamte heutige Bioinformatik mit diesen beiden Molekülklassen befasst, sollen ihre Struktur und ihre zelluläre Funktion hier erklärt werden. Die Nucleinsäuren bilden das Erbmaterial und das Genom aller lebender Organismen. Sie setzen sich aus RNA und ihrer Desoxyform DNA zusammen. Proteine sind die „Werkzeuge", die die Zelle benutzt, um ihre genetische Information zu lesen und in andere Proteine zu übersetzen, die die zellulären Prozesse ausführen und steuern – Stoffwechsel, physiologische Signalvorgänge, Energiespeicherung und -umwandlung und die Bildung von Zellstrukturen. Nucleinsäuren wurden nach dem Ort ihres Vorkommens benannt, als Friderich Miescher sie 1869 zum ersten Mal beschrieb. Diese Entdeckung erfolgte gerade zehn Jahre nach Darwins „*The Origin of Species*", als die Suche nach dem Erbmaterial eine wichtige Aufgabe der Chemie, Medizin und Biologie war. Miescher extrahierte eine Substanz aus Zellkernen, die saure Eigenschaften aufwies und deren Löslichkeit vom pH der Lösung abhing. Er nannte diese Substanz Nucleinsäure, wusste aber nicht, dass er die molekularen Träger der Gene isoliert hatte. Der Begriff des Gens wurde erst lange nach der Entdeckung Mendels geprägt, dass spezifische Merkmale unabhängig voneinander partikulär vererbt werden (Mendels Sicht der Vererbung als unabhängige Kombination der Merkmale). Die Funktion der DNA als alleinige Trägerin der Erbanlagen konnte etwa 75 Jahre nach Mieschers Erstbeschreibung nicht nur von Oswald Avery, sondern unabhängig davon auch von Alfred Hershey und Margaret Chase bewiesen werden. Neun Jahre später, 1953, entdeckten James Watson und Sir Francis Crick die Doppelhelixstruktur, indem sie eine Röntgenstrahl-Diffraktionsmethode auf DNA-Kristalle anwandten. Die Entdeckung dieser Struktur führte zur Entzifferung des genetischen Codes. Dieser Code bestimmt die zur Proteinbiosynthese nötige Information und wird durch einen Replikationsmechanismus vererbt, der exakte Kopien des Elterngenoms an die Nachkommen weitergibt.

Die Entdeckung des genetischen Codes markiert den Beginn der Bioinformatik, weil man DNA- RNA- und Proteinsequenzen nun identifizieren und zeigen konnte, dass die Sequenz jedes Gens und seines entsprechenden Proteins einzigartig ist. Die Wissenschaftler bemerkten jedoch schnell, dass die einfache Hypothese „ein Gen – ein Protein", die man in der ersten Zeit der Molekularbiologie aufgestellt hatte, nicht richtig war. Es entstand ein komplexes Bild der Genstruktur mit codierender und nichtcodierender DNA und der Entdeckung von Rekombinationsvorgängen, die in allen Lebensformen sehr häufig sind. Die Molekularbiologen lernten, diese Vorgänge im Labor auszunutzen und brachten so die Technologie der rekombinanten DNA ins Rollen, die Basis der Gentechnologie und der Proliferation der Biotech-Industrie.

Nucleinsäuren sind lineare Polymere, die sich aus chemisch unterschiedlichen Monomeren, den so genannten Nucleotiden zusammensetzen. Die Nucleotide unterscheiden sich durch die Zusammensetzung einer aromatischen Basenstruktur – Purine und Pyrimidine –, die an eine phosphorylierte Ribose- (Zucker-) Einheit gebunden ist. Ihre lineare Anordnung lässt sich als eine Buchstabensequenz lesen, die durch ein molekulares Triplett bestimmt wird. Die Sequenz dieser Triplettbausteine bestimmt die Einzigartigkeit jedes Gens in einem Organismus und die des Genoms von unterschiedlichen Organismen. RNA, mengenmäßig in allen Organismen die Hauptform der Nucleinsäuren, setzt sich aus dem Zucker Ribose und den Basen Adenin (A), Guanin (G), Cytosin (C) und Uracil (U) zusammen, während DNA die Desoxyform der Ribose und die vier Basen Adenin (A), Guanin (G), Cytosin (C) und Thymin (T) benutzt. Die DNA trägt die Erbinformation und wird hauptsächlich als Dimer oder Doppelstrang vorgefunden, was die Doppelhelix ergibt, wie sie in Farbbild 1.2a gezeigt wird*, wohingegen die RNA hauptsächlich monomer als Einzelstrang auftritt, wie dies Abbildung 1.2b* zeigt. Die RNA kann jedoch ausgedehnte intramolekulare doppelhelicale Regionen bilden oder auch mit Einzelstrang-DNA hybridisieren, wie in Abbildung 1.2c* zu sehen ist.

Die Doppelhelixstruktur der DNA wird durch elektrostatische Wechselwirkungen zwischen Basenpaaren gegenüberliegender Einzelstränge stabilisiert. Die Regel besagt, dass nur Adenin und Thymin (AT) sowie Guanin und Cytosin (GC) Basenpaare in chromosomaler DNA bilden. Die Präzision dieser Basenpaarung liegt in der Thermodynamik und Beschränkungen der Konformation der Wasserstoffbrücken begründet, die sich zwischen den aromatischen Ringstrukturen der Nucleotide bilden.

Der genetische Code

Der genetische Code ist der Schlüssel zur richtigen Übersetzung einer Sequenz aus vier Nucleotiden in eine Sequenz, die 20 unterschiedliche Aminosäuren benutzt. Ein Nucleotidtriplett definiert die Position einer Aminosäure in einem Protein. Nachdem der Code einmal bekannt war, wurde in allen Bakterien, Pflanzen und Tieren eine einzigartige Tatsache beobachtet: die Übersetzung kann nur von Nucleinsäuren in Richtung Proteine erfolgen, nicht aber umgekehrt. Nucleinsäuren dienen als Matrize zur Proteinsynthese, aber Gene können nicht aus Proteinen gebildet werden. Das ist das *zentrale Dogma der Molekularbiologie* und spiegelt den Weg wider, auf dem sich alle lebenden zellulären Organismen reproduzieren und wachsen.

Bestimmte Virengruppen enthalten in ihrem Genom RNA anstelle von DNA. Gemäß dem zentralen Dogma würde man erwarten, dass diese Viren ihre RNA direkt zur Instruktion der Proteinsynthese in den Wirtszellen benutzen würden. Man hat jedoch herausgefunden, dass einige dieser Viren ein Protein benutzen, das in der Lage ist, die virale RNA in DNA umzukopieren (so genannte cDNA oder komplementäre DNA), wenn sie in die Wirtszelle gelangt sind. Das Protein, das die Synthese von DNA aus RNA-Matrizen bewerkstelligt – ein Prozess, der in keinem nichtviralen Organismus zu finden ist – nennt man *Reverse Transkriptase*. Der Einsatz dieses Moleküls in den Labors hat die Molekularbiologie revolutioniert.

Die Reverse Transkriptase bildet zusammen mit den hitzestabilen DNA-Polymerasen aus thermophilen Bakterien einen Eckpfeiler der heutigen Molekularbiologie. Die Polymerasekettenreaktion (PCR) und die Bildung von cDNA ermöglichen eine rasche Identifikation neuer Gene, sogar von sehr kleinen Gewebeproben als Ausgangsmaterial, eine Eigenschaft, die vor allem von der Gerichtsmedizin genutzt wird. Wegen der anwachsenden Zahl an DNA-Sequenzen (und Aminosäurensequenzen), die man basierend auf diesen beiden komplementären Techniken veröffentlicht, wurde die Bioinformatik geboren, weil es nötig wurde, die genetische Information zu speichern, zu verarbeiten und zu kommentieren.

* Siehe Farbtafelteil in der Mitte des Buches.

Der genetische Code ist universell und redundant. Es ist wichtig, dies zu wissen, wenn man den Zusammenhang zwischen Genomorganisation, Proteinstruktur und der Diversität des Lebens verstehen will.

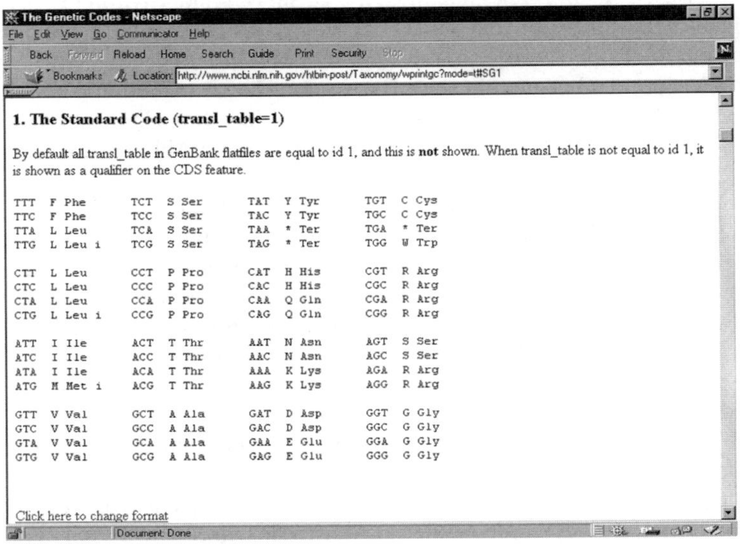

1. The Standard Code (transl_table=1)

By default all transl_table in GenBank flatfiles are equal to id 1, and this is **not** shown. When transl_table is not equal to id 1, it is shown as a qualifier on the CDS feature.

TTT F Phe	TCT S Ser	TAT Y Tyr	TGT C Cys
TTC F Phe	TCC S Ser	TAC Y Tyr	TGC C Cys
TTA L Leu	TCA S Ser	TAA * Ter	TGA * Ter
TTG L Leu i	TCG S Ser	TAG * Ter	TGG W Trp
CTT L Leu	CCT P Pro	CAT H His	CGT R Arg
CTC L Leu	CCC P Pro	CAC H His	CGC R Arg
CTA L Leu	CCA P Pro	CAA Q Gln	CGA R Arg
CTG L Leu i	CCG P Pro	CAG Q Gln	CGG R Arg
ATT I Ile	ACT T Thr	AAT N Asn	AGT S Ser
ATC I Ile	ACC T Thr	AAC N Asn	AGC S Ser
ATA I Ile	ACA T Thr	AAA K Lys	AGA R Arg
ATG M Met i	ACG T Thr	AAG K Lys	AGG R Arg
GTT V Val	GCT A Ala	GAT D Asp	GGT G Gly
GTC V Val	GCC A Ala	GAC D Asp	GGC G Gly
GTA V Val	GCA A Ala	GAA E Glu	GGA G Gly
GTG V Val	GCG A Ala	GAG E Glu	GGG G Gly

1.8 Die genetischen Codes — Standardcode: Seite mit der Translationstabelle 1 (schließt menschlichen Code ein) unter der Taxonomieseite des NCBI. Insgesamt hat man 11 natürliche Codes beschrieben, darunter die der eukaryotischen Organellen und den alternativen Kerncode der Hefe.

Der genetische Code ist redundant, weil es insgesamt 64 mögliche Basentripletts (Codons) gibt, die für 20 Aminosäuren benutzt werden können. Auch wenn man Stop- oder Terminationscodons außer Acht lässt, werden mehrere Aminosäuren von mehr als einem Codon codiert. Das bedeutet, dass die Aminosäurensequenz besser erhalten bleibt als die DNA-Sequenz. Dies hat Auswirkungen auf die Evolution, da einige Änderungen einer Base keine Änderungen der Aminosäurensequenz hervorrufen. Diese Punktmutationen nennt man auch *stille Mutationen*, weil sie den Phänotyp nicht verändern und daher keinem Selektionsdruck unterliegen. Die Redundanz ist jedoch oft begrenzt, da die Organismen nicht alle möglichen Codons benutzen, sondern nur eine Auswahl anwenden (Abb. 1.8). Dies ist auch als Codongebrauch bekannt. Diese Auswahl kann von Organismus zu Organismus variieren. Der Codongebrauch ist bei der Technologie der rekombinanten DNA wichtig, wo Gene eines Organismus in das Genom eines anderen kloniert und rekombiniert werden, damit man sie dort manipulieren und exprimieren kann. In einigen Fällen kann der Codongebrauch zu nichtfunktionellen Proteinen führen oder das Niveau der Proteinsynthese beeinträchtigen. Der Codongebrauch kann auch zum Schutz gegen fremde DNA pathogener Organismen dienen. Nichtbenutzte Codons haben bei fremder DNA den Effekt eines Stopcodons, wodurch sich die Synthese funktioneller Proteine, die für die Reproduktion des pathogenen Mikroorganismus notwendig ist, effektiv unterdrücken lässt.

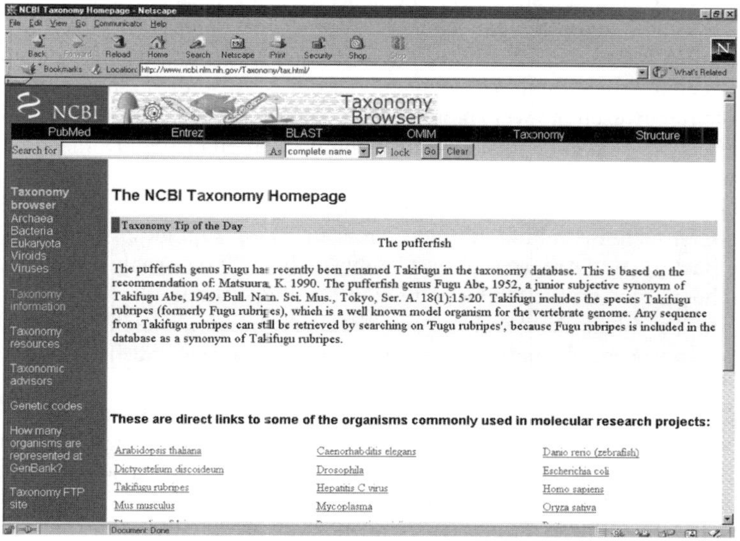

1.9 Der Taxonomie-Browser des NCBI. Oberste Ebene: Das Hauptmenü des Taxonomie-Browsers des NCBI bietet Links zu unterschiedlichen Organismen-"Klassen" an. Darunter befinden sich die drei Urreiche: Archaea (einzellig), Bacteria (einzellig) und Eukarya (einzellig und vielzellig; enthalten Zellkern und andere interne Organellen). Andere Links verweisen auf Viren und Viroide, die man nicht als vollständige Lebensformen ansieht, da sie die zelluläre Maschinerie eines anderen Organismus aus einem der drei Urreichen benötigen, um sich zu vermehren. Der Taxonomie-Browser enthält nur zu den Organismen Informationen, von denen in einer der Datenbanken ein Eintrag vorliegt: Nucleinsäuresequenz, Aminosäurensequenz oder Proteinstruktur. Der Taxonomie-Browser enthält auch Daten über ausgestorbene Arten.

Der Codongebrauch ist jedoch das Ergebnis eines ansonsten universellen Gebrauchs des genetischen Codes. Außer im Falle der DNA einiger Organellen benutzen alle Organismen, einschließlich der Viren, die gleichen Codons für die 20 Aminosäuren, die zur Proteinsynthese benötigt werden. Das bedeutet, dass man Gene zwischen Organismen übertragen kann – eine Erkenntnis, welche die Basis der heutigen Biotechnologieindustrie bildet. Das heißt aber auch, dass die Bioinformatik nicht zwischen Sequenzinformationen unterschiedlichen zellulären Ursprungs differenzieren muss. Diese Universalität vergrößert die Probenzahl bei der statistischen Analyse der in den Datenbanken gespeicherten DNA-Sequenzen und erlaubt es, gut untersuchte Gene aus Modellorganismen wie Ratte, Fruchtfliege oder *Escherichia coli* leicht mit ihren menschlichen Gegenstücken zu vergleichen. Die Ähnlichkeit von DNA-Sequenzen ermöglicht eine rasche Identifizierung, Klonierung und Sequenzierung von Genen in verwandten Organismen. Darüber hinaus kann eine Information, die von einem Organismus fehlt, aus der einer anderen Art abgeleitet werden, auch wenn man dabei Vorsicht walten lassen muss. Was in der Fruchtfliege oder einem Nematoden „funktioniert“, lässt sich oft auf den Menschen übertragen.

Gene und Evolution

Gene sind die Erbeinheiten allen Lebens und bestehen aus Desoxyribonucleinsäure oder DNA, mit Ausnahme von einigen viralen Genomen wie dem HIV-Virus (ein Retrovirus), die aus RNA bestehen. Nach morphologischen Kriterien, die sich auf ihr Genom beziehen – genau gesagt dem Vorkommen oder der Abwesenheit eines Zellkerns – lassen sich alle Lebewesen in zwei Hauptgruppen einordnen: die Eukaryoten und die Prokaryoten. Letztere sind einzellige Organismen und werden in zwei Domänen unterteilt: Bacteria und Archaea.

Obwohl sie morphologisch ähnlich sind, unterscheiden sich Bacteria bezüglich ihrer grundlegenden Genomstruktur von den Archaea. Die Gruppierung in drei Domänen (Eukarya, Bacteria und Archaea) basiert hauptsächlich auf der Analyse der ribosomalen RNA. Nachdem die kompletten Genome von Mitgliedern aller drei Domänen bekannt sind, scheint der Zweig der Archaea sowohl eukaryotische als auch bakterielle Eigenschaften aufzuweisen, abhängig davon, welche Proteine oder Stoffwechselwege man untersucht.

Die Suche nach dem genauesten Stammbaum des Lebens ist so alt wie die Taxonomie, und die Bioinformatik fügt einfach ein neues analytisches Werkzeug zur Beantwortung dieser Frage hinzu. Es ist jedoch klar, dass weder die genotypische noch die phänotypische Taxonomie allein ein solches Problem lösen können. Die Molekularbiologie ersetzt nicht einfach „ältere" veraltete Richtungen der Evolutionsbiologie. Sie ist im besten Falle eine Ergänzung. Fragen zum Ursprung und der Koexistenz von zwei grundlegenden Genomstrukturen (Bacteria und Archaea) haben eine aktuelle Debatte unter den Evolutionsbiologen darüber ausgelöst, welche der Genomstrukturen zuerst auftrat und wie sie entstanden. Die Genomprojekte zu Organismen aus allen drei Domänen werden sicherlich zum Verständnis dieses Problems beitragen.

Bacteria

Bacteria sind einzellige prokaryotische Organismen, die Genome mit einer hochkompakten Genstruktur und -organisation enthalten. Einfach gesagt enthalten alle Gene eine einzige codierende Region, die der Aminosäurensequenz des Proteins entspricht, die es codiert. Diese codierenden Regionen werden von Kontrollregionen flankiert, die festlegen, wie Proteine zum Zweck der Replikation oder Transkription Zugang zur DNA haben. Oft sind die Gene in funktionellen Gruppen angeordnet, die auf eine koordinierte Art reguliert werden. Diese Gene codieren mehrere Enzyme, die Stoffwechselwege bilden. Die entsprechenden Multigenstrukturen bezeichnet man als Operons. Das Operon spiegelt die funktionelle Einheit eines Gens wider, das in einer Gruppe wirkt und dessen Auf- und Ab-Regulation, das heißt Genexpression, von einer einzigen Transkriptionseinheit koordiniert wird.

Eukaryoten und Archaea

Die Genomstruktur in den Archaea und Eukaryoten ist komplexer als in den Bacteria. Die meisten ihrer Gene sind keine einfachen ununterbrochenen Codierraster, sondern in Exons und Introns unterteilt, bei denen es sich um codierende beziehungsweise nichtcodierende Sequenzen handelt. Eukaryotische Genome enthalten nur etwa 5 – 15 % codierende Regionen oder Gene. Das bedeutet, dass der größte Teil der DNA entweder keine Proteine codiert, oder dass man dies zumindest nicht weiß. Diese DNA könnte der Regulation oder dem „Verhalten" des Genoms in seiner Gesamtheit dienen, besonders während der Meiose, einem wichtigen Prozess zur Reorganisation der chromosomalen DNA während der sexuellen Reproduktion. Die Archaea, die man morphologisch nicht von den Bacteria unterscheiden kann, sind bezüglich ihrer Genomstruktur und -funktion und der meisten – aber nicht aller – Stoffwechselwege näher mit den Eukaryoten verwandt. Nachdem man jetzt aber Zugang zu mehreren vollständigen Genomen hat, wird jedoch klar, dass die Klassifikation in Domänen stark vom Stoffwechselweg abhängt, zu dem die untersuchten Enzyme gehören. Die Archaea könnten die älteste Gruppe aller Organismen darstellen – in anderen Worten, die Gruppe moderner Organismen, die am ehesten dem vermuteten gemeinsamen Vorfahren allen Lebens auf der Erde entspricht. Wiederum ist es die universelle Existenz eines genetischen Codes, die die Existenz eines einzigen gemeinsamen Vorfahren unterstützt.

2 Datenbanken und Suchmaschinen

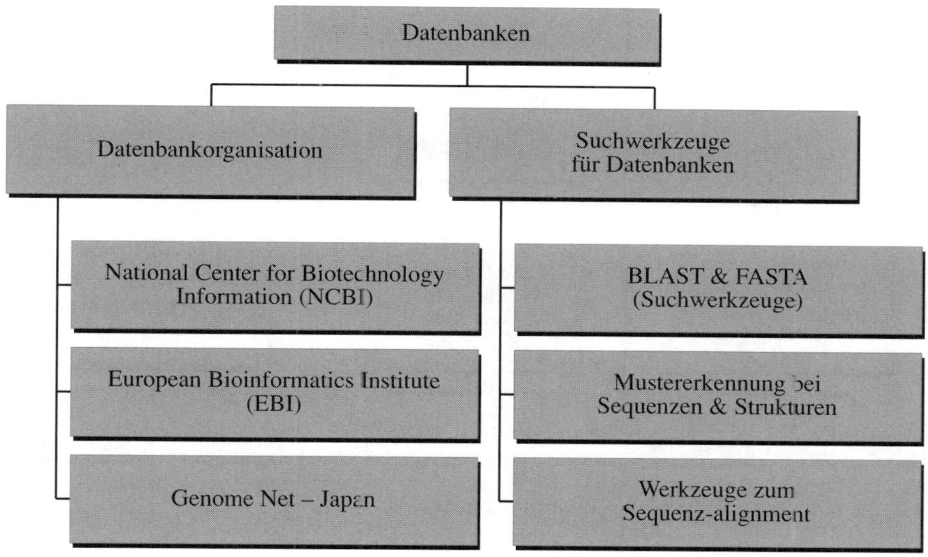

2.1 Kapitelüberblick.

2.1 Computerwerkzeuge und Datenbanken

Die Biowissenschaftler sind heute daran interessiert, sowohl den genetischen Code zu entdecken, der allen Lebewesen inhärent ist, als auch Pathogene zu bekämpfen. Den Triplettcode der DNA-Moleküle und seine Beziehung zum übersetzten Produkt aufzuklären, war ein erster wichtiger Schritt der Erkenntnis über die Funktionsweise der meisten Lebewesen auf Kohlenstoffgrundlage. Biologie ist nicht mehr die empirische Untersuchung lebender Dinge. Das exponentielle Wachstum biologischer Daten hat diesem Feld eine vorhersagende Komponente hinzugefügt. Heute kann man viele biologische Vorgänge anhand physikalischer und chemischer Grundgesetze erklären. Mit zusätzlichen Daten werden sich in der Zukunft viele biologische Probleme erklären lassen. Dies wird die Entdeckung neuer biologischer Trends und Gesetze erleichtern, die für unser Verständnis dieser komplexen Systeme eine Schlüsselrolle spielen.

Rechenwerkzeuge und Datenbanken sind unerlässlich, wenn es darum geht, schwer zu erkennende Muster in der exponentiell wachsenden biologischen Datenmenge zu finden. Das National Center for Biotechnology Information (NCBI) der Vereinigten Staaten[1] und das European Bioinformatics Institute in England[2] sind zwei der wichtigsten Server auf dem Gebiet der Biowissenschaften, die diese unvorstellbaren Datenmengen verwalten. Beide unterhalten zuverlässige Datenbanken und analytische Software, die der heutigen wissenschaftlichen Gemeinschaft als wertvolle Werkzeuge dienen. Jeden Tag werden neue Datensätze eingereicht, welche die wissenschaftlichen Mitarbeiter in die geeigneten Datenbanken eingeben. Wissenschaftler, die diese Datenbanken nutzen, bleiben damit gut informiert und bringen so ihre Projekte schneller voran. Dienstleistungen, die von diesen Servern (NCBI und EBI) angeboten werden, lassen sich nur durch schnelle und ausgeklügelte Computer erbringen, die die notwendigen analytischen Aufgaben ausführen, sowie durch die Internetschnittstelle, die die elektronische Kommunikation übernimmt.

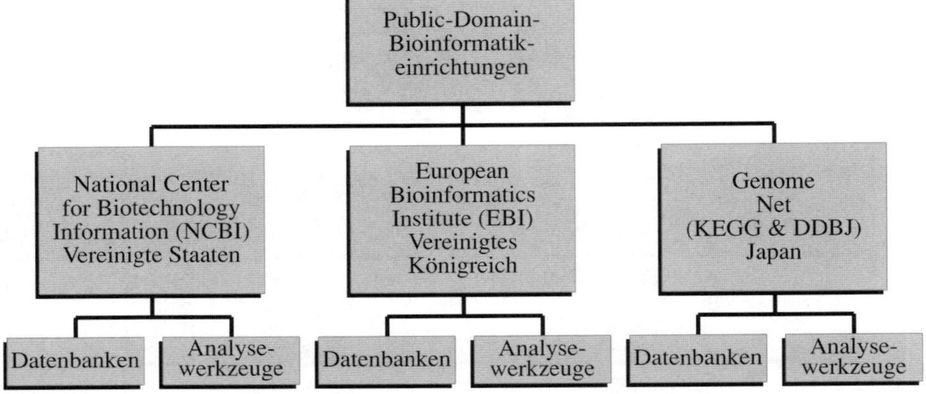

2.2 Die wichtigsten öffentlichen Bioinformatik-Server.

Das National Center for Biotechnology Information (NCBI)

Im November 1988 erkannte der Senat der Vereinigten Staaten die Notwendigkeit einer computerisierten Datenverarbeitung in der Biomedizin und Biochemie und verabschiedete entsprechende Gesetze, die zur Gründung des NCBI an der National Library of Medicine (NLM) führten. Die NLM konzentriert sich auf die Unterhaltung biomedizinischer Datenbanken, während sich das NCBI vornehmlich mit der Entwicklung neuer analytischer Werkzeuge befasst, die zum Verständnis molekularer und genetischer Vorgänge beitragen sollen, welche bei pathogenen Prozessen Schlüsselrollen spielen. Die vier Hauptaufgaben des NCBI sind:

1. Automatisierte Rechner zu entwickeln, die Daten aus den Gebieten Molekularbiologie, Genetik und Biochemie analysieren und speichern können.
2. Der wissenschaftlichen Gemeinschaft (Forschern, Ärzten usw.) den Gebrauch der verfügbaren Datenbanken und Softwareinstrumente zu erleichtern.
3. Die weltweiten Anstrengungen zur Sammlung biologischer Daten zu koordinieren.
4. Forschung zur computerisierten Analyse von Struktur-Funktions-Beziehungen biologischer Schlüsselmoleküle durchzuführen.

Wer wird vom NCBI eingestellt?
Bei den Mitarbeitern des NCBI handelt es sich um Informatiker, Molekularbiologen, Mathematiker, Biochemiker, forschende Mediziner und Strukturbiologen.

Welche Forschung wird am NCBI durchgeführt?
Die enge Zusammenarbeit der Mitarbeiter des NCBI erlaubt es ihnen, die molekularen Grundlagen von Krankheiten mit Hilfe von mathematischen Werkzeugen und Computerwerkzeugen zu untersuchen. Die wichtigsten Aspekte ihrer Untersuchungen sind:

1. Die Sequenz eines Gens oder Genprodukts zu analysieren.
2. Die Organisation der analysierten Gene besser zu verstehen.
3. Die Struktur der analysierten Moleküle vorherzusagen (zum Beispiel Proteine).

Der Analyseschritt kann den Vergleich einer neuen Sequenz mit schon bekannten Homologen mit einbeziehen, indem man die Sequenz des unbekannten Proteins oder Polynucleotids mit Proteinen oder Polynucleotiden vergleicht, deren Sequenz bekannt ist. Bei der zukünftigen Analyse neuer Gene, deren Funktion unklar ist oder die keine Homologie zu anderen bekannten Sequenzen in den Datenbanken haben, könnte das Verständnis der Genorganisation in Beziehung zum Gesamtgenom einen wichtigen Faktor darstellen. Der Schritt, bei dem man die unbekannte Struktur eines Moleküls vorhersagt, indem man Homologe mit bekannter Struktur zum Vergleich heranzieht, könnte es uns erlauben, potenzielle funktionelle Merkmale von Molekülen vorherzusagen, deren Struktur und Funktion noch unbekannt sind.

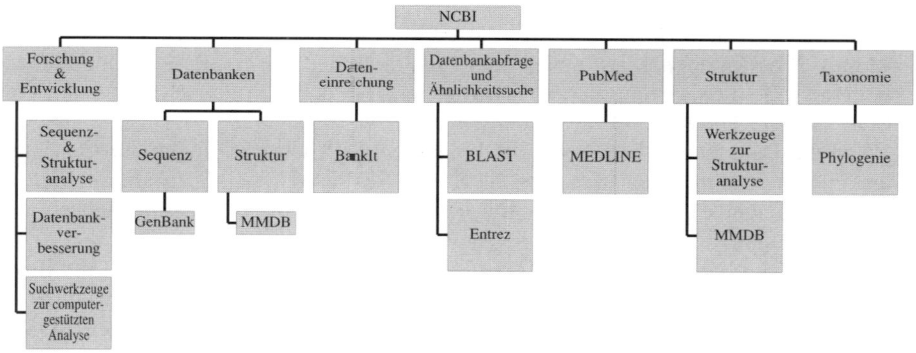

2.3 Das National Center for Biotechnology Information (NCBI).

Welche Arten von Datenbanken werden vom NCBI unterstützt?

- Proteinsequenzen: experimentell sequenzierte Proteinsequenzen oder übersetzte Sequenzen aus Nucleotidbibliotheken.
  a. Redundante Proteinsequenzdatenbanken (z. B. die vollständige PIR-Datenbank[3], die aus PIR1 + PIR2 + PIR3 besteht).
  b. Nichtredundante oder weniger redundante Datenbanken (z. B. NR, SWISS-PROT[4] und PDB[5]).
- Nucleotidsequenzen (DNA und RNA): DNA- und RNA-Sequenzen, die sich aus weniger automatisierten Sequenzprojekten (z. B. GenBank[6]) oder von automatischen Sequenzierern (z. B. dbEST[7]) ableiten.
  a. Redundante Nucleotidsequenzdatenbanken (z. B. dbEST).
  b. Nichtredundante oder weniger redundante Nucleotidsequenzdatenbanken (z. B. GenBank).

Was bedeutet Redundanz?

Die Redundanz in biologischen Datenbanken ist ein sehr kompliziertes Thema. Sollen zwei Allele des gleichen Locus als Einheit betrachtet werden? Was geschieht mit funktionell identischen Enzymen (Isozymen) im gleichen Organismus? Wie behandelt man gewebespezifische Proteine und ihr Verhältnis zu ihren jeweiligen Homologen in anderen Geweben? Das sind alles berechtigte Fragen, und daher muss jede Datenbank ihre eigene Definition einer redundanten Sequenz formulieren. Die meisten Datenbanken nehmen eine automatische Bewertung der Redundanz vor, besonders bei großen Projekten. Dieses Vorgehen ist qualitativ nicht so empfindlich wie der manuelle Eingriff, dafür aber bedeutend schneller. Nichtredundante Datenbanken enthalten redundante Sequenzen aus Gründen der Vollständigkeit.

Die am häufigsten benutzten Proteindatenbanken des NCBI:

- Alu: Eine Auswahl translatierter Alu-Wiederholungen[8] (Alu-Wiederholungen sind etwa 300 bp lange Sequenzen, die in bis zu 900 000 Kopien im menschlichen Genom vorkommen). Dadurch lassen sich mögliche Alu-Sequenzen in einer Abfragesequenz maskieren. Diese Datenbank kann man vom NCBI auch durch anonymen FTP erhalten (unter dem Verzeichnis /pub/jmc/alu).
- *E. coli*: Diese Datenbank enthält die Übersetzung der codierenden Sequenzen (CDS) des *E. coli*-Genoms.[9]
- Kabat: Diese Datenbank enthält Sequenzen mit Bedeutung für die Immunologie.[10]
- Month: Eine Datenbank mit neuen oder (innerhalb der letzten 30 Tage) neu überarbeiteten CDS-Sequenzen, die aus GenBank oder anderen Proteinsequenzdaten von PDB, SWISS-PROT und PIR zusammengefasst werden.
- NR: Eine Datenbank, die alle nichtredundanten CDS-Übersetzungen aus GenBank und andere Proteinsequenzdaten aus PDB, SWISS-PROT und PIR zusammenfügt. In dieser Datenbank werden Proteine mit identischer Sequenz zu einem Datensatz zusammengefasst.
- PDB: Proteinsequenzen, deren 3-D-Strukturen bekannt sind. Die Protein Data Bank (PDB)[5] hat ihren Sitz im Research Collaboratory for Structural Bioinformatics (RCSB) an der Rutgers University, dem San Diego Super Computer Center (SDSC) und dem National Institute of Standards and Technology (NIST). Diese Informationen kann man auch in einer Datei gleichen Inhalts (Mirror Site) in der MMDB finden. Die Datensätze der PDB sind überwiegend nichtredundant. Im Falle von identischen Proteinsequenzen mit unterschiedlichen Strukturen wird die Struktur mit der höchsten Qualität beibehalten. Bei Kristallstrukturen ist es gewöhnlich der Datensatz mit der höchsten Auflösung (z. B. zieht man eine Auflösung von 0,18 nm einer von 0,22 nm vor). Es gibt jedoch andere Variablen, wie Komplexe mit gebundenen Metallen oder Liganden, die mehrere Strukturen für dieselbe Sequenz eines Organismus erlauben.
- SWISS-PROT: Eine Datenbank mit den jüngsten Einträgen aus der SWISS-PROT-Datenbank.[4] Sie wird jetzt vom EBI unterstützt, einer Außenstation des EMBL. Es handelt sich um eine der informativsten, mit Verweisen versehenen Proteinsequenzbibliotheken, die im Internet verfügbar sind. SWISS-PROT ist eine nichtredundante Datenbank, die von Amos Bairoch an der Universität Genf unterhalten wird.
- Yeast: Die Proteinsequenzdatenbank der Hefe (*Saccharomyces cerevisiae*)[11] speichert die Daten, die von den Hefe-Proteinsequenzprojekten angeliefert werden.

Die am häufigsten benutzten Nucleotidsequenzdatenbanken, die am NCBI verfügbar sind:

- Alu: Sie erlaubt das Maskieren von möglichen Alu-Wiederholungen in Abfragesequenzen. Diese Datenbank kann man auch über anonymen FTP vom NCBI erhalten (unter dem Verzeichnis /pub/jmc/alu).

- dbEST: Eine abfragbare nichtredundante Datenbank der EST-Datensätze von GenBank, EMBL und DDBJ. ESTs sind cDNA-Sequenzen, die durch einmaliges Sequenzieren mittels automatischer Sequenzierer gewonnen werden, wobei der Mensch praktisch nicht eingreift. Dadurch ist zwangsläufig die Fehlerwahrscheinlichkeit im Vergleich zu anderen Sequenzbibliotheken erhöht. Die häufigsten Fehler betreffen Sequenzierungsirrtümer, Kontamination mit heterologen Sequenzen und das Vorkommen transkribierter repetitiver Sequenzen.
- dbSTS: Eine nichtredundante Datenbank von STS-Datensätzen (STS = *sequence tagged sites,* sequenzmarkierte Stellen) aus GenBank, EMBL und SSBJ.
- *E. coli*: Eine Datenbank, die spezifisch die Nucleotidsequenzen des *E. coli*-Genoms enthält.
- EPD: Datenbank eukaryotischer Promotoren.[12] Sie enthält eine Liste aller öffentlich verfügbaren eukaryotischen Promotorsequenzen.
- GSS: Die *genome survey* (Genomüberblick-)Sequenzdatenbank enthält Genomdaten, die durch einmaliges sequenzieren gewonnen wurden, Sequenzen, die mittels *exon trapping* erhalten wurden, sowie Alu-PCR-Sequenzen.
- HTGS: Eine Datenbank für Genomsequenzen aus groß angelegten Projekten.
- Kabat: Datenbank, die Sequenzen mit Bedeutung für die Immnunologie enthält.
- Mito: Diese Datenbank enthält spezifisch mitochondrielle Sequenzen.
- Month: Eine Datenbank mit neuen oder (innerhalb der letzten 30 Tage) neu überarbeiteten Sequenzen, die aus den Sequenzbibliotheken von GenBank + EMBL + DDBJ + PDB stammen.
- NR: Dies ist eine Datenbank aller nichtredundanter Datensätze von GenBank + EMBL + DDBJ + PDB. Sie schließt EST-, STS-, GSS- oder HTGS-Datensätze aus. Vollständig identische Datensätze werden zusammengefasst.
- PDB: Diese Datensätze stammen von Proteinen mit bekannter dreidimensionaler Struktur.
- Vector: Vektorteilmenge der GenBank (der Nucleotidsequenzdatenbank des NCBI).
- Yeast: Die Nucleotidsequenzdatenbank zum Hefegenom (*Sacchromyces cerevisiae*) speichert die Sequenzen, die vom Hefegenomprojekt und anderen relevanten Hefe-Sequenzprojekten erarbeitet werden.

Welche Dienstleistungen bietet das NCBI unter anderem an?
Die sieben wichtigsten Datenbanken und Analysewerkzeuge, die vom NCBI-Server auf seiner Website unterstützt werden:

1. PubMed (Public Medline)
2. BLAST: *Basic Local Alignment Search Tool* [13]
3. Entrez[14]
4. BankIt (Eingabe von Datensätzen über das World Wide Web)
5. OMIM (Online mendelsche Vererbung beim Menschen)[15]
6. Taxonomy
7. Structure
8. Genomes

PubMed: MEDLINE und Pre-MEDLINE

PubMed ist ein Suchdienst der National Library of Medicine (NLM). Die Benutzer haben Zugang zu über neun Millionen Einträgen in MEDLINE und pre-MEDLINE. PubMed ist mit den assoziierten Online-Zeitschriften und Datenbanken verbunden. So kann der Benutzer die gesuchte Information schnell und effizient finden. Über Suchwörter gelangt man zu den gewünschten Zeitschriftenartikeln. Andere Suchkriterien wie Autorennamen und Zeitschriftentitel sind je nach Benutzerwunsch ebenfalls möglich.

BLAST: Basic Local Alignment Search Tool

Das Basic Local Alignment Search Tool[13] besteht aus einer Gruppe ähnlicher Programme zur Klassifikation und zum Auffinden potenzieller Homologer einer gegebenen Sequenz. Es handelt sich um robuste Programme, die sowohl DNA als auch Proteine analysieren können. BLAST-Programme werden in Kapitel 3.2.a näher erläutert.

Entrez

Ein Forscher ist verpflichtet, neue, nichtredundante Daten zu liefern, die dem Verständnis eines bestimmten Prinzips dienen sollen. Um Überschneidungen des publizierten Materials zu verhindern oder zu minimieren, muss gewährleistet sein, dass es sich tatsächlich um erstmalige Erkenntnisse handelt. Das ist nicht einfach, aber ausgeklügelte Suchmaschinen mit Zugang zu den relevanten Datenbanken können den Vorgang erleichtern. Wenn ein Forscher zum Beispiel einen bestimmten Trend in einer Proteinfamilie festgestellt hat, wäre der nächste naheliegende Schritt, die Originalität dieser Erkenntnis festzustellen. Mit anderen Worten: Ist das Ergebnis neu? Um diese keinesfalls triviale Frage zu beantworten, müssten alle möglichen Publikationen auf ähnliche Schlüsselwörter durchsucht werden. Dies könnte zu drei Ergebnissen führen: Im ersten Fall wäre der vermeintlich neue Befund eindeutig redundant, weil die bei der eigenen Forschung gefundenen Daten denen bereits beantworteter Fragen sehr ähnlich sind. An diesem Punkt würde ein erfahrener Forscher die Arbeit an den redundanten Daten einstellen und seine Energie auf andere Befunde konzentrieren. Eine zweite Möglichkeit wäre die Entdeckung eines neuen Endpunktes ohne vergleichbare Daten in der Literatur. In diesem Falle könnten die neuen Erkenntnisse nicht durch bereits vorhandene Veröffentlichungen gestützt werden. Das kann gut oder schlecht sein, denn es kann entweder einen völlig neuartigen Befund oder einen Fehler bedeuten. An diesem Punkt muss der Forscher die Ergebnisse erneut überprüfen und die einzelnen Arbeitsschritte verifizieren. Das kann die Resultate weiter stützen oder dazu führen, dass man mögliche Fehler in der Vorgehensweise oder bei der Datenanalyse findet. Das dritte mögliche Resultat wäre das Auffinden eines relevanten Endpunktes, wobei man Literatur findet, die die neuen Daten untermauert, ohne die neuen Befunde bereits erkannt und formuliert zu haben. Das ist die Idealsituation für einen Forscher. Die relevanten Literaturzitate können dann zur Unterstützung der neuen Befunde herangezogen werden. Auf alle Fälle muss der Forscher für eine zuverlässige Suche eine Suchmaschine benutzen, die nicht nur effizient ist, sondern auch Zugang zu allen relevanten und regelmäßig auf den neuesten Stand gebrachten Datenbanken hat. Die von Regierungsstellen unterstützten Suchmaschinen sind im Allgemeinen die zuverlässigste Software, die öffentlich zugänglich ist. Auf sie kann man im Web einfach zugreifen und sie ist überdies sehr benutzerfreundlich.

Eine der beliebtesten Suchmaschinen ist Entrez des NCBI.[14] Die Webschnittstelle von Entrez (http://www.ncbi.nlm.nih.gov/Entrez/) erlaubt dem Benutzer den Zugang zu Literaturzitaten und biologischen Daten aus einer Reihe zuverlässiger Datenbanken. Proteinsequenzinformationen werden von SWISS-PROT, PDB, PIR und PRF heruntergeladen. Proteine mit bekannter Struktur stammen von der PDB. Diese Proteine werden in die Molecular Modeling Database (Datenbank molekularer Modelle) des NCBI, auch als MMDB[16] bekannt, eingegliedert. Die Sequenzen übersetzter Proteine und der

DNA stammen von den Ausgangsdatenbanken (d. h. GenBank, EMBL und DDBJ). Zur Suche nach Bibliografie oder Zitaten benutzt Entrez die bibliografische Datenbank von PubMed, die Zugang zu über neun Millionen biomedizinischen Artikeln aus MEDLINE und pre-MEDLINE hat. Entrez hat auch Zugriff auf Daten zur Chromosomenkartierung und genomische Daten. (PubMed sucht auch Abbildungen als .gif-Dateien.) Entrez bietet eine große Anzahl von Suchkriterien für eine bestimmte Recherche an. Man kann zum Beispiel eine relevante Datenbank nach allen möglichen Ausdrücken durchsuchen lassen, die mit einem vorgegebenen Wort anfangen. Die Suche nach „inter*" findet zum Beispiel alle Ausdrücke, die mit „inter" anfangen wie Interstetium, intermolekular etc. Entrez kann auch zur intelligenten Suche benutzt werden, bei der es nach Sätzen oder Wortgruppen sucht. Entrez gruppiert die relevanten Ausdrücke automatisch zusammen und schließt nicht damit in Bezug stehende Ausdrücke bei der Gruppierung aus.

Um zum Beispiel alle möglichen Zitate eines vorgegebenen Autors (Rashidi HR) zu finden, die ein bestimmtes Thema behandeln (Energetik), kann der Benutzer die einzelnen bekannten Ausdrücke über den Autor (d. h. Rashidi HR) und des Themas von Interesse (Energetik) eingeben. Entrez erkennt und gruppiert automatisch die relevanten Ausdrücke (d. h. den Nachnamen des Autors und die Initialen) was es der Suchmaschine ermöglicht, alles relevante Material von Rashidi HR zu suchen, das sich mit Energetik befasst („Rashidi HR" AND *energetics*). Entrez kann man auch dazu veranlassen, Wörter in Gruppen zusammenzufassen, die von der automatischen Gruppierungsroutine als getrennte Ausdrücke aufgefasst würden. Anführungszeichen bewirken, dass Entrez anscheinend nicht zusammenhängende Ausdrücke zusammenfasst (z. B. „brca 1"). Trotzdem empfiehlt das NCBI den Benutzern, Entrez das Gruppieren der aufgeführten Ausdrücke zu überlassen, um so ungenaue Suchergebnisse möglichst zu minimieren. Wenn die Liste mit den Suchergebnissen zu lang wird, unterbricht Entrez den Vorgang und informiert den Benutzer.

Eine der genauesten Möglichkeiten, eine bestimmte Literaturstelle oder Sequenz zu finden, ist die Eingabe ihrer Indexnummer (*identifier*). Jeder Sequenz oder jedem Artikel einer relevanten Datenbank wird eine solche Indexnummer zugeordnet. Im Falle von MEDLINE-Zitaten spricht man zum Beispiel von UID-Nummern, wohingegen Indexnummern, die eine Sequenz identifizieren, GI-Nummern genannt werden. Um die Information über das MEDLINE-Zitat mit der UID 88067898 zu erhalten, gibt der Benutzer einfach „UID88067898" in die Entrez-Suchmaschine ein.

Entrez bietet zahlreiche Suchmöglichkeiten und für erfahrene Anwender ist diese Vielseitigkeit nützlich und Zeit sparend. Im Folgenden sind einige Suchfelder aufgelistet, die sich je nach den spezifischen Bedürfnissen an den Bedarf des Anwenders anpassen lassen:

- **Keyword** ermöglicht dem Benutzer nach indexierten Begriffen zu suchen, die mit den am NCBI zusammenhängenden Datenbanken in Verbindung stehen (d. h. GenBank, EMBL, PDB, DDBJ, SWISS-PROT, PIR oder PRF).
- Mit **Accession** kann der Benutzer nach der einem Protein, einer Nucleotidsequenz oder einem Genom zugeordneten Indexnummer suchen.
- **Author Name** enthält Informationen über die Autoren publizierter Artikel. Es handelt sich im typischen Fall um MEDLINE-Artikel.
- **Affiliation** verwendet man, um nach Institut und Adresse eines Autors zu suchen.
- **Journal Title** benutzt man, um nach dem Namen einer Zeitschrift, in der ein Zitat veröffentlicht wurde, zu suchen. Der Benutzer kann den **List Terms** Modus verwen-

den, um die Liste der Abkürzungen der Zeitschriftentitel durchzustöbern (das *Journal of Biological Chemistry* kürzt man z. B. als „J. Biol. Chem.“ ab).

- **EC Number** ist eine Nummer, die Enzymen von der Enzymkommission zugeordnet wird.
- **Feature Key** kann man benutzen, um Schlüsselwörter zu suchen, die ein bestimmtes DNA-Merkmal angeben.
- **Gene Symbol** kann man benutzen, um den Standardnamen eines bestimmten Gens zu suchen.
- **MEDLINE UID** verwendet man, um Zitate über die MEDLINE-Indexnummer zu suchen.
- **MeSH Terms** benutzt man, um wichtige medizinische Begriffe, die so genannten *Medical Subject Headings*, zu durchsuchen. Es handelt sich dabei um eine Gruppe von Schlüsselwörtern, die zur Indexerstellung von MEDLINE verwendet werden.
- **MeSH Major Topic** enthält alle Begriffe des MeSH, die von den Indexierern als besonders wichtig markiert werden.
- **Publication Date** benutzt man, um nach dem Datum zu suchen, an dem ein Artikel oder eine Sequenz publiziert oder eingereicht wurden.
- **Modification Date** ist das Datum, an dem der Datensatz in Entrez in seiner aktuellen Form aufgenommen wurde.
- **Page Number** enthält die Seitenzahl eines publizierten Artikels.
- **Property** informiert den Benutzer über die Art einer Sequenz, die ein Zitat enthält.
- **PubMed ID** ist die Indexnummer, die PubMed einer bestimmten Publikation zuordnet.
- **Organism** benutzt man um den populären oder wissenschaftlichen Namen des Organismus zu suchen, der zu dem Datensatz eines Proteins oder einer Nucleotidsequenz gehört.
- **SeqID** ist eine Zeichenkette, die eine bestimmte Sequenz identifiziert.
- **Substance** benutzt man, um Chemikalien zu suchen, die in Einträgen des Registers des Chemical Abstract Service (CAS) vorhanden sind.
- **Title Words** benutzt man, um nach Worten zu suchen, die nur in der Überschrift eines Eintrags vorkommen.
- **Text Words** dient der Suche nach „freiem Text“, der in einem bestimmten Eintrag steht. Im Falle von Einträgen zu Protein- oder Nucleotidsequenzen schließt das die Definition, den Kommentar, den Namen und die Beschreibung der Sequenz ein. Bei MEDLINE-Datensätzen handelt es sich um den Titel und die Zusammenfassung des Datensatzes.
- **Volume** benutzt man, um die Nummer des Zeitschriftenbandes zu suchen, der den gewünschten Artikel enthält.

Wenn das ausgewählte Suchfeld keinen entsprechenden Datensatz findet, ist es oft hilfreich, die Suche mit den Feldern „All Fields“ oder „Text Words“ zu wiederholen. Das Schnittmengensymbol wird von Entrez als AND (und) übersetzt und es sucht nur Datensätze, die alle angegebenen Ausdrücke, verbunden durch AND beziehungsweise AND-Symbole, enthalten. Entrez erkennt das Vereinigungssymbol als OR (oder), und der Nutzer kann so Dokumente finden, die einen beliebigen der angegebenen Ausdrücke enthalten. Schließlich ermöglicht es die Differenzfunktion BUTNOT (aber nicht), alle Dokumente zu finden, die die zuerst, aber nicht die später genannten Bedingungen erfüllen.

Nach einer erfolgreichen Suche erhält der Anwender eine Reihe von Optionen, um auf die Dokumente zuzugreifen, die die verlangten Kriterien erfüllen. Die Liste der Suchergebnisse erscheint in chronologischer Anordnung, wobei die aktuellsten Datensätze zuerst genannt werden. Der Nutzer kann entweder auf alle Datensätze zugreifen oder die relevantesten aus der Liste der gefundenen Daten aussuchen. Im Folgenden werden einige der Formate erläutert, unter denen man relevante Artikel anzeigen lassen kann: PubMed-Artikel können unter den Formaten Citation, Abstract, MEDLINE oder ASN.1 angezeigt werden. Das Citation-Format gibt den Titel, die Zusammenfassung, die MeSH-Begriffe und die Information über Chemikalien an. Das Abstract-Format gibt nur den Titel und die Zusammenfassung des Artikels wieder. ASN.1 ist ein spezielles Format, das von PubMed-Artikeln benutzt wird, während MEDLINE einen Artikel im MEDLARS-Format anzeigt. GenBank/GenPept, Report, ASN.1, Graphic View und FASTA sind einige der Anzeigeformat-Optionen für Protein- oder Nucleotidsequenzen. Das GenBank/GenPept-Format stellt die Standarddatei von GenBank oder GenPept dar. Report erlaubt es dem Benutzer, den Sequenzeintrag im GenBank Report-Format zu sehen. Grafik View ermöglicht die Anzeige einer Grafik der Sequenz, die Informationen über das *alignment* der Sequenz einschließt. Das FASTA-Format ist für die weitere Analyse eines gegebenen Eintrags am nützlichsten.

Viele Werkzeuge zum Ausrichten und Sequenzvergleich (*alignment*) einer Sequenz (z. B. BLAST) verlangen vom Benutzer eine Eingabe im FASTA-Format. Wenn man auf Strukturinformationen zugreifen will, eignet sich das Structure Summary- oder das ASN.1-Format. Das Structure-Summary-Fomat bietet sich an, wenn man eine Zusammenfassung der Strukturdaten benötigt, die über ein gegebenes Molekül verfügbar sind. Im Falle von kristallinen Proteinstrukturen erlaubt diese Anzeige zum Beispiel Zugang zu Informationen wie Auflösung, Informationen über den Autor, Datum des Eintrags, Komplexliganden und anderen grundlegenden Daten. Dieses Format ermöglicht es dem Nutzer auch, eine dreidimensionale Darstellung des Moleküls zu sehen. Die grafische Darstellung bietet sich auch für Genomdatensätze an.

Alle beschriebenen Formate können als Dokumente in einer Benutzerdatei gespeichert werden. Die drei wichtigsten Speicheroptionen sind: Text, HTML und MIME. Das MIME-Format ist besonders nützlich, wenn der Nutzer Zugang zum MIME-Anzeigeprogramm von GenBank hat. Sonst muss die Ausgabedatei im Text- oder HTML-Format gespeichert werden. Das HTML-Format ist angebracht, wenn die Resultate über einen Web-Browser angesehen werden sollen. Dem Textformat fehlen die besonderen Eigenschaften des HTML, aber es lässt sich mit jedem Standard-Textverarbeitungsprogramm wie Microsoft Word anzeigen.

BankIt

BankIt ist der World Wide Web-Server von GenBank zur Eingabe von Sequenzen. Damit kann der Nutzer über einen benutzerfreundlichen Web-Browser Sequenzen bei GenBank einreichen. Die Sequenz und alle relevanten Informationen werden in einem Eingabefenster zusammengeführt und an GenBank geschickt. Mitarbeiter von GenBank nehmen dann mit den Autoren Kontakt auf und ordnen der Sequenz eine Indexnummer (*accession number*) zu.

OMIM (Online Mendelian Inheritance in Man)

Diese Datenbank über menschliche Gene und genetisch bedingte Krankheiten wird von Dr. Victor A. McKusick, seinen Kollegen an der Johns Hopkins University und anderen Mitarbeitern betreut.[15] Die OMIM Morbid Map wird auch von dieser Stelle betreut. Sie kartiert Genorte, die mit genetischen Störungen in Zusammenhang stehen. Entrez, GDB, die Davis Human/Mouse Homology Map, die Online Mendelian Inheritance in Animals (OMIA), die Human Gene Mutation Database (HGMD), die Alliance of Genetic Support Groups, Das Cedars-Sinai Medical Center Genetics Image Archive, das Jackson Laboratory, RetNet (genetische Störungen, die sich auf die Retina auswirken), HUM-MOLGEN und die locusspezifischen Mutationsdatenbanken sind einige der Quellen, die über OMIM verfügbar sind. Diese Website wird typischerweise von Ärzten und Forschern im medizinischen Bereich benutzt, die sich auf Erbkrankheiten spezialisiert haben. Man muss über eine solide Kenntnis der wissenschaftlichen Begriffe und Vorgänge verfügen, um die Abbildungen und Texte in OMIM optimal interpretieren zu können.

Taxonomy

Die Homepage des NCBI zur Taxonomie enthält Datenbanken mit Vulgär- und wissenschaftlichen Namen von Organismen, über die es Sequenzinformationen gibt. Der Server erlaubt den Zugang zur genetischen Information dieser Arten und zeigt auf, wie sie mit jener verwandter und nicht so nah verwandter Organismen zusammenhängt. Bäume sind ein typisches Beispiel für ein solches Verwandtschaftsverhältnis. Diese Verwandtschaft kann auf ähnlichen Protein- oder Nucleotidsequenzen beruhen. Die Website hat auch Links zu anderen Servern des NCBI (z. B. Structure und PubMed). Schließlich weist sie auch direkte Links zu einigen der Organismen auf, die bei molekularen Forschungsprojekten häufig benutzt werden, und zu taxonomischer Information einschließlich der Code-Tabellen. Weiterhin enthält sie Informationen zu 22 ausgestorbenen Organismen, die durch weniger als 5 Sequenzen (Nucleinsäuren und Proteine) vertreten sind, was andeutet, dass die genetische Information dieser Organismen für immer verloren ist.

Structure

Die Structure-Homepage am NCBI unterstützt die Molecular Modeling Database (MMDB) und eine Reihe weiterer Softwarewerkzeuge, die bei der Strukturanalyse eine wichtige Rolle spielen.[16] Die MMDB erhält ihre Informationen von der Protein Data Bank (PDB). Das schließt Strukturen wichtiger Makromoleküle ein, die mittels Röntgenkristallographie oder magnetischer Kernresonanz gewonnen wurden. Cn3-D[17] ist die Software des NCBI zur Visualisierung der Strukturen und ist über die FTP-Website Entrez/Cn3-D erhältlich. Structure bietet auch Forschungswerkzeuge wie PKB und Threading an. Diese Software ist über die FTP-Website erhältlich und benötigt Splus. Der Link dieser Website zu Entrez/PubMed erleichtert die Suche nach anwendbarer und verwandter Information bezüglich der zu untersuchenden Moleküle.

Genomes

Die Genombiologie ist die Abteilung des NCBI, die am schnellsten wächst. Sie enthält Informationen zu über 600 Genomen (vollständig oder unter Bearbeitung). Ein Überblick findet sich unter „Entrez Genome" mit insgesamt 1 051 Datensätzen, von denen sich 820 auf Arten beziehen. Die größte Gruppe bilden die Viren mit 506 Arten. Die Genominformation enthält Plasmide (Bacteria) und Organellen (Eukarya). Der wichtigste Aspekt der Genominformation ist die Idendifizierung von codierenden und regulatorischen Sequenzen und die biologische Bearbeitung der Daten. NCBI stellt RefSeq und LocusLink zur Verfügung, zwei Hilfsmittel, die die Suche überarbeiteter Informationen über das menschliche Genom unterstützen.[18] Das schließt Nomenklatur, Mehrfachbezeichnungen, Indexnummern von Sequenzen, Phänotypen, EC-Nummern, MIM-Nummern, UniGene-Cluster, Homologien, Kartenpositionen und verwandte Websites mit ein. Zusätzliche Elemente erlauben die Suche nach ähnlichen Genen über Artgrenzen hinweg (unterschiedliche Genome), wobei „Cluster orthologer Gruppen“ (COGs) zur Anwendung kommen, um vollständige Genome zu vergleichen (Kapitel 3.4) sowie „HomoloGene“, ein Homologiewerkzeug, das sowohl überarbeitete als auch rechnerisch bestimmte Orthologe und Homologe zu Genen enthält, die bei UniGene und LocusLink in den Genomen von Mensch, Maus, Ratte und Zebrabärbling vorkommen.

Literatur

1. Woodsmall, R. M ; Benson, D. A. *Information resources at the National Center for Biotechnology Information.* In: *Bull. Med. Libr. Assoc.* 81 (1993) S. 282–284.
2. Emmert, D. B. et al. *The European Bioinformatics Institute (EBI) databases.* In: *Nucleic Acids Res.* 22 (1994) S. 3445–3449.
3. Barker, W. C. et al. *The PIR – International Protein Sequence Database.* In: *Nucleic Acids Res.* 26 (1998) S. 27–32.
4. Bairoch, A.; Apweiler, R. *The SWISS-PROT protein sequence data bank and its supplement TrEMBL in 1998.* In: *Nucleic Acids Res.* 26 (1998) S. 38–42.
5. Sussman, J. L. et al. *Protein Data Bank (PDB): database of three-dimensional structural information of biological macromolecules.* In: *Acta Crystallogr. D. Biol. Crystallogr.* 54 (1998) S. 1078–1084.
6. Benson, D.; Lipman, D. J.; Ostell, J. *GenBank.* In: *Nucleic Acids Res.* 21 (1993) S. 2963–2965.
7. Boguski, M. S.; Lowe, T. M ; Tolstoshew, C. M. *dbEst – database for „expressed sequence tags“.* In: *Nat. Genet.* 4 (1993) S. 332–333.
8. Moyzis, R. K. et al. *The distribution of interspersed repetitive DNA sequences in the human genome.* In: *Genomics* 4 (1989) S. 273–289.
9. VanBogelen, R. A. et al. *The gene-protein database of* E. coli*: edition 5.* In: *Electrophoresis* 13 (1992) S. 1014–1054.
10. Martin, A. C. *Accessing the Kabat antibody sequence database by computer.* In: *Proteins* 25 (1996) S. 130–133.
11. Payne, W. E.; Garrels, J. I. *Yeast protein database (YPD): a database for the complete proteome of* Saccharomyces cerevisiae. In: *Nucleic Acids Res.* 25 (1997) S. 57–62.
12. Cavin Perier, R.; Junier, T; Bucher, P. *The Eukaryotic Promotor Database EPD.* In: *Nucleic Acids Res.* 26 (1998). 353–357.
13. Altschul, S. F. et al. *Basic local alignment search tool.* In: *J. Mol. Biol.* 215 (1990) S. 403–410.
14. McEntyre, J. *Linking up with Entrez.* In: *Trends Genet.* 14 (1998) S. 39–40.
15. Rashbass, J. *Online Mendelian Inheritance in Man.* In: *Trends Genet.* 11 (1995) S. 291–292.
16. Ohkawa, H.; Ostell, J.; Bryant, S. *MMDB: an ASN.1 specification for macromolecular structure.* In: *Ismb* 3 (1995),S. 259–267.
17. Hogue, C. W. *Cn3-D: a new generation of three-dimensional molecular structure viewer.* In: *Trends Biochem. Sci.* 22 (1997) S. 314–316.
18. Maglott, D. R.; Katz, K. S.; Sicotte, H.; Pruitt, K. D. *NCBIs LocusLink and RefSeq.* In: *Nucl. Acids Res.* 28 (2000) S. 126–128.

Das European Bioinformatics Institute (EBI)

Beim EBI handelt es sich um eine Außenstelle des Europäischen Molekularbiologischen Instituts (EMBL), die ihren Sitz in Hinxton, England, hat. 14 europäische Länder und Israel finanzieren das EMBL und seine Außenstellen. Der Hauptzweck des EBI ist es, Forschung zu betreiben und der wissenschaftlichen Gemeinschaft Informationen zur Verfügung zu stellen. Seit September 1994 hat das EBI alle Aktivitäten übernommen, die zuvor bei der Datenbank des EMBL in Heidelberg angesiedelt waren. Das EBI[1] ist dem NCBI in den Vereinigten Staaten vergleichbar und es ist der wichtigste Bioinformatik-Server in der Europäischen Gemeinschaft. Die Aufgaben und Ziele ähneln denen des NCBI und schließen Folgendes ein:

- Bioinformatik auf dem Stand der Technik
- Forschung und Entwicklung auf dem Gebiet der bioinformatischen Software
- Unterweisung und Unterstützung der Anwender
- Relevante bioinformatische Dienstleistungen

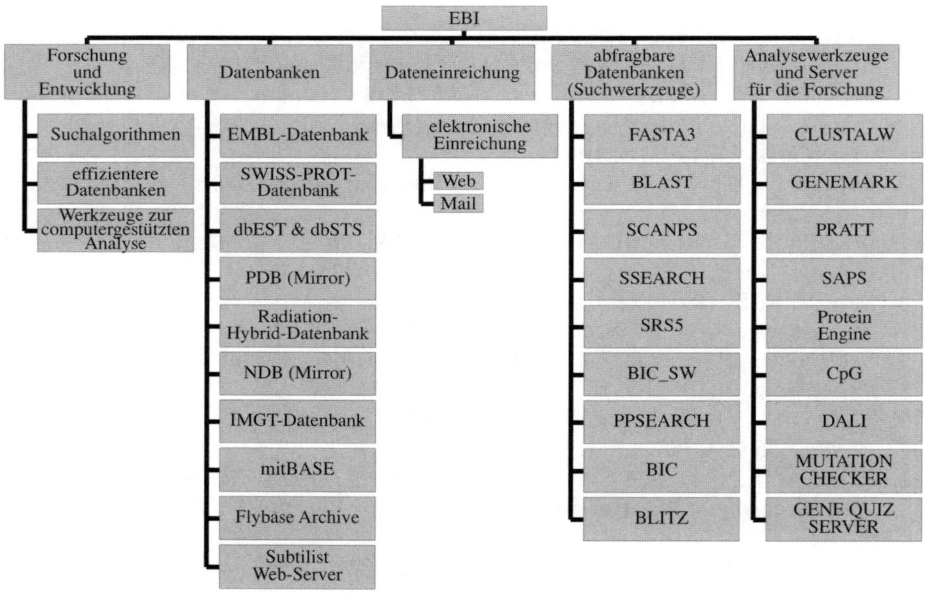

2.4 Überblick über das European Bioinformatics Institute.

Wen stellt das EBI ein?
Wie beim NCBI besteht das Personal aus Informatikern, Molekularbiologen, Mathematikern, Biochemikern, forschenden Ärzten und Strukturbiologen. Ihre enge Zusammenarbeit erlaubt es ihnen, die molekularen Grundlagen von Krankheiten mit der Hilfe von mathematischen Werkzeugen und Computerwerkzeugen zu untersuchen.

Welche Forschung wird am EBI durchgeführt?
Das Personal des EBI ist an vielen Aspekten der Bioinformatikwelt beteiligt. Seine Forschungsaufgaben schließen Folgendes ein:

- Solidere Vergleichsalgorithmen entwickeln
- Die Entwicklung leistungsfähigerer, aber benutzerfreundlicher Informationsnetzwerke
- Das Design effizienterer Datenbanken.

Welches sind einige der Dienstleistungen, die das EBI anbietet?
A. Datenbanken
B. Dateneingabe
C. Datenbanken zur Abfrage und zur Suche nach ähnlichen Sequenzen (z. B. FASTA[2] und BLITZ[3])
D. Online-Anwendungen
E. FTP-Archive
F. Forschung und Entwicklung

Datenbanken am EBI

Die folgenden Hauptdatenbanken werden vom Web-Server des EBI unterstützt:

1. Die EMBL-Datenbank[4]
2. Die SWISS-PROT-Datenbank[5]
3. Die Radiation-Hybrid-Datenbank[6]
4. dbEST und dbSTS[7]
5. PDB[8] (RCSB Mirror)
6. Die IMGT-Datenbank[9]
7. Die Datenbank des EBI-FTP-Servers
8. NDB[10] (Mirror-Website)
9. Die FlyBase-Archive[11]
10. MitBASE[12]
11. Der Subtilist Web-Server[13]
12. Der Software Bio-Katalog

Die ersten sechs davon werden im Folgenden besprochen. Auf weitere EBI-Dienstleistungen kann man über dessen Website unter www.ebi.ac.uk/ebi_home.html zugreifen.

Die EMBL Nucleotidsequenz-Datenbank

Die in der umfangreichen Datenbank des EMBL[4] gespeicherten Nucleotidsequenzen (d. h. DNA und RNA) sind unterschiedlicher Herkunft. Einige entstammen wissenschaftlichen Veröffentlichungen oder Patentanmeldungen; der größte Teil der Sequenzen wird jedoch direkt (von Forschern oder Sequenzierungsteams) beim EMBL eingereicht. Die Datenbank arbeitet mit der amerikanischen GenBank-Datenbank und der japanischen DNA-Datenbank (DDBJ) zusammen. Sie steht mit den beiden anderen Datenbanken durch ein tägliches Austauschprogramm in Verbindung und aktualisiert ihren Inhalt ständig. Dies erlaubt es dem EMBL, Wissenschaftlern in aller Welt eine Nucleotiddatenbank auf dem neuesten Stand anzubieten, die alle öffentlich zugänglichen Nucleotidsequenzen enthält. Darüber hinaus ist das EMBL durch seine Zusammenarbeit mit verschiedenen Gruppen, die Genome sequenzieren, in der Lage, Nucleotidsequenzen im großen Maßstab einzugliedern.

Welche Informationen finden sich in einem Nucleotidsequenzdatensatz des EMBL?

- Die Sequenz
- Eine kurze Beschreibung

- Der Ursprung der Sequenz (der Organismus aus dem die Sequenz stammt)
- Informationen zur Bibliografie und zu Zitaten
- Die Lokalisierung von codierenden Regionen innerhalb der Sequenz (z. B. Signalsequenzen, alpha-Kette, beta-Kette)
- Biologisch bedeutsame Stellen in der Sequenz (ein EST-Eintrag besitzt im Vergleich zu einer vom beitragenden Wissenschaftler gut untersuchten Sequenz sehr wenig biologische Information). Man beachte, daß es sich bei ESTs (*expressed sequence tags*) um Einträge handelt, die nur in einem einzigen Durchgang sequenziert wurden. Sie stammen im typischen Fall von zufälligen Klonen und nur sehr wenige biologische oder funktionelle Informationen sind verfügbar. Es ist wichtig zu wissen, dass die von Sequenzierungsgruppen eingereichten Sequenzen ausführlich kommentiert werden, aber dass diese Informationen auf der Grundlage der Ähnlichkeit zu anderen bekannten Sequenzen und nicht auf einer detaillierten experimentellen Analyse der Sequenzen beruht.

Welches sind einige der Genomsequenzprojekte, die mit dem EBI zusammenarbeiten?
- Mensch (*Homo sapiens*)
- Nematode (*Caenorhabditis elegans*)
- Fruchtfliege (*Drosophila melanogaster*)
- Maus (*Mus musculus*)
- Hefe (*Saccharomyces pombe*)
- *Mycbacterium leprae*
- *Mycobacterium tuberculosis*
- *Methanococcus jannaschii*

SWISS-PROT Proteinsequenz-Datenbank[5]

Die Universität Genf unterhält zusammen mit der EMBL-Datenbibliothek des EBI die SWISS-PROT Proteindatenbank. Die vom EMBL übersetzten DNA-Sequenzen werden direkt an SWISS-PROT weitergegeben. SWISS-PROT ist eine Weiterentwicklung der PIR- (*Protein Identification Resource*) Datenbank.[14] Die SWISS-PROT-Datenbank ist nichtredundant und weist Querverweise zu einigen anderen wichtigen Bibliotheken auf. Ihre Querverweise zum EMBL erlauben dem Anwender zum Beispiel den Zugang zur Nucleotidsequenz. Sie besitzt auch Referenzen von der PDB[8] – und der PROSITE[15] - Bibliothek. PDB-Referenzen finden sich nur bei Sequenzdaten, deren 3-D-Struktur bekannt und in der Protein Data Bank (PDB) vorhanden ist. Die PROSITE-Referenz findet sich bei Sequenzdatensätzen, die charakterisierte Motive enthalten, die in der PROSITE-Motivdatenbank gespeichert sind.

Sind alle Sequenzdaten in SWISS-PROT das Ergebnis von Proteinsequenzprojekten?
Obwohl SWISS-PROT eigentlich eine Proteinsequenzbibliothek darstellt, sind viele der Sequenzdatensätze das Ergebnis einer vom EMBL übersetzten DNA- oder RNA-Sequenz. Die Dateien codierender Sequenzen (CDS) beim EMBL werden in die entsprechenden Aminosäuresequenzen übersetzt und bei TrEMBL betreut. TrEMBL beheimatet alle übersetzten Nucleotidsequenzen des EMBL und gibt die Daten an die SWISS-PROT-Datenbank weiter. SP-TrEMBL enthält die übersetzten Sequenzdatensätze, die dann an die SWISS-PROT-Datenbank weitergereicht werden.

Wie werden die Indexnummern von SWISS-PROT vergeben?
Wenn sie eintrifft, bekommt eine Peptidsequenz, die direkt durch ein Peptidsequenzierungsprojekt bestimmt wurde, von EBI eine Indexnummer zugewiesen. Im Falle von übersetzten Dateien wird diese Nummer zum Zeitpunkt des Eingangs in der TrEMBL[5]-Bibliothek vergeben. Die direkt sequenzierten Proteine lassen sich so von den abgeleiteten Sequenzen unterscheiden. Eine SWISS-PROT-Datei mit einem Querverweis auf TrEMBL ist das sichere Zeichen dafür, dass es sich um eine übersetzte Proteinsequenz handelt. Gegenwärtig enthält die SWISS-PROT-Datenbank[5] über 86 000 Sequenzdatensätze, während TrEMBL etwa 352 000 Einträge umfaßt.

Radiation Hybrid Datenbank (RHdb)

Die Rohdaten von STS (*sequence tagged sites*, sequenzmarkierte Stellen; das sind kurze Sequenzen, die als Markierungspunkte innerhalb des Genoms dienen), Punktwerte zur Messung von Übereinstimmungen, experimentelle Bedingungen, und Verweise auf die RHdb Datenbank[6] werden zur Konstruktion von Radiationshybrid-Karten benutzt. Gegenwärtig besteht die Datenbank aus etwa 100 experimentellen Bedingungen und zirka 120 000 Radiationshybrideinträgen von fünf Arten (Mensch, Maus, Ratte, Zebrabärbling und Mais).

Was sind Radiationshybrid-Karten?
Dies sind Chromosomenkarten, die basierend auf Punktezahlvektoren (*score vectors*) konstruiert werden und eine Alternative zu genetischen Karten darstellen. Man kann sie benutzen, um nichtpolymorphe Marker und auch nichtaufgelöste Gruppen (*cluster*) polymorpher STS-Sequenzen zu kennzeichnen. Das Vorhandensein genauer STS-Karten ist von unschätzbarem Wert, wenn man multifaktorielle Erbkrankheiten beim Menschen untersuchen will.

Tabelle 2.1 Die Radiation Hybrid Datenbank

Art	Mensch	Maus
STSs	77 977	6 642
Radiationshybriddatensätze	102 394	3 268
ESTs	54 086	3 093
sequenzierte cDNA (gesamt)	342	0
Genetische Marker	4 243	3 268
alternative STSs (aus genetischen Loci)	2 186	
Marker in CpG-Inseln	1	0
STS (unbekannte polymorphe oder exprimierte Elemente)	13 705	0
Datensätze mit Beschreibung experimenteller Bedingungen	187	187
Karten	42	0
Referenzen zu anderen Datenbanken	242 645	13 711

Die Daten sind auf dem Stand vom 10. August 2000

Kann die Datenbank Karten berechnen oder die Marker kartieren?
Diese Datenbank kann weder Karten berechnen noch Marker kartieren. Die Karten dieser Datenbank wurden vor ihrer Einreichung an anderer Stelle berechnet. Es folgen einige der Programme, die man zur Erstellung von Hybridkarten benutzen kann:

- RHMAP[16]
- RHMAPPER: (Whitehead Institute/MIT Center for Genome Research)
- RADMAP/MULTIMAP[17]

dbEST und dbSTS

Dies sind *Mirror*-Datenbanken der EST- und STS- Daten des NCBI. Die Daten setzen sich zum größten Teil aus ESTs (*expressed sequence tags*, ansequenzierten cDNA-Sequenzen) und STSs (*sequence tagged sites*, sequenzmarkierte Stellen, d. h. kurzen Markersequenzen) zusammen. Um alle diese Datensätze kümmert sich hauptsächlich das NCBI.

Welche Informationen kann man von der dbEST erhalten?
- Positionell klonierte Gene menschlicher Erbkrankheiten
- cDNA-Sequenzdaten und -Kartierungsinformation
- Identifizierung codierender Regionen und Markierung (*tagging*) menschlicher Gene

Welche Informationen kann man von der dbSTS erhalten?
- Umfangreiche und detaillierte Kommentare und Kontaktdaten
- Die experimentellen Bedingungen
- Die Lokalisierung auf den Genkarten
- Vermutliche Homologien zu anderen Einträgen über BLAST[18]

Man kann die SRS-Schnittstelle des EBI zum Durchsuchen der dbEST- und dbSTS-Bibliotheken benutzen.

PDB (RCSB Mirror): Protein Data Bank

Die PDB[8]-Datenbank ist eine Sammlung aller bekannten, öffentlich zugänglichen 3-D-Strukturen, die vom Research Collaboratory for Structural Bioinformatics unterhalten wird. Dieser Dienst wird von der U.S. National Science Foundation, dem U.S. Public Health Service, dem National Institute of Health, dem National Center for Research Resources, dem National Institute of General Medical Sciences, der National Library of Medicine und dem U.S. Department of Energy unterstützt.

Welche Strukturen speichert man bei der PDB?
- Proteine
- Protein- und Nucleotidsequenzen (z. B. DNA)
- Proteine in Komplexen mit Metallen
- Proteine in Komplexen mit Inhibitoren

Wie hat man die 3D-Strukturen bestimmt?
- Kernresonanzspektroskopie (NMR)
- Röntgenstrahlkristallografie

Worin besteht der Unterschied zwischen den beiden Techniken?
- Bei der NMR wird die Struktur eines gelösten Moleküls ermittelt. Diese Technik liefert eine große Menge dynamischer Informationen. Man hat einen Einblick, wie sich das Molekül in einer wässrigen Umgebung (Lösung) verhält. Die Strukturmerkmale des Moleküls erlauben Rückschlüsse auf seine funktionellen Eigenschaften.
- Die Röntgenstrahlkristallografie gibt uns ein statisches dreidimensionales Bild des Moleküls. Die Struktur des Moleküls wird anhand der kristallinen Form bestimmt. Deshalb weisen diese Strukturen keine dynamischen Daten auf. Mit anderen Worten, wir wissen nicht, wie sich das Molekül in Lösung, seinem natürlichen Zustand, verhält.

Welche Informationen enthält ein PDB-Datensatz?

- Die Atomkoordinaten, entweder über NMR oder Röntgenstrukturanalyse bestimmt
- Literaturzitate
- Informationen zur Primärstruktur (z. B. Aminosäurensequenz)
- Informationen zur Sekundärstruktur (alpha-Helix, beta-Faltblatt)
- Daten zur Röntgenstrukturanalyse und zu den NMR-Experimenten

Wenn die Strukturanalyse mittels NMR mehr Informationen und Erkenntnisse über das Molekül ergibt, warum werden dann nicht alle Strukturdaten auf diese Art gewonnen?

Das Auflösen der Strukturen mittels NMR ist durch die Größe der Moleküle begrenzt. Viele Proteine überschreiten die Obergrenze. Deshalb benötigt man alternative Techniken zur Auflösung der 3-D-Strukturen größerer Moleküle (d. h. Röntgenstrukturanalyse).

Die IMTG-Datenbank: The International ImMunoGeneTics Database

Es handelt sich um eine Gendatenbank, die für die Immunologie von Bedeutung ist. Viele der Gene gehören zur Immunglobulin-Superfamilie. Die meisten Moleküle dieser Superfamilie sind an der Immunerkennung und der Immunantwort beteiligt. T-Zell-Rezeptoren (TcR), B-Zell-Rezeptoren (Ig) und die Moleküle des Haupthistokompatibilitätskomplexes (MHC) sind einige der klassischen Beispiele der Immunglobulin-Superfamilie.

Welche Informationen kann man von der IMGT-Datenbank erhalten?

- Nucleotidsequenzen
- Proteinsequenzen
- Vergleichend ausgerichtete Sequenzen (*alignment*)
- Informationen über Allele, Polymorphismen und STSs
- Genetische Karten
- Die Relevanz bekannter Fehlfunktionen des Immunsystems

Befinden sich alle immunologisch bedeutsamen Moleküle in einer Datenbank?

Die Datensätze der IMGT sind je nach ihrer molekularen Identität in zwei unterschiedlichen Datenbanken abgespeichert.

1. LIGM-DB: Diese Datenbank enthält Immunglobuline (Ig) und T-Zell-Rezeptoren (TcR). LIGM bedeutet Laboratoire d'ImmunoGénétique Moléculaire.[19]
2. MHC/HLA-DB: Diese Datenbank befasst sich hauptsächlich mit den Molekülen des Haupthistokompatibilitätskommplexes.[20] Beim Menschen bezeichnet man diese Moleküle als HLA (von *human leukozyte antigens*).

Für wen ist dieser Dienst gedacht und welches sind einige der potenziellen Anwendungen?

- Forscher im medizinischen Bereich (z. B. HIV/AIDS – Forschung, Krebsforschung, Erforschung der Autoimmunkrankheiten)
- Untersuchungen zur Therapie und Immunhistochemie (z. B. Produktion und Design von Antikörpern als Marker in Nachweisreaktionen und als Abwehrstoffe bei bestimmten Therapien, Transplantationen und der Immuntherapie)
- Evolutionsbiologen und Bioinformatiker: Die Evolutionswissenschaft und ihr Bezug zur Genomvielfalt. Die Verwandtschaft der Moleküle zu anderen Genen in unter-

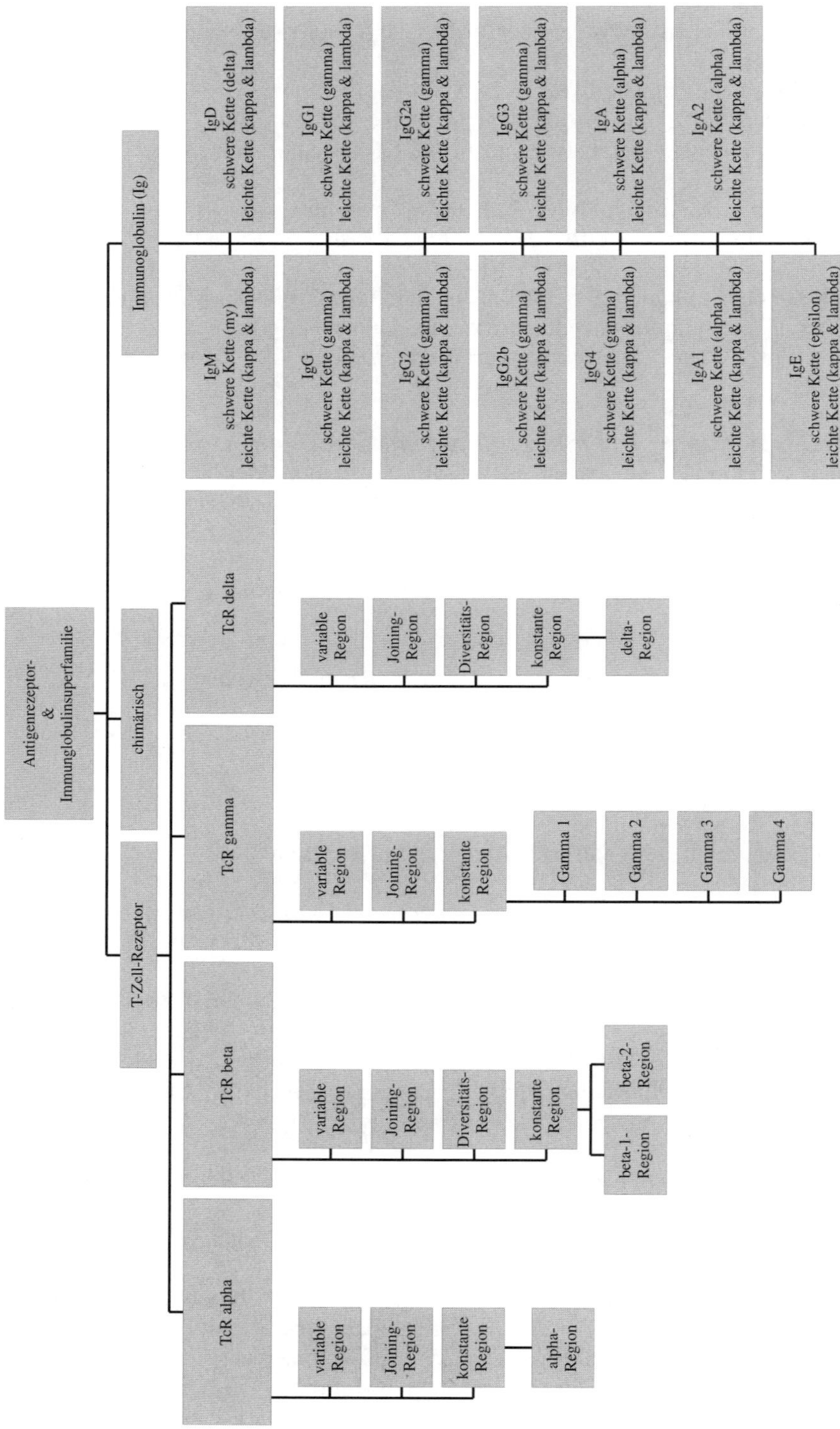

2.5 Das Klassifikationsschema des IMGT.

schiedlichen Arten könnte für das Auffinden der bei pathogenen Vorgängen bedeutsamen Gene ein hilfreicher Faktor sein.

Welche Institutionen liefern die wichtigsten Beiträge zur IMGT-Datenbank?

- LIGM: Laboratoire d'ImmunoGenetique Moleculaire, CNRS, Université Montpellier II, Montpellier, Frankreich
- CNUSC: Centre National Universitaire Sud de Calcul, Montpellier, Frankreich
- ICRF: Imperial Cancer Research Fund, London, England
- EBI: European Bioinformatics Institute, Hinxton, England
- IFG: Institut für Genetik, Köln, Deutschland
- BPRC: Biomedical Primate Research Center, Rijswijk, Holland
- EUROGENETEC: Seraing, Belgien

Welche Werkzeuge und Dienstleistungen bietet der IMGT-Server unter anderem an?

- Werkzeuge zum *alignment* von Sequenzen (DNAPLOT)
- Werkzeuge zur Modellerstellung
- Werkzeuge zur Kartierung von Daten
- Werkzeuge, die zur Klassifizierung einer Abfragesequenz nützlich sind
- Links zu anderen biologisch relevanten Datenbanken
- Direkte Eingabe von Daten über eine Web-Schnittstelle

Das IMGT ist auch für sein einzigartiges Nummerierungsschema bekannt. Die erhöhte Variabilität der an der Immunantwort beteiligten Moleküle bedarf eines flexibleren oder anderen Ansatzes zur Klassifikation und Analyse. Das Nummerierungsschema des IMGT bezieht sich auf den Rahmen (*framework*, FR) des Moleküls, seine komplementaritätsbestimmenden Regionen (CDRs), seine Strukturdaten, so weit sie anwendbar sind und die Charakterisierung seiner hypervariablen Schleifen.

Warum ist dieses Nummerierungsschema nützlich?

- Es ermöglicht Sequenzvergleiche zwischen weniger gut konservierten Bereichen eines Moleküls (z. B. die variablen Ketten von Ig und TcR).
- Die Position konservierter Reste bleibt konstant (z. B. Leu89).
- Die Aminosäurereste des Rahmens und die Reste gleichlanger CDRs bleiben an derselben Stelle und lassen sich auch ohne *alignment*-Werkzeuge einfach identifizieren.
- Es erlaubt eine individuelle Charakterisierung der variablen Regionen von FRs und CDRs, die auf ihrer Länge basiert.
- Es erlaubt bei der Identifizierung von Mutationen, Polymorphismen und somatischen Hypermutationen einen vergleichenden Keimbahnansatz (V-GENE, D-SEGMENT, J-SEGMENT uns C-GENE). Das *alignment*-Werkzeug DNAPLOT benutzt dieses Nummerierungsschema bei seinen Vergleichen der verschiedenen Sequenzdaten zur Keimbahn und Funktion oder bei Sequenzen offener Leseraster.

Folgende Schlüsselwortkategorien lassen sich beim Durchsuchen der IMGT-Datenbank nach einer bestimmten Sequenz verwenden:

- Rezeptortyp (z. B. chimärisch, T-Zell-Rezeptor, Immunglobulin)
- Rezeptorklasse (z. B. TcR alpha, TcR beta, IgM, IgG)
- Kettentyp (z. B. TcR-konstante Region, TcR beta-Kette, Ig schwere Kette, Ig leichte Kette, Ig kappa-Kette)

- Regionstyp (z. B. TcR-konstante Region, Ig-konstante Region, TcR-alpha-konstante Region, Ig-delta-konstante Region)
- Beschreibende Schlüsselwörter (z. B. Fab, Fc, lambda 5, transgen)

Auf andere Dienste und Werkzeuge kann man über die Website des EBI unter www.ebi.ac.uk/ebi_home.html zugreifen.

Literatur

1. Emmert, D. B. et al. *The European Bioinformatics Intitute (EBI) databases.* In: *Nucleic Acids Res.* 22 (1994) S. 3445–3449.
2. Pearson W. R. *Using the FASTA program to search protein and DNA sequence databases.* In: *Methods Mol. Biol.* 25 (1994) S. 365–389.
3. Brenner, S. E. *BLAST, Blitz, BLOCKS and BEAUTY: sequence comparison on the net.* In: *Trends Genet.* 11 (1995) S. 330–331.
4. Stoesser, G. et al. *The EMBL nucleotide sequence databse* In: *Nucleic Acids Res.* 26 (1998) S. 8–15.
5. Bairoch, A.; Apweiler, R. *The SWISS-PROT protein sequence data bank and its supplement TrEMBL in 1999.* In: Nucleic Acids Res. 27 (1998) S. 49–54.
6. Rodriguez-Tome, P.; Lijnzaad, P. *The radiation hybrid database.* In: *Nucleic Acids Res.* 25 (1997) S. 81–84.
7. Rodriguez-Tome, P. *Searching the dbEST database.* In: *Methods Mol. Biol.* 69 (1997) S. 269–283.
8. Sussman, J. L. et al. *Protein Data Bank (PDB): database of three-dimensional structural information of biological macromolecules.* In: *Acta Crystallogr. D. Biol. Crystallogr.* 54 (1998) S. 1078–1084.
9. Lefranc, M. P. et al. *IMGT, the International ImMunoGeneTics database.* In: *Nucleic Acids Res.* 26 (1998) S. 297–303.
10. Berman, H. M.; Zardecki, C.; Westbrook, J. *The nucleic acid databse: a resource of nucleic acid science.* In: *Acta Crystallogr. D. Biol. Crystallogr.* 54 (1998) S. 1095–1104.
11. FlyBase Consortium. *FlyBase: a* Drosophila *database.* In: *Nucleic Acids Res.* 26 (1998) S. 85–88.
12. Attimonelli, M. et al. *MitBase: a comprehensive and integrated mitochondrial DNA database.* In: *Nucleic Acids Res.* 27 (1999) S. 128-133.
13. Moszer, I.; Glaser, P.; Danchin, A. *SubtiList: a relational database for the* Bacillus subtilis *genome.* In: *Microbiology* 141 (1995) S. 261–268.
14. Barker, W. C. et al. *Protein sequence database of the protein identification resource (PIR).* In: *Protein Seq. Data Anal.* 1 (1987) S. 43–98.
15. Bairoch, A.; Bucher, P.; Hofmann, K. *The PROSITE database, its status in 1997.* In: *Nucleic Acids Res.* 25 (1997) S. 217–221.
16. Boehnke, M.; Lange, K.; Cox, D. R. *Statistical methods for multipoint radiation hybrid mapping.* In: *Am. J. Hum. Genet.* 49 (1991) S. 1174–1188.
17. Matise, T. C.; Perlin, M.; Chakravarti, A. *Automated construction of genetic linkage maps using an expert system (MultiMap): a human genome linkage map* [eine Fehlerkorrektur erschien in *Nat. Genet.* 7 (1994) S. 215]. In: *Nat. Genet.* 6 (1994) S. 384–390.
18. Altschul, S. F. et al. *Basic local alignment search tool.* In: *J. Mol. Biol.* 215 (1990) S. 403–410.

19. Lefranc, M. P. et al. *LIGM-DB/IMGT: an integrated database of Ig and TcR part of the immunogenetics database*. In: *Ann. N.Y. Acad. Sci.* 764 (1995) S. 47–49.
20. Newell, W. R.; Trowsdale, J.; Beck, S. *MHCDB – database of the human MHC*. In: *Immunogenetics* 40 (1994) S. 109–115.

GenomeNet – japanische Bioinformatik-Server

GenomeNet[1] ist ein japanisches Netzwerk von Datenbanken und Rechnerdiensten für die Genomforschung und verwandte Disziplinen in der Molekular- und Zellbiologie. Es wurde 1991 unter dem Humangenomprogramm des Ministeriums für Erziehung, Wissenschaft, Sport und Kultur gegründet. Die GenomeNet-Dienste werden gemeinsam vom Supercomputer Laboratory (SCL), dem Institute for Chemical Research (ICR), der Kyoto University und dem Human Genome Center (HGC) am Institute of Medical Science der University of Tokyo betrieben. Auf GenomeNet kann man über die Adresse http://www.genome.ad.jp/ zugreifen und es bietet die folgenden Dienste an:

DBGET/LinkDB, ein integriertes Datenbank-Suchsystem[2]

- DBGET/LinkDB/KEGG Datenbank-Verbindungsdiagramm
- Informationen über neue Daten in den Datenbanken (täglich auf den neuesten Stand gebracht)
- Das Wachstum der wichtigsten Datenbanken (seit 1982)

KEGG: Kyoto Encyclopedia of Genes and Genomes[3]

- KEGG Inhaltsangabe
- Vollständige Genome in KEGG
- LIGAND, eine chemische Datenbank zu Enzymreaktionen
- BRITE: biomolekulare Wechselwirkungen bei der Informationsübertragung und -expression.
- IUPAC/IUBMB-Nomenklaturempfehlungen

Werkzeuge zur Interpretation von Sequenzen

- IDEAS-Schnittstelle zu DBGET[2]/BLAST[4]/FASTA[5]

Genomdatenbanken in Japan (anonymer FTP des GenomeNet)

- Herunterladen des KEGG-Systems

Links zu weltweiten Molekularbiologieservern

Das japanische Datenbanksystem bietet mehr als nur einfache Links zu DNA- und Proteindatenbanken in den USA, Europa und Japan. Es wurde erstellt, um die biologische Qualität des Informationsinhaltes dieser Datenbanken zu garantieren. Man hat GenomeNet zur Interpretation von Sequenzinformationen geschaffen und es stellt eine der nützlichsten Sammlungen von Analysewerkzeugen für eine Reihe biologischer Fragen zur Verfügung. Sie werden in Abbildung 2.6 zusammengefasst.

Die Werkzeuge von GenomeNet schließen BLAST[4] und FASTA[5] ein, zwei Programme zur Suche ähnlicher Sequenzen, sowie MOTIF, ein Programm zur Suche von Sequenzmotiven, das man an der Universität Kyoto entwickelt hat. Motive sind Sequenzmuster und nicht einfach eine lineare Abfolge von „Zeichen“, die direkt mit funktionellen Eigenschaften des codierten Proteins zusammenhängen. CLUSTAL W[6] ist ein Programm zum *alignment* multipler Sequenzen, ähnlich wie BLAST und FASTA, die

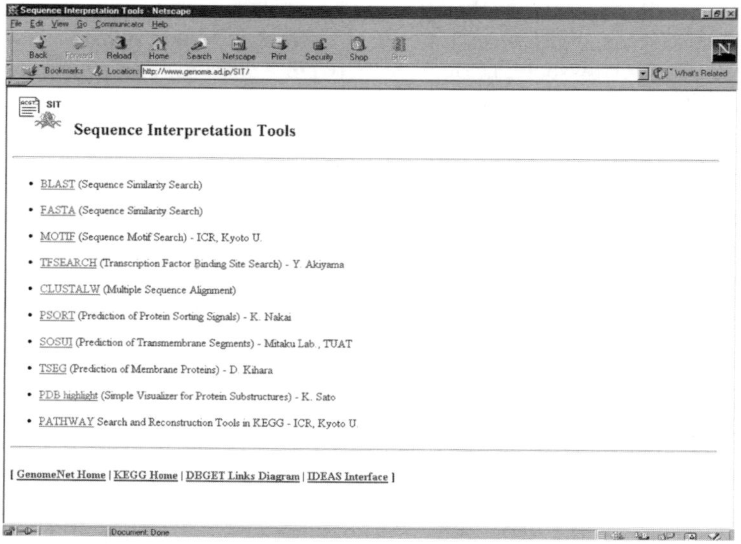

2.6 Werkzeuge zur Sequenzinterpretation bei GenomeNet. (Quelle: Kyoto Encyclopedia of Genes and Genomes, The Institute for Chemical Research, Kyoto University, www.genome.ad.jp:80/kegg/.)

jedoch nur Sequenzpaare vergleichen können. Andere Werkzeuge suchen Sequenzen nach funktionellen Elementen ab, die mit der Proteinstruktur zusammenhängen. TFSEARCH identifiziert Bindungsstellen für Transkriptionsfaktoren. Transkriptionsfaktoren sind Proteine, die die Genaktivität kontrollieren, indem sie sich in der Nähe von Gensequenzen direkt an die DNA binden. Das System „*Gene Recognition and Assembly Internet Link*“ (GRAIL) benutzt man, um in neu sequenzierter DNA neue Gene zu identifizieren, für die keine sonstige biologische Information bekannt ist.[7] Da Gene bestimmte Strukturen aufweisen, die ihre Steuerung und die der Proteinexpression erlauben (siehe Transkriptionsfaktoren), sind bestimmte Muster oder Motive kurzer DNA-Sequenzen (10 – 50 Basenpaare) typische Indikatoren der Anwesenheit funktioneller Gene. Darüber hinaus sind eukaryotische Gene oft in funktionelle und nichtfunktionelle (oder codierende und nichtcodierende) Untereinheiten aufgespaltet, die man Exons und Introns nennt. Nur die Exon-Sequenzen werden in Proteine übersetzt und sind deshalb bei der Interpretation oder Strukturvorhersage der entsprechenden Proteine relevant. Zur Vorhersage lassen sich Programme wie PSORT (Vorhersage von Proteinsortierungssignalen)[8] und SOSUI (Vorhersage von Transmembranelementen)[9] anwenden. Obwohl sich ein Großteil der Datenbankinformationen auf Sequenzen bezieht, nimmt die Zahl der Proteinstrukturen kontinuierlich zu. Das ist vom Standpunkt der Evolution aus besonders wichtig, denn die Struktur der Proteine (der Phänotyp) erhält sich besser als die dazugehörige Aminosäuren- (oder DNA-) Sequenz. Das PDB-Programm *highlight* (ein einfaches Programm zur Ansicht von Proteinunterstrukturen) emuliert die Informationen der Protein Data Bank und man kann es zum Vergleich von Strukturen benutzen, so weit diese zur Verfügung stehen. Schließlich kann man in KEGG[3] ein Werkzeug zu Stoffwechselfunktionen eines Organismus finden. Dieses Werkzeug hat man an der Kyoto University entwickelt, um Stoffwechselwege zu suchen und zu rekonstruieren. Es wird im Folgenden näher erläutert.

Kyoto Encyclopedia of Genes and Genomes – KEGG

Bei KEGG handelt es sich um eine strukturierte Datenbank, die Informationen über die Stoffwechselwege vieler Mikroorganismen enthält, deren gesamte Genomsequenz bekannt ist, sowie für Organismen, deren Genom noch nicht vollständig sequenziert ist (z. B. Mensch und Maus). Sowohl beim Menschen als auch bei der Maus hat man nur einen Teil des Genoms sequenziert und viele ihrer Gene (und Proteine) müssen noch charakterisiert werden. Das menschliche Genom soll den Projektplänen zu Folge innerhalb der nächsten zwei Jahre vollständig bekannt sein.

KEGG bildet einen Teil des GenomNet-Datenbanksystems und ist über zwei Suchmaschinen mit allen anderen öffentlich zugänglichen Datenbanken verbunden: LIGAND und BRITE.

LIGAND[10] ist eine chemische Datenbank, die die Suche nach einer Kombination von Enzymen und Stoffwechselsubstanzen erlaubt. Sie wird vom Institute for Chemical Research an der Kyoto University unterhalten und enthält 9 496 Datensätze: 3 705 zu Enzymen (die Enzymreaktion-Datenbank) und 5 791 zu Stoffwechselsubstanzen (Datenbank chemischer Substanzen). BRITE ist eine Datenbank zur Erfassung der Informationsübertragung und -expression in biomolekularen Wechselwirkungen. Sie wird vom Institute for Chemical Research der University of Kyoto betreut und enthält 278 Einträge.

Wenn man eine Substanz, ein Enzym oder ein Gen von Interesse direkt suchen will, dann führt der Link „*Search and compute with KEGG*“ auf der Homepage von KEGG zu einer Website mit Suchwerkzeugen für Stoffwechselwegkarten, Genomkarten, Werkzeugen zum Kolorieren, Vorhersagewerkzeugen und Werkzeugen zur Suche nach ähnlichen Sequenzen.

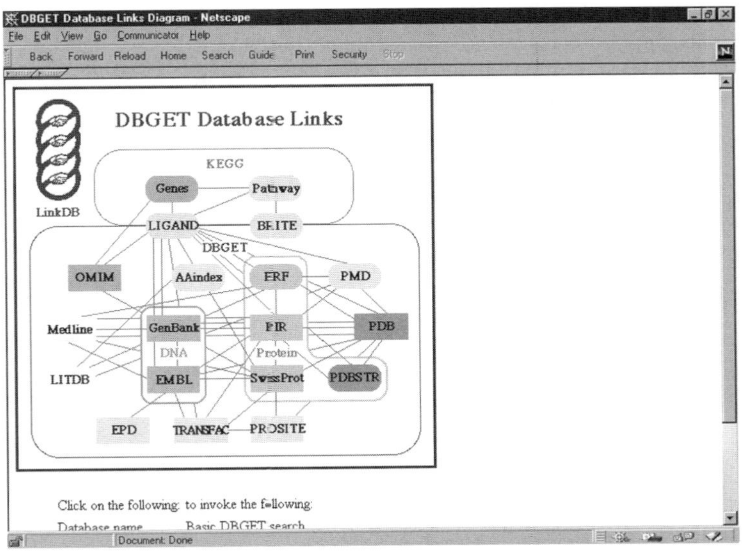

2.7 Das Link-Diagramm der DBGET-Datenbank: Dieses Diagramm ermöglicht den Zugang zu den geeigneten Datenbanken, die die Informationen nach spezifischen Kategorien organisiert und selektiert beinhalten. Die Linien, die die Datenbanken verbinden, beziehen sich auf die Links zwischen ihnen, die man innerhalb der kommentierten Informationen jedes Datensatzes findet. (Quelle: Kyoto Encyclopedia of Genes and Genomes, The Institute for Chemical Research, Kyoto University, www.genome.ad.jp:80/kegg/.)

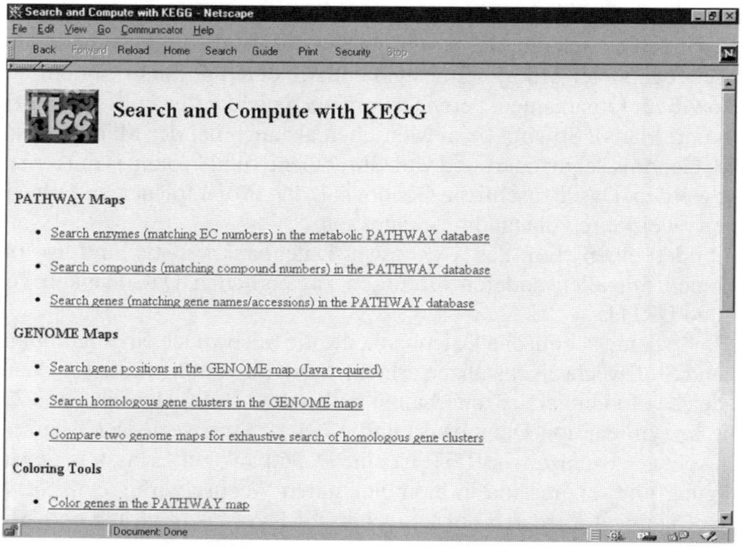

2.8 Suchen und Berechnen mit KEGG: KEGG ermöglicht die Suche nach Informationen über Enzymnamen, chemische Substanzen und Gene, die zu den Enzymeinträgen passen. KEGG stellt eine Analyse der Datenbankinformation basierend auf dem Standpunkt des Stoffwechsels zur Verfügung. Das heißt, dass die Informationen auf eine physiologisch relevante Art miteinander verbunden sind. (Quelle: Kyoto Encyclopedia of Genes and Genomes, The Institute for Chemical Research, Kyoto University, www.genome.ad.jp:80/kegg/.)

Diese Links sind jedoch nur sinnvoll, wenn man genau weiß, was man sucht, weil der Suchmodus eine genaue Indexnummer erwartet, zum Beispiel EC 2.7.1.1. für Hexokinase oder die chemische Substanznummer, z. B. C00417 für cis-Aconitat.

Für eine allgemeinere Suche nach Schlüsselwörtern, oder wenn man nur den Namen oder partiellen Namen eines Enzyms, einer Substanz oder eines Stoffwechselweges kennt, ist der Suchmodus von LIGAND oder der Link zu *„Pathway Maps and Molecular Catalogs"* besser geeignet. Letztere Option stellt viele Suchkategorien zur Verfügung, darunter *„pathway"* (Stoffwechselweg) und *„enzyme"* (Enzym).

Wie man die KEGG-Stoffwechseldatenbank benutzt

Wie findet man einen Standard-(Referenz-) Stoffwechselweg?

Bei der KEGG-Inhaltsangabe klickt man unter *„Category/Pathway"* auf *„Metabolic pathways"*, worauf man eine Liste aller Stoffwechselwege erhält.

Um den Link zur Lysinbiosynthese zu finden, muss man bis zu *„Amino Acid Metabolism"* scrollen und dann auf den Link klicken. Jetzt sollte der Referenz-Stoffwechselweg MAP00300 der Lysinbiosynthese zu sehen sein.

Wie findet man artspezifische Stoffwechselkarten?

Wenn man sich in der Standardkarte des Stoffwechselweges befindet, wählt man den Artnamen (z. B. *Homo sapiens*) im *„Go to"*-Fenster und klickt auf den Schalter „Exec". Man sollte jetzt die Karte für *Homo sapiens* mit dem markierten Enzym EC 6.1.1.6 für Lysyl-tRNA-Synthethase und ein anderes Enzym (EC 2.3.1.-) sehen, das aus einem Weg stammt, der den Aspartatstoffwechsel mit dem des Lysins verbindet. L-Lysin ist für Menschen eine essenzielle Aminosäure. Es muss in der Nahrung vorhanden sein, weil wir die Enzyme zu seiner Herstellung nicht besitzen.[11]

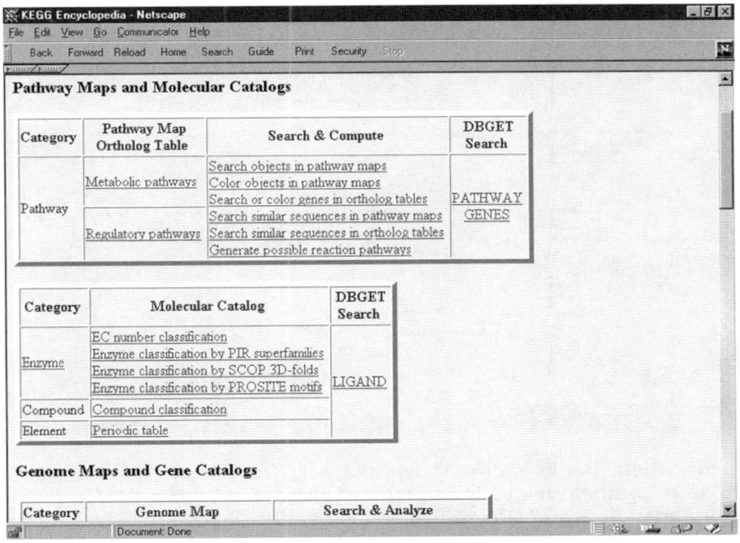

2.9 Die KEGG-Enzyklopädie: Karten mit Stoffwechselwegen und Molekülkataloge. (Quelle: Kyoto Encyclopedia of Genes and Genomes, The Institute for Chemical Research, Kyoto University, www.genome.ad.jp:80/kegg/.)

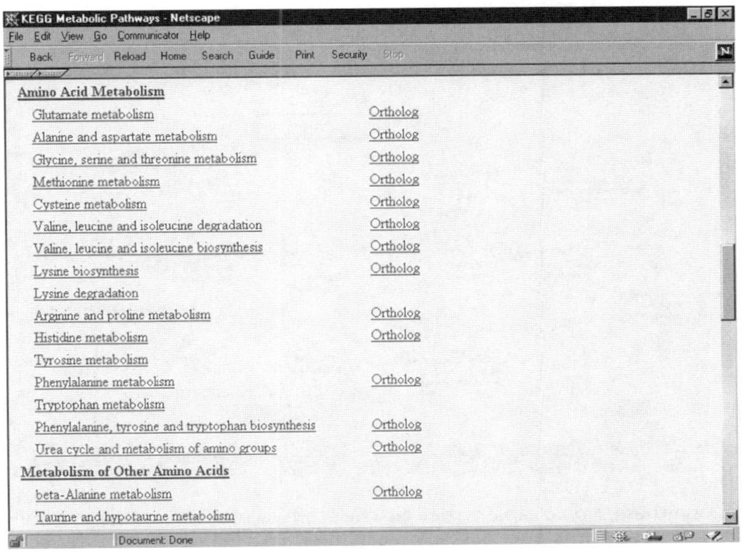

2.10 KEGG-Stoffwechselwege, Aminosäurenmetabolismus: Die angebotenen Links ermöglichen den Zugang zur entsprechenden Stoffwechselkarte der aufgelisteten Aminosäuren. (Quelle: Kyoto Encyclopedia of Genes and Genomes, The Institute for Chemical Research, Kyoto University, www.genome.ad.jp:80/kegg/.)

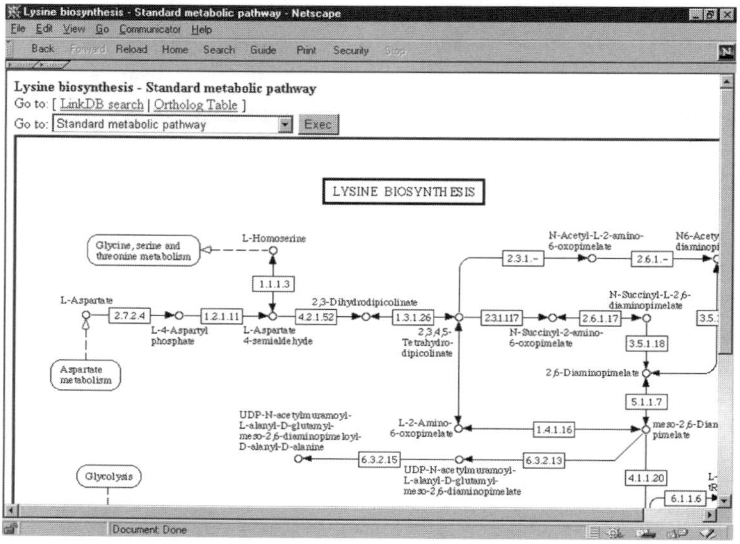

2.11 Lysinbiosynthese, der Referenz-Stoffwechselweg: Die Standardkarte des Stoffwechselweges der Lysinbiosynthese zeigt alle Enzyme und Zwischenprodukte des Stoffwechsels in einer Übersichtskarte, die aus 37 Organismen mit laufenden Genomprojekten (vollständig und unvollständig) zusammengestellt ist. Sie ermöglicht den Vergleich der Wege in unterschiedlichen Organismen. (Quelle: Kyoto Encyclopedia of Genes and Genomes, The Institute for Chemical Research, Kyoto University, www.genome.ad.jp:80/kegg/.)

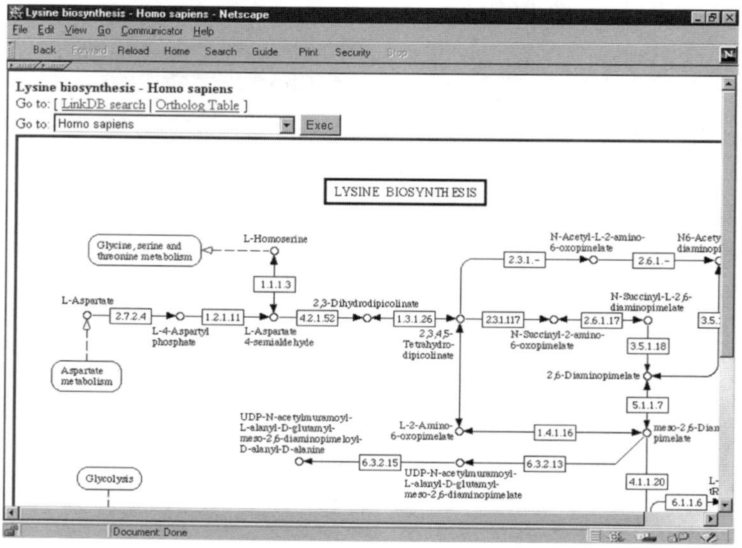

2.12 Lysinbiosynthese, *Homo sapiens*: der gleiche Stoffwechselweg, wie er in Abbildung 2.11 gezeigt wird, mit der Ausnahme, dass alle bekannten Enzyme des Lysinstoffwechsels farbig dargestellt sind. Keine Farbe bedeutet, dass der Weg nicht existiert oder man ihn nicht beschrieben hat. Beachten Sie, dass Lysin eine essenzielle Aminosäure ist und keine Enzyme markiert sind, was bedeutet, dass Menschen nicht die Fähigkeit haben, diese Aminosäure zu synthetisieren. (Quelle: Kyoto Encyclopedia of Genes and Genomes, The Institute for Chemical Research, Kyoto University, www.genome.ad.jp:80/kegg/.)

Wenn man jetzt die entsprechende Karte von *E. coli* vergleicht, erkennt man, dass dieses gramnegative Bakterium L-Lysin über eine Reihe grün markierter enzymatischer Reaktionen aus L-Aspatat synthetisieren kann.

Wie findet man eine chemische Struktur oder Information zu einem Metaboliten ausgehend von einer Stoffwechselkarte?
Zu beachten ist, dass der unmittelbare Vorgänger von L-Lysin auch als Substrat zur Synthese von Peptidoglycan dient, wobei es das aktivierte Vorläufermolekül bildet. Die Struktur dieses Moleküls kann man finden, indem man den kleinen Kreis neben dem Substanznamen anklickt. Man sieht dann eine Informationswebsite für den KEGG-Eintrag C05826.

Das oben beschriebene Problem kann als Beispiel dienen, wie man Informationen über ein Stoffwechselprodukt finden kann – insbesondere seine Struktur, die Formel, die KEGG-Indexnummer sowie die Nummern der Stoffwechselwege, an denen die Substanz beteiligt ist. Das Anklicken des Substratnamens (oder des Kreises) auf der Website des Stoffwechselweges ist die einfachste Methode, um die relevante chemische Information über ein Substrat und die Stoffwechselwege zu finden, an denen es beteiligt ist. Das Gleiche kann man im Fall von Enzymen tun, indem man die EC-Nummer anklickt, oder für verbundene Stoffwechselwege, die durch ein Rechteck mit abgerundeten Ecken gekennzeichnet sind. Es gibt zum Beispiel einen Link von der Lysin-Synthese-Karte zu der Lysin-Abbau-Karte. Wenn man das Rechteck mit der Aufschrift „*lysine degradation*“ anklickt, wird der entsprechende Abbauprozess angezeigt. Die Auswahl der Art ändert sich dabei nicht (wir haben *E.- coli*-Stoffwechselwege ausgesucht). Die Nummer der neuen Stoffwechselweg-Karte lautet MAP00310.

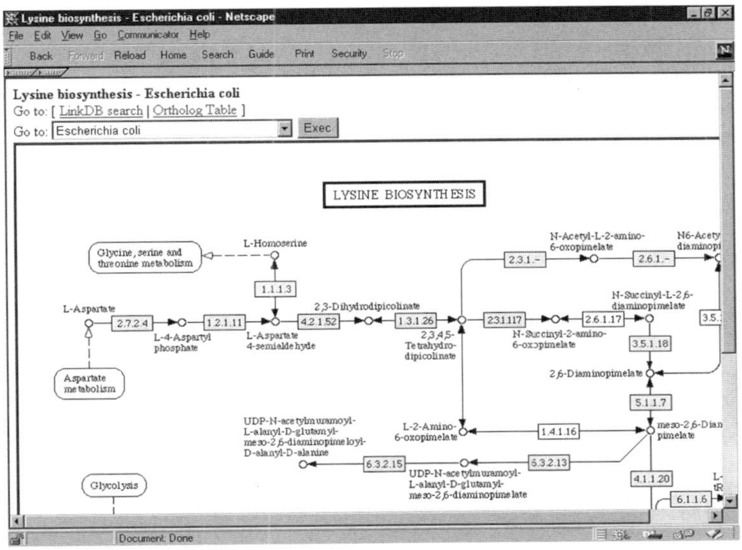

2.13 Lysinbiosynthese, *Escherichia coli*: Der Lysin-Biosyntheseweg des Bakteriums *E. coli*. Fast alle Mikroorganismen können alle 20 Aminosäuren synthetisieren, die zur Proteinsynthese benötigt werden. Alle Enzyme mit Datenbankeinträgen sind farbig dargestellt. (Quelle: Kyoto Encyclopedia of Genes and Genomes, The Institute for Chemical Research, Kyoto University, www.genome.ad.jp:80/kegg/.)

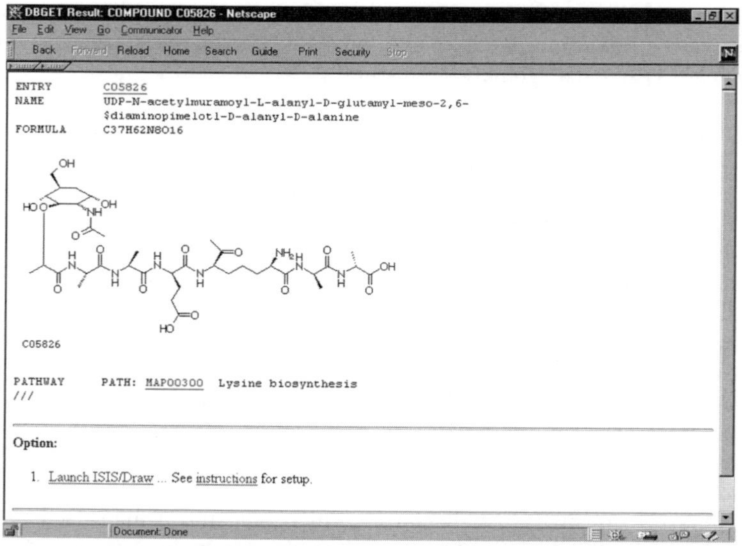

2.14 DBGET-Ergebnis, Substanz C05826: Der Datensatz C05826 zeigt die chemische Struktur und Informatinen über UDP-N-Acetylmuramoyl-L-Alanyl-D-Glutamyl-meso-2,6-Diaminopimelot1-D-Alanyl-D-Alanin, einen biosynthetischen Vorläufer der bakteriellen Zellwandkomponente Peptidoglycan. (Quelle: Kyoto Encyclopedia of Genes and Genomes, The Institute for Chemical Research, Kyoto University, www.genome.ad.jp:80/kegg/.)

Wie findet man eine chemische Struktur oder Informationen zu Metaboliten über die Schlüsselwortsuche?

Um einen Metaboliten oder ein Enzym eines Stoffwechselweges zu finden, bietet die Inhaltsangabe einen direkten Link zur DBGET-Ligandendatenbank von KEGG an. Dieser Suchmodus befindet sich in der Inhaltsangabe unter der „*enzyme*“-Kategorie, DBGET-Suche. Klicken Sie auf den link „Ligand“, um auf den Suchmodus Zugriff zu haben, der eine Schlüsselwortsuche erlaubt. Beachten Sie, dass es in der DBGET-Datenbank nicht notwendig ist, die EC-Nummer oder die Substanznummer zu kennen. Wenn man Informationen über Lysin finden will, muss man nur „*lysine*“ eingeben und die Eingabetaste drücken. Die Ausgabeliste enthält 96 Treffer – die Suche liefert alle KEGG-Einträge, die das Wort „*lysine*“ enthalten, unabhängig davon, ob es sich um den Substanz- oder Enzymnamen handelt. Die Liste enthält 45 Enzym-Links (EC x.x.x.x) und 51 Substanz-Links (cpd: Cxxxxx), von denen einer L-lysine (cpd:C00047) lautet. Bei allen anderen handelt es sich um Derivate.

Das Anklicken der cpd-Nummer bringt Sie zum Informationsblatt über die chemische Struktur. Dieses Blatt listet Folgendes auf: die Indexnummer für L-Lysin (R-Lysin weist eine andere Nummer auf), den Vulgärnamen, die chemische Formel, die Struktur, alle Stoffwechselkarten, in denen L-Lysin vorkommt (fünf Karten für L-Lysin: Synthese, Abbau, Biotin-Metabolismus, Alkaloidbiosynthese II, und Aminoacyl-tRNA-Biosynthese) und eine Liste mit allen Enzymen, die L-Lysin als Substrat verwenden.

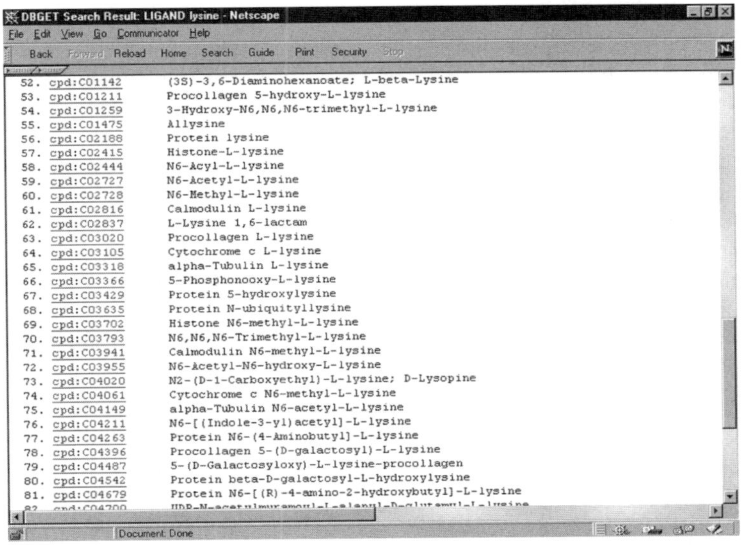
DBGET Search Result: LIGAND lysine - Netscape

File Edit View Go Communicator Help

Back Forward Reload Home Search Guide Print Security Stop

```
52. cpd:C01142   (3S)-3,6-Diaminohexanoate; L-beta-Lysine
53. cpd:C01211   Procollagen 5-hydroxy-L-lysine
54. cpd:C01259   3-Hydroxy-N6,N6,N6-trimethyl-L-lysine
55. cpd:C01475   Allysine
56. cpd:C02188   Protein lysine
57. cpd:C02415   Histone-L-lysine
58. cpd:C02444   N6-Acyl-L-lysine
59. cpd:C02727   N6-Acetyl-L-lysine
60. cpd:C02728   N6-Methyl-L-lysine
61. cpd:C02816   Calmodulin L-lysine
62. cpd:C02837   L-Lysine 1,6-lactam
63. cpd:C03020   Procollagen L-lysine
64. cpd:C03105   Cytochrome c L-lysine
65. cpd:C03318   alpha-Tubulin L-lysine
66. cpd:C03366   5-Phosphonooxy-L-lysine
67. cpd:C03429   Protein 5-hydroxylysine
68. cpd:C03635   Protein N-ubiquityllysine
69. cpd:C03702   Histone N6-methyl-L-lysine
70. cpd:C03793   N6,N6,N6-Trimethyl-L-lysine
71. cpd:C03941   Calmodulin N6-methyl-L-lysine
72. cpd:C03955   N6-Acetyl-N6-hydroxy-L-lysine
73. cpd:C04020   N2-(D-1-Carboxyethyl)-L-lysine; D-Lysopine
74. cpd:C04061   Cytochrome c N6-methyl-L-lysine
75. cpd:C04149   alpha-Tubulin N6-acetyl-L-lysine
76. cpd:C04211   N6-[(Indole-3-yl)acetyl]-L-lysine
77. cpd:C04263   Protein N6-(4-Aminobutyl]-L-lysine
78. cpd:C04396   Procollagen 5-(D-galactosyl)-L-lysine
79. cpd:C04487   5-(D-Galactosyloxy)-L-lysine-procollagen
80. cpd:C04542   Protein beta-D-galactosyl-L-hydroxylysine
81. cpd:C04679   Protein N6-[(R)-4-amino-2-hydroxybutyl]-L-lysine
```

Document: Done

2.15 DBGET-Suchergebnis, Ligand Lysin: Beachten Sie die lange Liste der Einträge. Die Liste enthält Lysine und ihre biosynthetischen Derivate (die Ausnahme sind Proteine, da alle Proteine Lysinreste enthalten) sowie alle Enzyme, die am Stoffwechsel dieser Substanzen beteiligt sind. (Quelle: Kyoto Encyclopedia of Genes and Genomes, The Institute for Chemical Research, Kyoto University, www.genome.ad.jp:80/kegg/.)

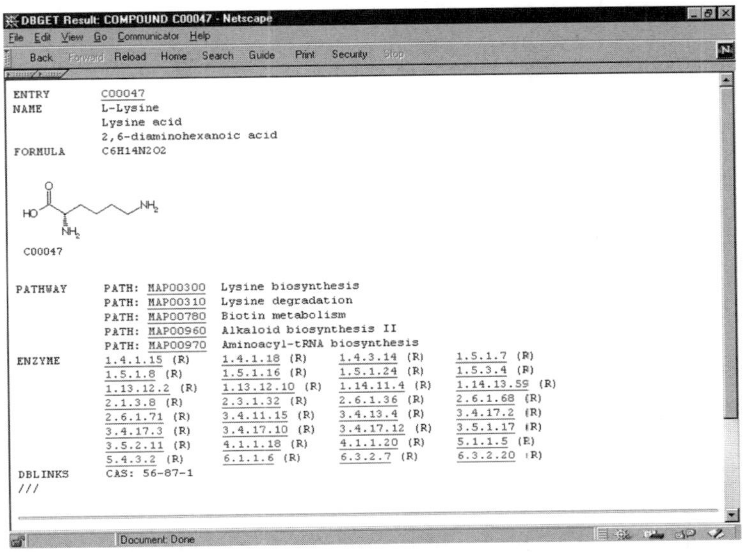
DBGET Result: COMPOUND C00047 - Netscape

File Edit View Go Communicator Help

Back Forward Reload Home Search Guide Print Security Stop

```
ENTRY       C00047
NAME        L-Lysine
            Lysine acid
            2,6-diaminohexanoic acid
FORMULA     C6H14N2O2

 HO  NH2  NH2
 C00047

PATHWAY     PATH: MAP00300  Lysine biosynthesis
            PATH: MAP00310  Lysine degradation
            PATH: MAP00780  Biotin metabolism
            PATH: MAP00960  Alkaloid biosynthesis II
            PATH: MAP00970  Aminoacyl-tRNA biosynthesis
ENZYME      1.4.1.15 (R)    1.4.1.18 (R)    1.4.3.14 (R)    1.5.1.7 (R)
            1.5.1.8 (R)     1.5.1.16 (R)    1.5.1.24 (R)    1.5.3.4 (R)
            1.13.12.2 (R)   1.13.12.10 (R)  1.14.11.4 (R)   1.14.13.59 (R)
            2.1.3.8 (R)     2.3.1.32 (R)    2.6.1.36 (R)    2.6.1.68 (R)
            2.6.1.71 (R)    3.4.11.15 (R)   3.4.13.4 (R)    3.4.17.2 (R)
            3.4.17.3 (R)    3.4.17.10 (R)   3.4.17.12 (R)   3.5.1.17 (R)
            3.5.2.11 (R)    4.1.1.18 (R)    4.1.1.20 (R)    5.1.1.5 (E)
            5.4.3.2 (R)     6.1.1.6 (R)     6.3.2.7 (R)     6.3.2.20 (R)
DBLINKS     CAS: 56-87-1
///
```

Document: Done

2.16 DBGET-Ergebnis: Substanz C00047 (Lysin). (Quelle: Kyoto Encyclopedia of Genes and Genomes, The Institute for Chemical Research, Kyoto University, www.genome.ad.jp:80/kegg/.)

Allgemeine Informationen über biologische Moleküle

Ein weiterer hilfreicher Bestandteil ist der Molekülkatalog, genauer gesagt, die Substanzklassifizierung (*compound classification*). Dieser Link führt zu einem Katalog von Stoffwechselprodukten, die entsprechend der funktionellen Klassen angeordnet sind, wie Kohlenhydrate, Fettsäuren, Phospholipide, Neurotransmitter etc. Wenn man die Strukturen einer Klasse von Molekülen finden will, zum Beispiel Aminosäuren oder Hexosen, ergibt dieser Link die besten und vollständigsten Ergebnisse. Diese Sprungadresse dient als Referenz von Strukturinformationen. Wenn man zum Beispiel an der allgemeinen Struktur von Steroidhormonen interessiert ist, führt ein Link in der Kategorie „*lipids*" zu einer Website, die die Namen und chemischen Strukturen von sieben Hormonen enthält, die sich aus Cholesterin ableiten.

Wenn man den Namen „*Aldosterone*" anklickt, baut sich eine Verbindung zu einer Website mit Strukturinformationen auf, die einen Link zur Stoffwechselkarte C21 über den Steroidhormonstoffwechsel aufweist (Map00140). Wenn man diesem Link folgt, erhält man den Standardstoffwechsel der Steroidhormone, wobei die Position von Aldosteron mit einem roten Kreis markiert ist, da die Suche von dieser Substanz ausging. Wenn man die *Homo-sapiens*-Version der Karte auswählt, erhält man eine Reihe von Stoffwechselwegen. Es gibt keine entsprechende bakterielle Karte von *E. coli*, was anzeigt, dass dieser Mikroorganismus keine Steroidhormone produzieren kann. Die Liste des „*Go To*"-Linkfensters enthält nur Arten, die zumindest einen Teil des Referenzweges ausführen können.

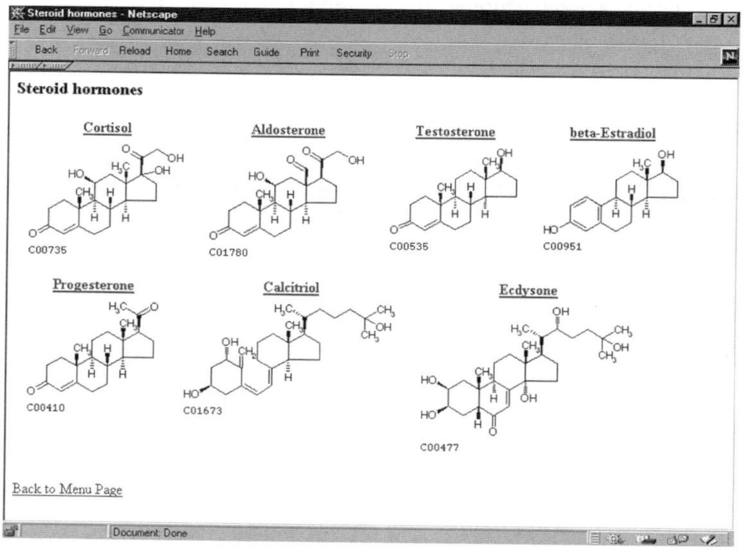

2.17 Steroidhormone. (Quelle: Kyoto Encyclopedia of Genes and Genomes, The Institute for Chemical Research, Kyoto University, www.genome.ad.jp:80/kegg/.)

Es ist wichtig, die Grenzen von Datenbanken wie KEGG zu kennen. Manchmal ist ein Enzym nicht dort markiert, wo man es erwarten würde (wie im Aldosteron-Weg oben). Diese Stoffwechselkarte zeigt alle bekannten Reaktionen in einer zusammenfassenden Karte. Artspezifische Enzyme sind grün markiert. Fehlende Enzyme, die einen

Stoffwechselweg zu unterbrechen scheinen, treten auf, wenn es für dieses Enzym in keiner Datenbank einschließlich KEGG einen Eintrag gibt (Gen, Aminosäurensequenz, Proteinstruktur). Das Enzym mit der Nummer EC 1.14.15.5 heißt Cortison-18-Monooxygenase und wandelt Cortison in Aldosteron um. Wenn man den EC-Link dieses Enzyms zur GenBank zurückverfolgt (vom NCBI gespiegelt) findet sich ein Nucleinsäurensequenzeintrag der Ratte (Exon 9 des CYP11B2-Gens für Aldosteron-Synthase). Es ist sehr wahrscheinlich, dass im Menschen ein homologes Gen für diese Monooxygenase existiert. Aber die Sequenz ist bis jetzt noch nicht bekannt.

Die oben beschriebenen Werkzeuge und Datenbanken sind über den Dienst des japanischen GenomeNet unter http://www.genome.ad.jp zugänglich.

Literatur

1. Kanehisa, M. *Linking databases and organisms: GenomeNet resources in Japan.* In: *Trends Biochem. Sci.* 22 (1997) S. 442–444.
2. Fujibuchi, W. et al. *DBGET/LinkDB: an integrated database retrieval system.* In: *Pac. Symp. Biocomp.* 1998 S. 683–694.
3. Ogata, H. et al. *KEGG: Kyoto Encyclopedia of Genes and Genomes.* In: *Nucleic Acids Res.* 27 (1999) S. 29–34.
4. Altschul, S. F. et al. *Basic local alignment search tool.* In: *J. Mol. Biol.* 215 (1990) S. 403–410.
5. Pearson, W. R. *Using the FASTA program to search protein and DNA sequence databases.* In: *Methods Mol. Biol.* 24 (1994) S. 307–331.
6. Thompson, J. D.; Higgins, D. G.; Gibson, T. J. *CLUSTAL W: improving the sensitivity of progressive multiple sequence alignment through sequence weighting, position-specific gap penalties and weight matrix choice.* In: *Nucleic Acids Res.* 22 (1994) S. 4673–4680.
7. Roberts, L. *GRAIL seeks out genes buried in DNA sequence [news]* In: *Science* 254 (1991) S. 805.
8. Nakai, K.; Horton, P. *PSORT: a program for detecting sorting signals in proteins and predicting their subcellular localization.* In: *Trends Biochm. Sci.* 24 (1999) S. 34–36.
9. Hirokawa, T.; Boon-Chieng, S.; Mitaku, S. *SOSUI: classification and secondary structure prediction system for membrane proteins.* In: *Bioinformatics* 14 (1998) S. 378–379.
10. Goto, S.; Nishioka, T.; Kanehisa, M. *LIGAND database for enzymes, compounds and reactions.* In: *Nucleic Acids Res.* 27 (1999) S. 377–379.
11. Stryer, L. Biochemie, 4. Aufl. Spektrum Akademischer Verlag, Heidelberg (1996)

2.2 Werkzeuge zur Prospektion der Datenbanken

Werkzeuge zur Suche ähnlicher Sequenzen

Dieses Kapitel behandelt hauptsächlich BLAST[1] und FASTA[2], zwei der populärsten und benutzerfreundlichsten Suchwerkzeuge für Sequenzähnlichkeiten im Netz. Der BLAST-Server wird vom NCBI in den Vereinigten Staaten unterhalten, während FASTA vom European Bioinformatics Institute (EBI) in England betrieben wird. Die Mirror-Site von BLAST am EBI gibt dessen Benutzern die Möglichkeit, sowohl auf

BLAST als auch auf FASTA zusammen mit einigen weiteren nützlichen Suchprogrammen zuzugreifen. NCBI-Nutzer sind jedoch auf den BLAST-Server beschränkt, der aber ziemlich effektiv arbeitet und sich an unterschiedliche Suchaufgaben anpassen lässt. Die BLAST-Programme werden in diesem Kapitel näher besprochen. Zusätzliche Informationen über andere Werkzeuge zur Suche nach Ähnlichkeitskriterien kann man von den Websites des EBI und des NCBI erhalten.

Wenn man BLAST oder alle anderen Werkzeuge verstehen will, die ähnliche Sequenzen suchen, ist ein grundlegendes Verständnis des Sequenz-*alignments* notwendig, auf dem die meisten dieser Suchwerkzeuge basieren.

Was bedeutet Sequenz-alignment?
Sequenz-*alignments* benutzt man überwiegend, um mögliche homologe Sequenzen zu finden, die man dann zur Vorhersage möglicher Funktionen der Abfragesequenz oder zur Hilfe bei der Erstellung ihrer 3-D-Struktur benutzt.

Wie teilt man Sequenz-alignment-Werkzeuge ein?
Man teilt sie in lokale und globale *alignment*-Werkzeuge ein.

Was ist ein globales alignment?
Ein globales *alignment*[3] ergibt die beste Anpassung über die gesamte Länge der untersuchten Sequenzen. Das Einfügen von Lücken in beiden Sequenzen ermöglicht ein *alignment* über ihre gesamte Ausdehnung.

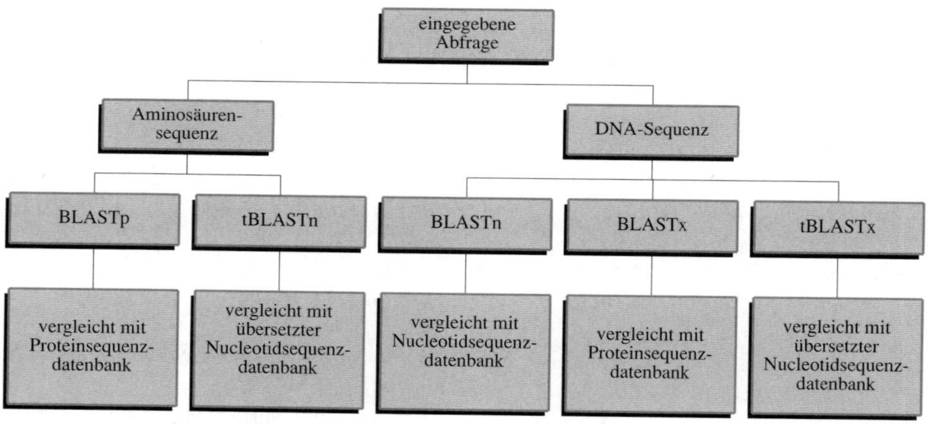

2.18 Überblick über die BLAST-Programme.

Welche Vorteile hat die Benutzung eines globalen alignment-Werkzeuges?
Der größte Vorteil des globalen *alignments* ist, dass es Sequenzen optimiert, die eine große Ähnlichkeit aufweisen. Das ist nützlich, wenn man das *alignment* bei der Modellbildung basierend auf Sequenzhomologen mit bekannter dreidimensionaler Struktur einsetzt.

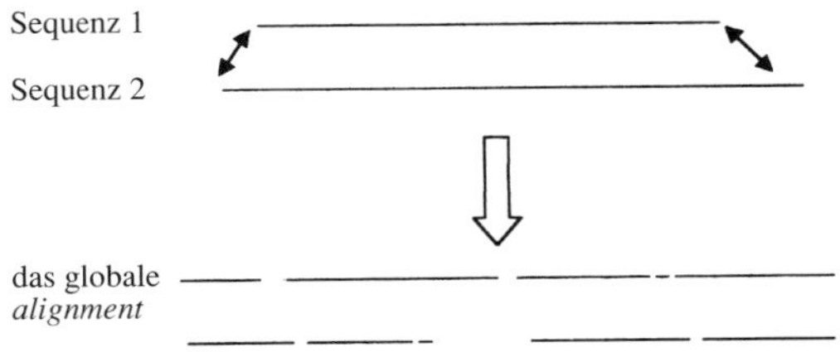

2.19 Schematische Darstellung eines globalen *alignments* der Sequenzen 1 und 2.

Was ist lokales alignment?
Ein lokales *alignment*[4] findet das optimale *alignment* zwischen Unterregionen oder lokalen Regionen zweier ausgewählter Sequenzen.

Was ist der Vorteil bei der Benutzung des lokalen alignments?
Ein lokales *alignment* ist bei Sequenzen angebracht, die lokalisierte ähnliche Regionen aufweisen. Lokale *alignment*-Suchwerkzeuge benutzt man, um Sequenzmotive, Domänen und andere Sequenzwiederholungen zu finden. Es ist auch nützlich, um eine gegebene Datenbank nach ähnlichen Sequenzen abzufragen. Zusammengefasst benutzt man ein lokales *alignment*-Werkzeug am sinnvollsten bei kurzen regionalen Sequenzen mit einem hohen Ähnlichkeitsgrad. Diese regionalen Segmente kann man dann oft zum Finden von Ähnlichkeiten über die ganze Sequenz hinweg einsetzen.

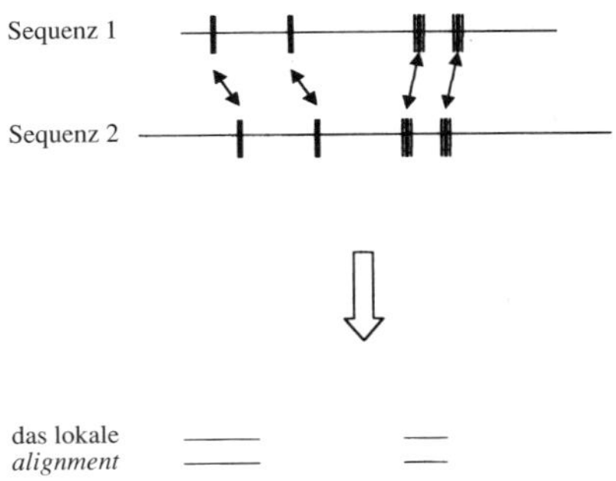

2.20 Schematische Darstellung eines lokalen *alignments* der Sequenzen 1 und 2.

Gemeinsamkeiten der beiden alignment-Werkzeuge

Alle Algorithmen zum Sequenzvergleich basieren auf einer Art Punkteschema. Die meisten benutzen eine Punktematrix, um jedem *alignment* einen Gesamtpunktwert zuzuordnen. Der Punktewert des *alignments* errechnet sich aus den Teilsummen der gepaarten Aminosäuren oder Nucleotide. Die Unterschiede zwischen den Punktematrizen liegen an den unterschiedlichen Punktesystemen. Die meisten Matrizen benutzen eines der folgenden Schemata:

Ein Punkteschema auf Basis der „Identität"

Bei diesem Punkteschema wird übereinstimmenden identischen Seitenketten oder Nucleotiden ein positiver Punktewert zugeordnet, während nichtidentische Paare auf null gesetzt werden. Der Gesamtidentitätswert wird einfach in einen Prozentwert der Identität umgerechnet.

Stärken des Systems: Es ist nichtheuristisch und einfach. Es funktioniert bei Sequenzen mit großen Sequenzübereinstimmungen recht gut.

Schwächen: Dieses Punkteschema funktioniert im Allgemeinen schlechter, als Systeme, die Außenwissen mit einbeziehen. Das liegt vor allem daran, dass ungleiche Paare unterschiedliche Eigenschaften haben. So ist zum Beispiel ein Alanin/Valin-Paar biologisch leichter zu akzeptieren als ein Alanin/Asparagin-Paar. Bei diesem Beispiel liegt die Ungleichheit in der relativen Hydrophobizität der Reste begründet. Das Indentitäts-Punkteschema ist deshalb weniger geeignet, wenn die Sequenzen oder Sequenzregionen einen geringen Grad an Sequenzähnlichkeit aufweisen.[5,6] Ein Punkteschema, das eine Gewichtung nichtidentischer Paare vornimmt, ist also biologisch signifikanter und effektiver als das einfache Bewerten der Übereinstimmung. Außerdem ist der Ähnlichkeitswert in Prozent als Ergebnis des *alignments* nicht immer ein guter Indikator des vorhandenen Homologiegrades. Das liegt hauptsächlich an der Längenabhängigkeit des Punktewertes.

Ein Punkteschema auf der Basis „chemischer Ähnlichkeit"

Hierbei handelt es sich im Grunde um eine Methode, die Schwachstellen des Identitäts-Punkteschemas ausgleichen soll. Man gewichtet die Reste gemäß einiger chemischer und struktureller Eigenschaften. Sowohl das Schema von McLachlan[7] als auch das von Feng[5] berücksichtigen Aminosäureeigenschaften wie Polarität, Ladung, Größe und strukturelle Merkmale in ihrem Punktesystem.

Stärken: Das Schema stimmt bis zu einem gewissen Grad mit dem wirklichen Selektionsdruck auf Proteine auf dem Niveau der Aminosäuren überein. Es ist eine Tatsache, dass bestimmte Mutationen die Proteinfunktionen viel stärker stören als andere. Im Allgemeinen haben stark störende Mutationen ihre Ursache in einer drastischen Änderung der Eigenschaften der beteiligten Aminosäuren. Der Wechsel von einer polaren zu einer nichtpolaren Aminosäure oder umgekehrt ändert die Struktur und Funktion eines Proteins im Allgemeinen mehr, als eine Änderung zu Aminosäuren mit ähnlichen Eigenschaften.

Schwächen: Die in der Natur beobachteten Mutationen lassen sich nicht immer durch einfache Punkteschemata erklären, was unser lückenhaftes Basiswissen dieses Naturphänomens widerspiegelt. Bestimmte Mutationen, die in der Natur auftreten, lassen sich noch nicht erklären.

Ein Punkteschema auf der Basis des „genetischen Codes"

Diese Methode untersucht die minimale Anzahl von Basenaustauschen, die auf Genomebene benötigt werden, um eine Aminosäure in eine andere zu überführen.[8]

Stärken: Diese Methode basiert auf den Grundlagen der Molekularbiologie.

Schwächen: Der Faktor Zufall verringert die Zuverlässigkeit dieser Methode. Eine geringere Zahl von Basenaustauschen stimmt nicht immer mit einer größeren Ähnlichkeit der ausgetauschten Reste überein.

Ein Punkteschema auf der Basis „beobachteter Mutationen"

Diese Methode basiert auf der Häufigkeit von Mutationen der ausgerichteten Sequenzen.

Stärken: Der Ansatz basiert auf dem, was in der Natur wirklich geschieht und nicht auf manchmal trügerischen Erwartungen.

Schwächen: Die Punktematrix beruht auf Mutationshäufigkeiten ausgerichteter Sequenzen. Das anfängliche *alignment* benötigt den Eingriff des Menschen, was die wirkliche Häufigkeit verfälschen könnte. Das Ausrichten der Sequenzen nach „Augenmaß" könnte Fehlpaarungen verursachen, die schließlich zu weniger natürlichen Mutationsraten führen könnten. Punkteschemata auf der Basis beobachteter Mutationen repräsentieren in der Regel natürliche Ereignisse besser, als solche, die versuchen, eine Beziehung über chemische Ähnlichkeit, Identität oder genetischen Code zu bewerten.

Worin liegt der Nutzen von Sequenz-alignments?

- Phylogenie: Eine höhere Homologie zwischen Sequenzen zeigt in der Regel eine engere evolutionäre Verwandtschaft auf.
- Strukturvorhersage: Ein vergleichendes Ausrichten an Proteinen mit bekannten Strukturen lässt sich zur Vorhersage der dreidimensionalen Struktur einer Sequenz benutzen, deren Struktur erst noch experimentell aufgeklärt werden muss. Dies beruht auf der Annahme einer direkten Beziehung zwischen Sequenzhomologie und Strukturhomologie verwandter Proteine.
- Identifikation von Sequenzmotiven: lokales Sequenz-*alignment* kann potenzielle Sequenz- und Funktionsmotive in Proteinen und Nucleotidsequenzen identifizieren.
- Funktionsvorhersage: ein hoher Grad an Sequenzähnlichkeit zwischen Proteinen lässt in der Regel auf eine gemeinsame Funktion der analysierten homologen Sequenzen schließen.

Welches grundlegende Konzept steht hinter den meisten Algorithmen zum alignment von Proteinen?

Sie basieren auf den 210 möglichen Aminosäurepaaren, die von der 20x20-Punktematrix angezeigt werden. 210 ist die Summe der 20 identischen und 190 ungleich gekoppelten Aminosäurepaare. Die Gesamtzahl möglicher Paarungen von Merkmalen wird durch eine Formel vom Typ (n+1)(n/2) angegeben. Bei Proteinen mit 20 Aminosäuren gibt es also (20+1)(20/2) = 210 mögliche Aminosäurepaare. Wie oben besprochen, ordnet man den identischen Aminosäurepaaren (z. B. Leucin und Leucin) die höchsten Punktewerte zu, gefolgt von denen mit einem gewissen Grad an Ähnlichkeit (z. B. Leucin/Isoleucin). Zum Schluss kommen die Paare ohne ähnliche Merkmale (Leucin/Arginin).

Basic Local Alignment Search Tool – BLAST

BLAST[1] kann alle wichtigen verfügbaren Sequenzdatenbanken (z. B. SWISS-PROT[9], PDB[10], etc.) durchsuchen. Wenn man nichts anderes angibt, wird bei einem BLAST-Lauf die NR- (nichtredundante) Datenbank herangezogen. Die NR-Datenbank wird am NCBI unterhalten und die Abwesenheit redundanter Sequenzen für dieselbe Art vereinfacht die Analyse des Ausgabedatensatzes. Obwohl bei einem einfachen BLAST-Lauf auf die NR-Datenbank zugegriffen wird, kann der Nutzer die Datenbank seiner Wahl angeben. Wenn man zum Beispiel daran interessiert ist, homologe Proteine zu finden, deren Strukturen bekannt sind, um eine Proteinsequenz zu modellieren, deren Struktur noch unbekannt ist, dann wäre die PDB (Protein-Datenbank) die logische Wahl.

Wer hat BLAST entworfen?

Die statistische Theorie zu BLAST entwickelten Samuel Karlin und Steven Altschul.[1]

Welchen Typ von Punktematrix benutzt BLAST?
Alle BLAST-Programme benutzen eine Substitutionspunktematrix: Die Substitutionsmatrix wird sowohl in der Scanningphase als auch bei der Ausdehnungsphase (*extension*) des *alignment*-Vorgangs benutzt. Man weiß, dass Substitutionsmatrizen die Empfindlichkeit des *alignment*-Vorganges dramatisch erhöhen. Das ist entscheidend für den Versuch von BLAST, Gebiete regionaler oder lokaler Sequenzähnlichkeiten zu finden.

Was sind Substitutionsmatrizen?
Eine Substitutionsmatrix ist eine Punktemethode, die beim Ausrichten von einem Rest oder Nucleotid an seinem Gegenstück benutzt wird. Die ersten Substitutionsmatrizen, die man zum evolutionären Sequenzvergleich von Proteinen einsetzte, entwickelten Margaret Dayhoff und ihre Mitarbeiter. Diese Matrizen leitete man aus globalen *alignments* eng verwandter Sequenzen ab. Sie wurden auch benutzt, um andere Matrizen für nicht so ähnliche oder evolutionär weiter entfernte Sequenzen abzuleiten.

Man bezeichnet diese Matrizen üblicherweise als Dayhoff-, MDM- oder PAM-[11] Matrizengruppe. Die Zahlen, die bei diesen Matrizen stehen (z. B. PAM40, PAM100 etc.) entsprechen dem relativen evolutionären Abstand zwischen den betreffenden Sequenzen. Kleinere Zahlen stehen für näher verwandte Sequenzen, größere Zahlen bedeuten eine größere evolutionäre Distanz. Der Haupteinwand gegen die PAM-Matrizengruppe ist ihre falsche Annahme, dass auf nah verwandten Sequenzen der gleiche evolutionäre Druck lastet, wie auf entfernter verwandten Sequenzen. Im Gegensatz zur PAM-Matrizengruppe, die auf dem globalen *alignment* nah verwandter Sequenzen beruht, leiten sich die BLOSUM-Matrizen, die Steve Henikoff und seine Mitarbeiter entwickelt haben, vom lokalen *alignment* entfernt verwandter Sequenzen ab. Im Gegensatz zu den PAM-Matrizen extrapolieren die BLOSUM-Matrizen nicht die näher verwandten Sequenzen aus den vorher berechneten Werten einer weniger verwandten Gruppe.

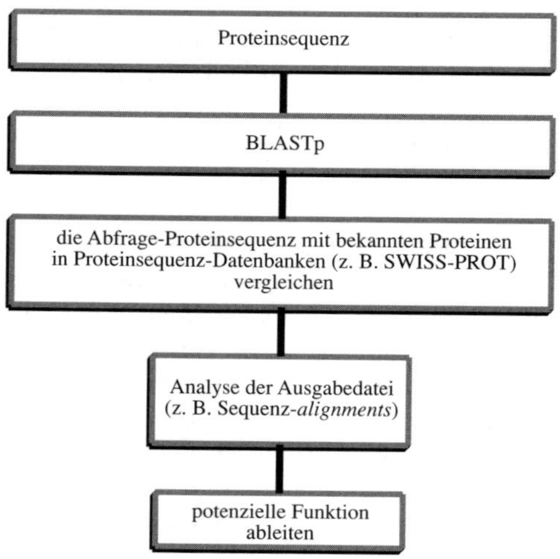

2.21 BLASTp-Diagramm.

Man berechnet bei dieser Methode alle Matrizen direkt. Im Gegensatz zur PAM-Gruppe geben die Zahlen bei BLOSUM-Matrizen (z. B. BLOSUM62) die minimale Identität auf Prozentbasis an, die zur Konstruktion der Matrix benutzt wurde. Folglich entsprechen kleinere Zahlen Blöcken, die evolutionär weiter voneinander entfernt stehen.

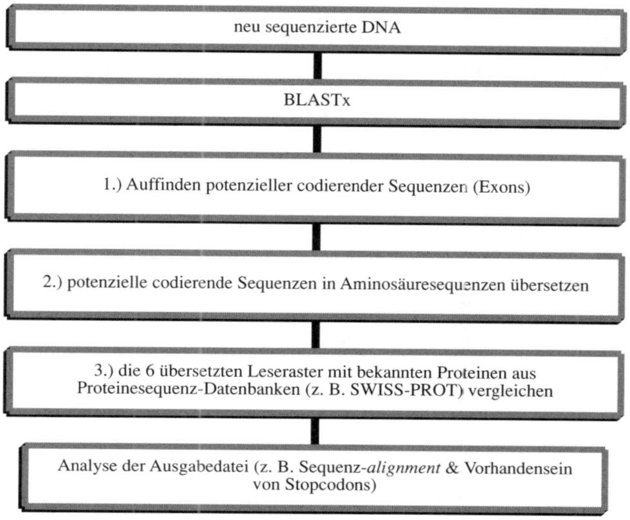

2.22 BLASTx-Diagramm.

Welche Matrix sollte man benutzen?
Die PAM-Gruppe ist im Allgemeinen geeigneter für die Suche nach globalen Übereinstimmungen, während die BLOSUM-Gruppe beim Finden regionaler oder lokaler Ähnlichkeiten effektiver ist. Beide Matrizenserien haben ihre Stärken und Schwächen. Die gegenwärtigen Versuche gehen dahin, die beiden Methoden zusammenzufügen, so dass sich ihre Stärken gegenseitig ergänzen. Eine derartige kombinierte Matrize könnte die Leistung der zukünftigen Ähnlichkeitssuche verbessern.

BLAST-Programme können mit einer höheren Geschwindigkeit arbeiten und gleichzeitig die Empfindlichkeit der Sequenzentfernungsberechnung maximieren. Dies er-

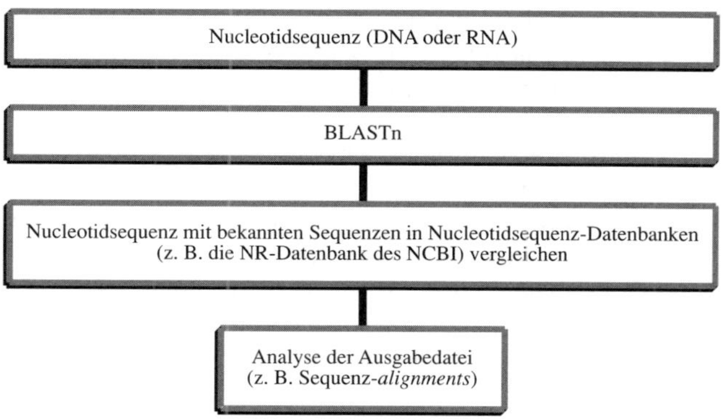

2.23 BLASTn-Diagramm.

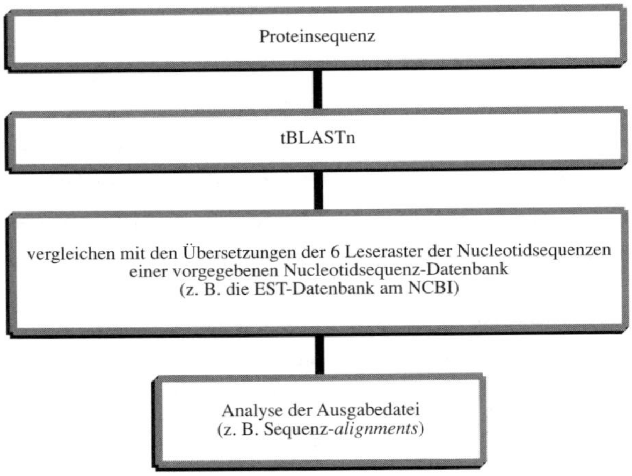

2.24 tBLASTn-Diagramm.

möglicht es dem Programm, die ähnlichsten Sequenzen auf Zeit sparende Art zu finden. Die BLAST-Programme gebrauchen heuristische Algorithmen zur Identifizierung lokaler Sequenzübereinstimmungen. Im Gegensatz zu Programmen, die globale *alignments* suchen, findet die Suche nach lokalen *alignments* von BLAST isolierte Regionen mit Sequenzähnlichkeiten. Der BLAST-Server unterstützt eine Reihe von Analyseprogrammen, die entweder über die Web-Schnittstelle zugänglich sind oder in lokalen Netzwerken installiert werden können, um den Analyseschritt durchzuführen. Das Standard-BLAST ist das Originalprogramm, welches das Netzwerk der NCBI-Datenbanken nach einfachen Sequenzähnlichkeiten durchsucht.

Welches sind mögliche Einschränkungen einer BLAST-Suche?
Das ursprüngliche BLAST-Programm erlaubt keine Lücken bei der Anordnung der Sequenzen. Das verringert theoretisch die Empfindlichkeit der Suche. Der Ausgabedatensatz nennt jedoch mehrfache regionale *alignments,* die man benutzen kann, um die Lücken zwischen der Abfragesequenz und dem Datenbankeintrag zu antizipieren.

Welches sind die unterschiedlichen BLAST-Programme und was machen sie?

- BLASTp: Dieses Programm ermöglicht es dem Anwender, eine Protein-Abfragesequenz in einer Proteindatenbank zu suchen. Man kann es benutzen, um alle möglichen Sequenzhomologien zur gegebenen Abfragesequenz eines Proteins zu finden.
- BLASTx: Dieses Programm ermöglicht es dem Anwender, eine übersetzte Nucleotidsequenz in einer Proteindatenbank zu suchen. Zunächst wird die Nucleotidsequenz der Abfrage in alle sechs möglichen Leseraster übersetzt. Dieses Programm ist sehr nützlich, wenn es darum geht, mögliche Fehler bei der Sequenzierung von Nucleinsäuren zu finden, weil es die übersetzte Nucleotid-Abfragesequenz mit potenziellen Proteinhomologen in der Datenbank der Proteinsequenzen vergleicht. Die Informationen in der Ausgabedatei von BLASTx können auch dabei behilflich sein, unklare Nucleotide in einer vorgegebenen Nucleotidsequenz zu identifizieren.
- BLASTn: Dieses Programm ermöglicht es dem Anwender, eine Nucleotid-Abfragesequenz in einer Nucleotid-Datenbank zu suchen. Ein neu sequenzierter Nucleotid-

abschnitt lässt sich mit sich selbst oder mit homologen Sequenzen vergleichen, um die Abfragesequenz zu identifizieren und eine Kontamination auszuschließen.

- tBLASTn: Dieses Programm erlaubt es dem Anwender, übersetzte Nucleotidsequenzen in einer gegebenen Nucleotid-Datenbank mit einer Protein-Abfragesequenz zu vergleichen. Die Nucleotidsequenzen der vorgegebenen Nucleotid-Datenbank werden zuerst in alle sechs möglichen Leseraster übersetzt und dann mit der Protein-Abfragesequenz verglichen. Dieses Programm ist besonders nützlich beim Auffinden von Fehlern bei der Proteinsequenzierung, weil es die Protein-Abfragesequenz mit möglichen übersetzten Nucleotidhomologen in einer vorgegebenen Nucleotid-Datenbank vergleicht. Die Informationen in einer tBLASTn Ausgabedatei können dazu beitragen, unklare Aminosäurereste in der Abfragesequenz aufzukären. tBLASTn ähnelt BLASTx insofern, als es den Vergleich auf der Grundlage aller sechs Leseraster durchführt; anstelle einer Nucleotid-Abfragesequenz (BLASTx) benutzt es jedoch eine Proteinsequenz.
- tBLASTx: Dieses Programm erlaubt es dem Benutzer, die Übersetzungen in sechs Leseraster der Nucleotid-Abfragesequenz mit den Übersetzungen in sechs Leseraster der Nucleotidsequenzen einer vorgegebenen Nucleotid-Datenbank zu vergleichen. tBLASTx weist Ähnlichkeiten zu BLASTx- und zu tBLASTn auf, und man benutzt es, um eine BLASTx-Suche zu ergänzen.

Die neuen BLAST-Programme sind in dem BLAST-2.0-Paket zusammengestellt. *Gapped* BLAST und *PSI* BLAST sind nur zwei der Programme des neuen BLAST-2.0-Servers. Der BLAST-2.0-Server wurde überarbeitet, um Geschwindigkeit und Empfindlichkeit zu optimieren und neue Kapazitäten hinzuzufügen, die die Unterstützung von *Gapped* BLAST und *PSI* BLAST erst möglich machen.

Was ist Gapped BLAST?

Der *Gapped* BLAST-Algorithmus ermöglicht die Einführung von *gaps* (Lücken) in der zurückgegebenen Ausgabedatei von BLAST. *Gaps* sind Deletionen oder Insertionen, die man in die Sequenz einfügt. Das verhindert, dass Regionen mit ähnlichen Sequenzen in Stücke gebrochen werden. Das heuristische Schema des Algorithmus erlaubt es, die biologische Verwandtschaft, die sich im *alignment* widerspiegelt, in Form eines Punktewertes darzustellen. Das betrifft im Allgemeinen aktive Stellen oder Bindungsstellen der Sequenzen, da sie dazu tendieren, besser erhalten zu bleiben. Die Einführung von *gaps* verhindert also, dass diese Regionen in Sequenzfragmente von geringerer biologischer Bedeutung zerlegt werden.

Was ist PSI BLAST?

PSI BLAST steht für positionsspezifisches wiederholtes BLAST.[12] PSI-BLAST führt zuerst einen *Gapped* BLAST-Lauf aus und benutzt das Ausgabe-*alignment* als Eingabedatei. PSI-BLAST konstruiert dann eine positionsspezifische Punktwertmatrix, die die ursprüngliche Abfragesequenz ersetzt. Die Punktwertmatrix wird dann dazu benutzt, während der nächsten iterativen Datenbanksuchläufe Profile zu finden. Bei Profilen handelt es sich um Versuche, homologe Sequenzen mit erhöhter Empfindlichkeit zu finden.

Einige der BLAST-Werkzeuge lassen sich auf lokalen Rechnern installieren. Die Client-Software auf dem lokalen Computer setzt sich mit dem entfernten BLAST-Server am NCBI in Verbindung. BLAST 2.0 und PowerBLAST sind zwei der grundlegenden Netzwerk-Dienstleistungen, die von BLAST angeboten werden.

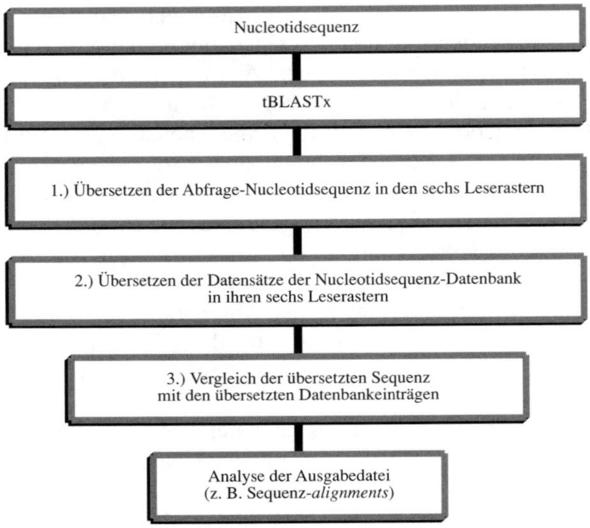

2.25 tBLASTx-Diagramm.

Was ist BLAST 2.0?
BLAST 2.0 ist eine Standard-BLAST-Anwendung, die Ausgabedateien im HTML-Format anzeigt. Seine Filtermöglichkeiten erlauben es dem Anwender, Sequenzen mit Regionen niedriger Komplexität zu finden.

Für welche Aufgaben setzt man PowerBLAST ein?
Es handelt sich um einen Netzwerk-BLAST-Client, der dazu gedacht ist, im großen Maßstab Analysen genomischer Informationen vorzunehmen. Diese und andere Netzwerk-Client-Software lässt sich über FTP von der Homepage des NCBI im Netzwerk-Verzeichnis bei BLAST herunterladen.

Auf den BLAST-Server kann man auf unterschiedliche Weise zugreifen, aber am einfachsten geht es über das Web (http://www.ncbi.nlm.nih.gov). Eine sehr benutzerfreundliche Webschnittstelle führt den BLAST-Lauf aus. Im Folgenden werden die allgemeinen Schritte zur Durchführung eines BLAST-Laufs beschrieben:

1. Die Abfragesequenz muss in einem zulässigen Format vorliegen (z. B. FASTA-Format). Wenn man die Abfragesequenz vom Entrez des NCBI hat, besteht der einfachste Weg darin, das FASTA-Format der Sequenz direkt aus Entrez zu kopieren und in der BLAST-Schnittstelle einzufügen.
2. Die richtig formatierte Sequenz kann dann in dem Eingabefeld *„input sequence"* der BLAST-Webschnittstelle eingefügt werden.
3. Abhängig von der Art der zu analysierenden Sequenz muss man das geeignete BLAST-Programm auswählen (z. B. BLASTp für Proteinsequenzen, BLASTn für DNA- oder RNA-Sequenzen usw.).
4. Schließlich muss man eine geeignete Datenbank auswählen. Falls nichts anderes angegeben wird, wählt BLAST automatisch die NR-Datenbank des NCBI. Die NR-Datenbank sucht nach allen verfügbaren nichtredundanten Sequenzen. Wenn der Anwender aber zum Beispiel nur daran interessiert ist, Sequenzhomologe mit bekann-

ter Struktur zu finden, dann wäre es intelligenter, eine Datenbank zu durchsuchen, die spezifische Moleküle mit bekannter Struktur enthält. Die bevorzugte Datenbank wäre also PDB[10]. Die Sequenz kann jetzt an den BLAST-Server übergeben werden. Die Suchergebnisse kann man entweder über E-Mail oder interaktiv über die BLAST-Webschnittstelle erhalten. Der E-Mail-Weg ist vorzuziehen, wenn man multiple Sequenzdaten analysiert. Das ermöglicht es dem Anwender, die Sequenzen auf eine Zeit sparende Weise zu analysieren und er kann die Ergebnisse später genauer betrachten (Abbildungen werden von BLAST im GIF-Format gespeichert).

Wie schon erwähnt, kann auf BLAST über einen Netzwerk-BLAST-Client zugegriffen werden. Dazu muss man zuerst die geeignete BLAST-Client-Software über FTP (ftp://ncbi.nlm.nih.gov) installieren. Eine BLAST-Suche kann man auch über den E-Mail-Server des NCBI durchführen (blast@ncbi.nlm.nih.gov). Das ist hauptsächlich für Benutzer gedacht, die keinen geeigneten Internet-Anschluss zur Verfügung haben. Die Eingabesequenz muss auch hier ein geeignetes Format aufweisen, damit BLAST die richtigen Operationen ausführt. Ein anderer Weg mit BLAST zu arbeiten, besteht darin, eine Vollversion auf dem lokalen Rechner zu installieren und die eigenen Datenbanken des Anwenders damit zu durchsuchen. Diese BLAST-Version findet man im Verzeichnis „*executables*" von BLAST und ist über FTP zugänglich (ftp://ncbi.nlm.nih.gov). Diese ausführbaren Versionen von BLAST sind für die Betriebssysteme IRIX6.2, Solaris2.5, DEC OSF1 und Win32 erhältlich. Die Ausgabedateien von BLAST sind so beschaffen, dass sie andere Server bei NCBI ergänzen. Die Ausgabedateien, die man im Ergebnisteil einer BLAST-Suche erhält, lassen sich direkt oder indirekt von den Servern Entrez oder PubMed verwerten.

Was bedeutet der expect-(E-)Wert in einer BLAST-Ausgabedatei?
Es handelt sich hierbei um die Anzahl erwarteter Zufallstreffer mit derselben Punktezahl in einer vorgegebenen Datenbank. Deshalb zeichnen sich signifikante Treffer durch niedrigere E-Werte aus. Ein E-Wert von null bedeutet, dass es vollkommen unwahrscheinlich ist, dass die erreichte Punktezahl des Treffers auf Zufall beruht. Ein E-Wert von 1 bedeutet, dass es in der Datenbank wahrscheinlich ist, einen Treffer mit dem gleichen Punktewert durch Zufall zu finden. Der E-Wert ist im Grunde das Hintergrundrauschen einer Punktezahl. Den automatisch gesetzten E-Wert kann man anheben, um statistisch weniger signifikante Treffer oder kürzere Peptid- oder Nucleotidsequenzen zu finden, deren Punktezahl und E-Werte in vielen Fällen statistisch nicht so aussagekräftig sind.

Ein Überblick über die Sequenzsuche in Datenbanken

Ziele:

1. Sequenzhomologe finden, um die Identität der Abfragesequenz abzuleiten.
2. Potenzielle Sequenzhomologe mit bekannter dreidimensionaler Struktur identifizieren, um die dreidimensionale Struktur der Zielsequenz vorherzusagen und funktionelle Eigenschaften abzuleiten.

Potenzielle Probleme:
Es kann ein Problem sein, zwischen wirklichen Sequenzhomologen (gemeinsame Abstammung) und zufälligen Treffern in einer vorgegebenen Datenbank zu unterscheiden. Da diese Treffer zuerst nicht zu unterscheiden sind, muss man weitere Untersuchungen durchführen, um die wirkliche Beziehung der Treffer zur Abfragesequenz aufzuklären.

Wie sollte man das Durchsuchen einer Sequenzdatenbank angehen?

1. Man benötigt eine Abfragesequenz. Dies ist die Zielsequenz, die man analysieren will. Bei der Abfragesequenz kann es sich um eine neu bestimmte Sequenz handeln, deren Identität noch unbekannt ist, oder um eine, deren Identität schon bekannt ist. Eine Datenbankabfrage kann dabei helfen, die Identität einer neu bestimmten Abfragesequenz zu bestimmen oder Sequenzhomologien für eine bekannte Abfragesequenz zu finden.
2. Man muss den geeigneten Server auswählen. Der Server muss zuverlässig und leistungsfähig sein und regelmäßig auf den neuesten Stand gebracht werden. Diese Merkmale findet man im Allgemeinen bei den Bioinformatikservern von Regierungsstellen oder jenen Servern, die von einer Regierungsstelle gefördert werden, wie zum Beispiel NCBI. Das National Center for Biotechnology Information (NCBI) stellt eine Sammlung mehrerer öffentlich zugänglicher Datenbanken und Suchwerkzeuge dar, die über das Netz leicht zugänglich und mit den meisten Browsern kompatibel sind.
3. Man muss das geeignete Programm oder Programmpaket in einem bestimmten Server auswählen. Wenn das NCBI der ausgewählte Server ist und man das Programm zu einer einfachen Abfrage nach Sequenzhomologien benötigt, dann könnte eines der BLAST-Programme[1] geeignet sein.
4. Welches BLAST-Programm sollte man für eine einfache Ähnlichkeitssuche benutzen? Wenn die Abfrage eine Proteinsequenz betrifft, dann ist BLASTp das geeignete Werkzeug. Wenn es sich bei der Abfragesequenz um DNA oder RNA handelt, dann muss man das BLASTn-Programm benutzen. Dies sind nur zwei der vielen auf dem BLAST-Server verfügbaren Programme. Andere BLAST-Programme (z. B. tBLASTn, tBLASTx) kann man dazu einsetzen, Sequenzhomologe zur Abfragesequenz zu finden und auch um anspruchsvollere Aufgaben auszuführen. Zum Beispiel kann man das BLASTx-Programm verwenden, um potenzielle codierende Regionen in einem Gen zu finden, während man andere BLAST-Programme zum überprüfen möglicher Sequenzierungsfehler einer neu bestimmten Sequenz heranziehen kann. (Wir haben BLAST detailliert im Abschnitt Werkzeuge zur Suche ähnlicher Sequenzen in diesem Kapitel besprochen).
5. Die Auswahl einer geeigneten Datenbank. Dazu gibt es zwei Wege:
   - „*search all relevant databases*“: Diese Option bedeutet, dass eine nichtredundante Datenbank aller möglichen gespeicherten Datensätze durchsucht wird. Die Wahl dieser Option ermöglicht es dem Nutzer, alle verfügbaren Datenbankeinträge zu durchsuchen.
   - Eine spezifische Datenbank durchsuchen: In diesem Fall ist der Anwender nur an einem bestimmten Datenbanktyp interessiert, zum Beispiel zum Auffinden von Sequenzhomologen mit bekannter dreidimensionaler Struktur. Dann wäre die PDB (Protein Data Bank)[10] die logischste Wahl, da die dreidimensionale Struktur aller ihrer Einträge bekannt ist.
6. Auswahl des geeigneten Filters. Um es den Anwendern einfacher zu machen, enthält BLAST in jedem seiner Programme eine Reihe von Filteroptionen. Die Filteroption schließt Sequenzen mit Regionen geringer Komplexität aus. Wegen der repetitiven Merkmale dieser Sequenzen erhöht sich die Wahrscheinlichkeit von falsch positiven oder zufälligen Treffern, was den Ergebnisabschnitt unklar macht. Es wird empfohlen, die Filter bei der Suche zu benutzen, um die Zahl der falsch positiven Treffer zu verringern.

Kann die Filteroption richtige Positive von der Ergebnissektion ausschließen?
Ja. Ein richtiger Treffer mit Regionen geringer Komplexität könnte aus der Ergebnisdatei ausgeschlossen werden. Deshalb kann die Filteroption möglicherweise die Empfindlichkeit der Suche einschränken.

Wie kann man die Empfindlichkeit der Suche maximieren und dabei gleichzeitig die Zahl der falsch Positiven so gering wie möglich halten?
Das kann man erreichen, indem man zwei getrennte Suchen mit derselben Abfragesequenz durchführt. Bei der ersten Abfrage benutzt man einen Filter, um die Zahl der falsch positiven Treffer zu verringern, und bei der zweiten Abfrage lässt man den Filter weg, um die Empfindlichkeit zu erhöhen. Die Ausgabedateien der beiden Suchen vergleicht man dann, um mögliche wirkliche Treffer zu finden, die vom ersten gefilterten Lauf ausgeschlossen wurden.

7. Lesen, verstehen und analysieren der Ausgabedatei. Um aus der Ergebnissektion mögliche Hypothesen ableiten zu können, muss der Nutzer mit der in der Ausgabedatei verwendeten Terminologie vertraut sein. Die Schlüsselstellen der Ausgabedatei sind die Punktewerte, die jedem der gefundenen Datensätze zugeordnet sind, sowie die Indexnummern. Der Punktewert ist im Allgemeinen ein Maß für die Homologie zur Abfragesequenz. In einer BLAST-Ausgabedatei steht der Punktewert auch in Beziehung zum erwarteten oder E-Wert, der jedem Datensatz zugeordnet wird. Der E-Wert in einer BLAST-Ausgabedatei gibt die Anzahl erwarteter Zufallstreffer mit demselben Punktewert an. Je näher der Wert bei null liegt, desto kleiner ist die Wahrscheinlichkeit, dass es sich um einen Zufallstreffer in der durchsuchten Datenbank handelt.

Die allgemeinen Schritte einer einfachen Datenbankabfrage sind somit behandelt. Nun wollen wir die folgenden fundamentalen Fragen angehen:

Welche Vorteile hat eine Netzwerk-Datenbank gegenüber einer lokalen Datenbank?

- Netzwerk-Datenbanken werden regelmäßig auf den neuesten Stand gebracht. Die Zusammenarbeit von NCBI mit dem europäischen EBI und dem japanischen DDBJ erlaubt eine tägliche Erneuerung des Datenbestandes. Diese tägliche Erneuerung bedeutet für die Nutzer eine zuverlässige, nichtredundante Datenquelle.
- Lokale Datenbanken zu unterhalten ist keine triviale Aufgabe und liegt jenseits der Möglichkeiten der meisten Durchschnittsanwender. Das Benutzen und Unterhalten einer persönlichen Datenbank ist Zeit raubend und teuer. Diese Hindernisse erhöhen den Wert der im Netzwerk öffentlich zugänglichen Datenbanken am National Center for Biotechnology Information (NCBI), dem European Bioinformatics Intitute (EBI) und der DNA Database of Japan (DDBJ). (Diese Quellen wurden in Kapitel 2.1 detailliert besprochen.)
- Netzwerk-Datenbanken versorgen ihre Anwender mit den geeigneten Suchwerkzeugen. Das National Center for Biotechnology Information stellt seinen Benutzern den BLAST-Server zur Verfügung, ähnlich wie es das European Bioinformatics Intitute und die DNA Database of Japan tun. Die Suchwerkzeuge auf diesen öffentlich zugänglichen Servern werden ständig auf den neuesten Stand gebracht und sind deshalb für ihre Benutzer besonders wertvoll.

Welche Nachteile hat die Benutzung einer Netzwerk-Datenbank anstelle einer lokalen Datenbank?

- Eine lokale Datenbank ist auch bei Problemen im Netz immer zugänglich.
- Der Nutzer im Netz ist auf die in der Netzwerk-Datenbank vorhandenen Suchwerkzeuge beschränkt. Die Scanning-Methoden, die in Netzwerk-Servern zur Anwendung kommen, sind nicht immer die effizientesten Werkzeuge. Von einem lokalen Server könnten lokale Scanning-Methoden benutzt werden, die bei bestimmten Suchproblemen besser geeignet wären.

Auf die in diesem Kapitel beschriebenen BLAST-Programme hat man über den BLAST-Server unter www.ncbi.nlm.nih.gov (der Homepage des NCBI) Zugriff.

Literatur

1. Altschul, S. F. et al. *Basic local alignment search tool.* In: *J. Mol Biol.* 215 (1990) S. 403–410.
2. Pearson, W. R. *Using the FASTA program to search protein and DNA sequence databases.* In: *Methods Mol. Biol.* 24 (1994) S. 307–331.
3. Huang, X. *On global sequence alignment.* In: *Coumput. Appl. Biosci.* 10 (1994) S. 227–235.
4. Altschul, S. F; Gish, W. *Local alignment statistics.* In: *Methods Enyzmol.* 266 (1996) S. 460–480.
5. Feng, D. F.; Johnson, M. S.; Doolittle, R. F. *Aligning amino acid sequences: comparison of commonly used methods.* In: *J. Mol. Evol.* 21 (1984) S. 112–125.
6. Schwartz, R. M.; Dayhoff, M. O. *Origins of prokaryotes, eukaryotes, mitochondria, and chloroplasts.* In: *Science* 199 (1978) S. 395–403.
7. McLachlan, A.D. *Repeating sequences and gene duplication in proteins.* In: *J. Mol. Biol.* 64 (1972) S. 417–437.
8. Fitch, W. M. *An improved method of testing for evolutionary homology.* In: *J. Mol. Biol.* 16 (1966) S. 9–16.
9. Bairoch, A.; Boeckmann, B. *The SWISS-PROT protein sequence data bank.* In: *Nucleic Acids Res.* 20 Suppl. (1992) S. 2019–2022.
10. Sussman, J. L. et al. *Protein Data Bank (PDB): database of three-dimensional structural information of biological macromolecules.* In: *Acta Crystallogr. D. Biol. Crystallogr.* 54 (1998) S. 1078–1084.
11. Wilbur, W. J. *On the PAM matrix model of protein evolution.* In: *Mol. Biol. Evol.* 2 (1985) S. 434–447.
12. Altschul, S. F. et al. *Gapped BLAST ans PSI-BLAST: a new generation of protein database search programs.* In: *Nucleic Acids Res.* 25 (1997) S. 3389–3402.

Werkzeuge zur Mustererkennung und Datenbanken

Prosite[1] ist die am meisten benutzte Datenbank mit biologischen Motiven und Signaturen. Prosite ist eine Sammlung funktioneller Stellen und von Sequenzmustern, die man in vielen Proteinen findet.

Welche Art von Informationen ist in der Prosite-Datenbank gespeichert, und welchen Nutzen hat der Anwender?

- Viele der charakterisierten Bindungsstellen und Motive sind in Prosite zusammengestellt und werden dort betreut. Die Datensätze von Prosite sind zum größten Teil mit Referenzen und mit Verweisen zu anderen geeigneten Adressen versehen. So ist die Calcium-bindende EF-Signatur gut dokumentiert und die Datensätze sind mit den SWISS-PROT-Dateinamen gekennzeichnet. Sie weisen im Allgemeinen Links zu SWISS-PROT[2] oder anderen relevanten Datenbanken auf.
- Ein Prosite-Datensatz enthält alle Sequenzeinträge, die das gefundene Sequenzmotiv oder die Signatur teilen. Die Datei informiert den Nutzer auch über die gefundenen falsch Positiven, die falsch Negativen und gefundene ähnliche Sequenzen, deren Identität fraglich ist.
  Was ist eine falsch positive Sequenz? Es handelt sich hierbei um eine Sequenz, die rein zufällig die gefragte Signatur oder das gefragte Motiv aufweist. Einer falsch positiven Sequenz fehlen im Allgemeinen die funktionellen Merkmale, die mit dem betreffenden Sequenzmotiv zusammenhängen.
  Was ist eine falsch negative Sequenz? Hier handelt es sich um eine Sequenz, die die Funktion mit den richtigen Treffern teilt, aber nicht die angegebene Signatursequenz aufweist.
  Was sind fragliche Sequenzen? Das sind Sequenzen, die die Merkmale des Motivs aufweisen, deren funktionelle Signifikanz aber erst noch experimentell überprüft werden muss. Dann erst können diese fraglichen Sequenzen in der Kategorie der falsch Positiven oder der wirklich Positiven eingeordnet werden.

Diese Art der Information stellt dem Forscher ein mächtiges Instrument zur Verfügung, das die Effizienz seiner Forschung deutlich erhöhen kann.

- Prosite verringert die Redundanz. Die charakterisierten Signaturen sind gut dokumentiert, um redundante Motive zu minimieren.
- Prosite enthält Instrumente zur Suche nach passenden Mustern. Das PROMOT[3]-Suchwerkzeug kann man benutzen, um in der Prosite-Datenbank zu einer Sequenz passende Datensätze zu finden. Man kann es auch heranziehen, um die betreffende Sequenz mit einer Gruppe vordefinierter Muster zu vergleichen. Prosearch[4] ist ein weiteres Instrument, das die SWISS-PROT und die TrEMBL-Datenbank nach einem gegebenen Muster oder einer Signatur durchsuchen kann. Somit lassen sich durch Prosearch neue Sequenzsignaturen und Muster effizient in allen SWISS-PROT- und TrEMBL-Datensätzen auffinden.
  Wie werden die Daten in Prosite-Dateien angegeben? Die Dokumentation zu jedem Muster wird in einer „.doc"-Datei ausgegeben, während das eigentliche Muster in einer gesonderten Datei mit der Extension „.dat" aufgeführt wird. Die „.dat"-Datei enthält auch Informationen über die Programme zum Musterscannen und andere Sequenzmuster-Sammlungen.

Die Bedeutung der in den Signaturen gefundenen Symbole und wie man Signaturen liest und konstruiert.

Das Sequenzmotiv der Calcium-bindenden EF-Hand benutzen wir hier als Beispiel, um die in jeder Signatursequenz der Prosite-Datenbank verwendeten Symbole zu erläutern.

Das Folgende stellt die Signatur der Calcium-bindenden EF-Hand von Prosite dar:

D-X-[DNS]-{DENSTG}-[DNGGHRK]-{GP}-[LIVMC]-[DENQSTAGC]-X(2)-[DE]-[LIVMFYW]

1. Der Bindestrich trennt die einzelnen Positionen innerhalb des Sequenzmotivs.
2. []: Reste in jeder Klammer geben die an dieser Position erlaubten Reste des Sequenzmotivs an. [DNS] heißt zum Beispiel, dass an dieser Stelle Aspartat, Asparagin und Serin mögliche Reste sind.
3. { }: Die Buchstaben in den geschweiften Klammern zeigen Reste an, die an dieser Stelle des Sequenzmotivs nicht erlaubt sind. Mit anderen Worten: alle anderen Reste sind an dieser besonderen Stelle möglich.
4. X: Der Buchstabe X steht für jede beliebige der 20 Aminosäuren.
5. (n): Dies bedeutet die Wiederholung eines bestimmten Restes oder X. So kann zum Beispiel X(2) auch als X-X geschrieben werden.
6. (n,m): Dies heißt eine Wiederholung mit einer Länge zwischen n und m. A(2,5) bedeutet also eine kontinuierliche Folge von zwei, drei, vier oder fünf Alaninen, die alle an der entsprechenden Stelle innerhalb des Sequenzmotivs gleich wahrscheinlich sind.

Literatur

1. Bairoch, A. *PROSITE: a dictionary of sites and patterns in proteins.* In: *Nucleic Acids Res.* 19 Suppl. (1991), S. 2241–2245.
2. Bairoch, A.; Boeckmann, B. *The SWISS-PROT protein sequence data bank.* In: *Nucleic Acids Res.* 19 Suppl. (1991) S 2247–2249.
3. Sternberg, M. J. *PROMOT: a FORTRAN program to scan protein sequences against a library of known motifs.* In: *Comput. Appl. Biosci.* 7 (1991) S. 257–260.
4. Kolakowski. L. F. Jr.; Leunissen, J.A.; Smith, J. E. *Prosearch: fast searching of proteins with regular expression patterns related to protein structure and function.* In: *Biotechniques* 13 (1992) S. 919–921.

3 Genomanalyse

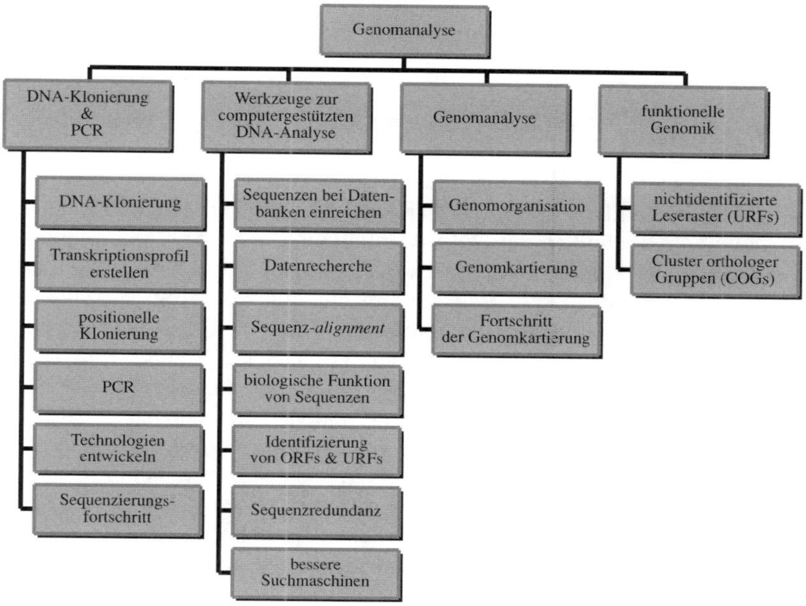

3.1 Kapitelüberblick

3.1 DNA-Klonierung und PCR

DNA-Sequenzen werden oft mithilfe von vorhersagenden Methoden gefunden. Das bedeutet, dass Sequenzähnlichkeiten neu entdeckter Gene Auskunft geben über ihre physiologische Funktion und Struktur. Dabei findet die Polymerasekettenreaktion (PCR) signifikante Sequenzfragmente (wie beurteilt man Signifikanz? Wieder einmal mit vorhersagender Biologie) und die Verteilung von Genen oder mRNAs (oft ein Indikator der Genaktivität in einem Organismus) und sie amplifiziert die DNA für ihre Reinigung, Sequenzierung und Mutationsanalyse.

Bioinformatik beruht im Wesentlichen auf Datenbank-"Bergbau" (*database mining*) – das Herausholen, Sortieren und Analysieren von Sequenzinformationen über Gene, Genome und Proteine. Woher kommt diese Information und wie hat man sie gewonnen? Einfach ausgedrückt müssen Gene sequenziert werden. Dazu muss man sie isolieren und klonieren, damit man sie in geeigneter Form im Labor manipulieren kann. Das Klonieren und das Sequenzieren sind also nicht Bestandteil der Bioinformatik *per se*. Sie sind aber mit der Bioinformatik verwoben. Der technische Fortschritt in einem Bereich hat einen großen Einfluss auf die beiden anderen. Die anwachsende Zahl der Sequenzen verbessert die statistische Analyse und die Entwicklung neuer Bioinformatik-Software ermöglicht die Identifikation biologischer Informationen, die mit Sequenzmustern verbunden sind, was eine schnellere Entdeckung und Klonierung neuer Gene ermöglicht.

Die Analyse der rasch zunehmenden Sequenz- und Strukturinformationen muss mit Genauigkeit vorgenommen werden, und die der Gewinnung dieser Daten zugrunde liegenden Techniken müssen deshalb kritisch und rechtzeitig beleuchtet werden. Daher ist es nützlich, den biologischen Hintergrund, wie man DNA- oder Proteinsequenzen erhält, zu verstehen.

DNA-Klonierung

Klonen ist allgemein als der Vorgang bekannt, der ausgehend von einer Stammzelle eine Gruppe von genetisch identischen Zellen (Klone) hervorbringt. Hier bezieht es sich auf die Benutzung von Techniken der DNA-Manipulation, die durch rekombinante DNA zur Produktion vieler Kopien eines Genes oder Genfragments führen. Man schneidet ein gewünschtes Gen oder DNA-Fragment aus einem Chromosom aus und fügt es in eine Vektor-DNA ein, die der Replikation (Amplifikation) in einem Wirtsorganismus dient. Diese Klonierungsvektoren stammen aus Viren, Bakterien oder Hefe und enthalten die passenden Folgen von Promotorsequenzen, um die Genexpression im Wirt unabhängig von der DNA-Amplifikation zu steuern. So benutzt man bakterielle Promotoren bei Vektoren für Säugerexpressionssysteme (Zelllinien). Die bakterielle RNA-Polymerase kontrolliert spezifisch die Vektor-DNA, und das Genom der Zelle ist nicht betroffen. Nicht-verwandte DNA-Fragmente kann man ohne Verlust der Fähigkeit des Vektors zur Selbstreplikation in seiner natürlichen Umgebung einführen. So kann die fremde oder rekombinante DNA in der Wirtszelle in großen Mengen reproduziert werden. Plasmide (bakterieller Ursprung), Cosmide (viraler Ursprung), künstliche Hefechromosomen (YACs, eukaryotischer Ursprung) oder künstliche Bakterienchromosomen (BACs, ≈150 kbp Insert) stellen Beispiele für Klonierungsvektoren dar. Wenn sie die zur Genregulation notwendigen Elemente aufweisen, nennt man Vektoren auch Expressionsvektoren. Dieses Merkmal benutzt man zur Synthese großer Mengen an mRNA oder Proteinen in Wirtsorganismen, die diese Gene im Normalfall nicht enthalten oder exprimieren.

Hinter jeder Sequenz, die elektronisch in einer Computerdatenbank gespeichert ist (elektronisches Sequenzieren), steht eine materielle Bibliothek mit Gewebeproben und klonierten DNA-Molekülen. Im Falle von Genomprojekten handelt es sich oft um zufällige Sammlungen genomischer DNA, die man durch Schrotschusstechniken wie mechanisches Scheren oder *in vitro*-Bestrahlung zur Chromosomenfragmentierung erhält. Die Chromosomenfragmente werden in Expressionsvektoren kloniert. Die Sammlung dieser klonierten Fragmente bildet eine *Bibliothek*. Eine Vektor-DNA trägt Gene, die die funktionale Expression und die Transformation von Zelllinien ermöglichen.

Erstellen eines Transkriptionsprofils

Nach welchen Kriterien wird ein zu untersuchendes Gen ausgewählt? Ein Gen besteht aus einer Sequenz von Basenpaaren, und obwohl man die Funktion eines Proteins vorhersagen kann, ist es doch notwendig, dass man die Biochemie und Physiologie des vorliegenden Proteins untersucht. Aber noch bevor man mit den aufwändigen Untersuchungen zur Biochemie und Zellbiologie anfängt, schaut man sich oft zuerst das Aktivitätsmuster eines Gens an (d. h. in welchen Zellen und zu welchem Zeitpunkt der Entwicklung oder des Lebenszyklus wird ein Gen exprimiert und ein Protein gebildet), um danach ein interessantes Projekt auszuwählen oder ein „lohnenswertes“ Ziel zur Arzneimittelherstellung zu haben. Einige Gene können ihre Aktivität auf bestimmte Zelltypen, Gewebe oder Organe beschränken; ihre Aktivitätsmuster können zwischen gesund und krank (z. B. Tumor) variieren, oder können bei jungen und alten Menschen unterschiedlich sein.

Wie kann man die funktionelle Signifikanz eines Gens für einen spezifischen Zelltyp, ein Gewebe oder einen Organismus bewerten? Zuerst muss man Zellen finden, in denen das Gen exprimiert wird (Northern Blot). Das macht man, indem man die entsprechende mRNA findet, die bei der Proteinsynthese als Mittler auftritt (das „m" bei mRNA steht für *messenger*, Bote, was bedeutet, dass die RNA-Sequenz dazu verwendet wird, die Sequenzinformation der DNA zur Aminosäurensequenz weiterzutragen). Das cytoplasmatische Niveau (Konzentration) einer mRNA ist ein guter Indikator für die Genaktivität. Hohe Konzentrationen an mRNA zeigen in vielen, aber nicht allen Fällen die Anwesenheit eines Proteins an. Das Vorhandensein eines Proteins muss unabhängig davon nachgewiesen werden (siehe Proteomforschung), wenn es als Tatsache gelten soll.

Das Identifizieren der mRNA geschieht über Hybridisierung radioaktiv markierter Oligonucleotide, die sich sequenzspezifisch an die isolierte Ziel-mRNA binden. Offensichtlich werden schon vorab Sequenzinformationen benötigt. Diese Informationen kann man aus kurzen Aminosäuresequenzen ableiten, die man aus Proteinen oder Peptiden erhält. Eine andere Möglichkeit besteht darin, DNA-Datenbanken nach Sequenzen mit gewünschten Eigenschaften zu durchsuchen – wie zum Beispiel ein menschliches Homolog zu einem aus der Maus oder Ratte bekanntem Gen – oder einfach nach einer ähnlichen, aber nicht homologen Sequenz, die ein neues Gen darstellen könnte usw. Der Vergleich von Hybridisierungsmustern von unterschiedlichen Proben zu unterschiedlichen Zeitpunkten im Lebenszyklus einer Zelle oder eines Organismus vor oder nach der Differenzierung im Verlauf der Entwicklung oder unter unterschiedlichen Bedingungen (Ruhe- oder hormoninduziertes Stadium) kann der Erstellung einer Raum-Zeit-Karte dienen, wo und wann ein spezifisches Gen oder eine Gengruppe im Körper aktiv exprimiert wird.

Wenn das Vorhandensein eines interessanten Gens bestätigt ist, muss man DNA-Fragmente mit dem Gen isolieren und amplifizieren. Eine Strategie besteht darin, das Enzym Reverse Transkriptase (RT) einzusetzen, das aus einem mRNA-Fragement eine DNA-Kopie herstellt. Das Gen, das die mRNA codiert, kann man *in vitro* herstellen und es ist als *komplementäre* DNA oder cDNA bekannt. Die cDNA stellt die codierende Region eines Gens dar, begleitet von kurzen nichtcodierenden oder flankierenden Regionen auf beiden Seiten, die regulatorische Sequenzen enthalten.

Es ist unabdingbar, die Wichtigkeit der codierenden Sequenz eines eukaryotischen Gens zu verstehen. Das liegt an der besonderen Art, wie die meisten eukaryotischen Gene auf den Chromosomen im Zellkern strukturiert sind, die sich von der Sequenz der mRNA unterscheidet. Die cDNA-Version eines eukaryotischen Gens ist in der Regel kürzer als die genomische Version, bedingt durch die Organisation der Gene in codierende (Exons) und nichtcodierende (Introns) Regionen. Obwohl das gesamte Gen (Exons und Introns) in mRNA transkribiert wird, wird die mRNA später katalytisch modifiziert, um die Introns zu entfernen. Damit bleibt eine gekürzte mRNA zurück – eine Kombination aller Exon-Fragmente, die man auf dem Niveau des Genoms findet. Dies ist der Grund dafür, dass die Benutzung von mRNA zur Synthese von cDNA synthetische Gene ergibt, die sich von ihrem genomischen Ausgangsgen unterscheiden und die sich in Vektor-DNA klonieren lassen, womit sie im Labor leichter zu handhaben sind (z. B. für die *in vitro*-Biosynthese von Proteinen, Transformation von neuen Zelllinien mit der DNA, transgene Tiere).

Positionelle Klonierung

Eine andere Strategie, die man bei der Entdeckung von Genen für Erbkrankheiten verfolgt, ist die positionelle Klonierung. In diesem Fall lokalisiert man ein Gen, das eine Krankheit auslöst oder zu ihrer Entwicklung beiträgt, auf den Chromosomen, indem man genetische Marker benutzt. Das sind kurze, leicht nachweisbare Sequenzen, die sich bevorzugt auf nichtcodierenden Regionen des Genoms befinden. Bei dieser Methode müssen die Familiengeschichten zur populationsgenetischen Analyse der mutierten Gene (Allele), die mit einer bestimmten Häufigkeit in einer menschlichen Population auftreten, zur Verfügung stehen. Der Begriff Allel bezieht sich auf ein bestimmtes Gen im Genom eines jeden Individuums in einer Population. Die wirkliche Sequenz eines Gens kann durch das Auftreten von zufälligen Mutationen von Individuum zu Individuum variieren. Während viele Mutationen keine sichtbaren Auswirkungen auf den Phänotyp (d. h. die Proteinfunktion) haben, können Mutationen gelegentlich auch eine Fehlfunktion eines Proteins verursachen. Wenn man den Ort einer Mutation erkannt hat, stellt man Klone mit großen Inserts her. Durch physikalische Kartierung identifiziert man die Klone mit der fraglichen Region und sequenziert die darauf liegenden Gene. Schließlich vergleicht man das identifizierte Gen oder die identifizierten Gene bei betroffenen und nicht betroffenen Mitgliedern der Population.

Wenn erst einmal die gesamte Sequenz des Genoms bekannt ist, verspricht man sich vom Human-Genom-Projekt eine viel raschere Identifizierung der Mutationen, die zu Krankheiten führen. Natürlich enthält die Sequenz, die man als Repräsentanten des menschlichen Genoms ausgewählt hat, nur einen der beiden Loci, die das Gen im Genom einnimmt. Die Sequenz des menschlichen Genoms wird in der Tat die Sequenz eines Individuums sein und wenig über die Allelvarianten in einer Population aussagen. Das will man aber über einen phänotypisch selektiven partiellen Genomvergleich erreichen. Die Mutationsanalyse unterschiedlicher Mitglieder einer Population ist also immer noch ein notwendiger Schritt bei der Technik der positionellen Klonierung, da man das Genom eines kranken Individuums nicht vollständig sequenzieren kann. Man konstruiert spezielle Polymorphismus-Datenbanken, um die notwendigen Informationen zu erhalten. Darüber hinaus wird es in der Zukunft medizinische Datenbanken zu jeder Krankheit, Empfänglichkeit für Infektionen, Krebs, und möglicherweise psychologischen Merkmalen geben.

Das NCBI stellt die OMIM-Datenbank (Online Mendelian Inheritance in Man) zur Verfügung (http://www.ncbi.nlm.nih.gov/OMIM). Diese Datenbank ist »ein Katalog von menschlichen Genen und genetischen Störungen, verfasst und herausgegeben von Dr. Viktor A. McKusick und seinen Kollegen an der Johns Hopkins University und anderswo .... Die Datenbank enthält Informationen in Form von Texten, Bildern und Referenzen. (NCBI)« Die Liste über den letzten Stand von September 1998 enthält Informationen über ein Gen, das mit Astigmatismus zusammenhängt (OMIM-Datensatz #603047). Es handelt sich um eine Untersuchung, die zeigt, wie schwierig es ist, Erbkrankheiten zu identifizieren. Erbkrankheiten, die mit Ionenkanälen zusammenhängen, besprechen wir in Kapitel 5.1. Astigmatismus kann als weiteres Beispiel für die Organisation der OMIM-Datenbank[1] dienen.

> In einer geografisch gut definierten Probe von 125 Kernfamilien von Individuen, die von Astigmatismus betroffen waren, führten Clementi et al. (Clementi, M.; Angi, M.; Forabosco, P.; Di Gianantonio, E.; Tenconi, R. *Inheritance of astigmatismn: evidence for a major autosomal dominant locus.* In: *Am. J. Hum. Genet.* 63 (1998) S. 825–830) mit den

Programmen POINTER und COMDS eine komplexe Segregationsanalyse durch. POINTER konnte nicht zwischen alternativen genetischen Modellen unterscheiden, und nur die Hypothese, dass es keine familiäre Weitergabe gibt, ließ sich ausschließen. Nach dem Einschluss des Ausprägungsgrad-Parameters definierten die Ergebnisse von COMDS ein genetisches Modell für Hornhaut-Astigmatismus und *unterstützten die These einer Vererbung auf der Grundlage eines einzigen Hauptlocus*. Diese Resultate deuten an, dass eine genetische Koppelungsgruppenanalyse durchführbar sein könnte und dass sie auf Familien mit mehreren schwer betroffenen Individuen beschränkt sein sollte. Autosomal-dominante Vererbung ist der wahrscheinlichste Mechanismus. (Quelle NCBI)

Vor der Genomanalyse mit neuentwickelter Software konnte man nicht nachweisen, dass Astigmatismus erblich ist, und Umweltfaktoren galten als die wahrscheinliche Ursache. Noch 1989 gaben Teikari und O'Donnell an (Teikari, J. M.; O'Donnell, J. J. *Astigmatism in 72 twin pairs*. In: *Cornea* 8 (1989) S. 263–266), dass genetische Faktoren nicht zum Astigmatismus beitragen, wodurch Umweltfaktoren als die Hauptursache übrig blieben.

Die Polymerasekettenreaktion (PCR): Reinigung und Amplifikation

Die Technik, die die DNA-Amplifikation revolutioniert hat, ist die *Polymerasekettenreaktion*[2] (PCR). Kary B. Mullis, der damals bei der Cetus Corporation arbeitete, entwickelte sie 1985. 1993 bekam er für seine Beiträge zur Molekularbiologie den Nobelpreis für Chemie verliehen und heute wird seine Technik in praktisch allen biomedizinischen Labors der Welt angewandt. Man hat den Vorgang automatisiert und es gibt heute kommerziell erhältliche Maschinen, die mit wenig Startmaterial große Mengen DNA herstellen. Der Prozess wird ausgehend vom Design der Primer (Oligonucleotidsequenzen, um die Zielsequenz in der Genombibliothek zu finden) bis zum Kartieren der Genexpression eines Organs von Computerprogrammen gesteuert.

Die zunehmende Zahl bekannter Sequenzen ermöglicht die Suche nach funktionellen Einheiten unbekannter Gene. Die Identifizierung der Genexpression im großen Maßstab durch Messung der mRNA-Menge ermöglicht es den Forschern, mit den Sequenzresultaten der Genomprojekte Schritt zu halten (öffentliche und private Datenbanken). Man kann die DNA-Sequenzen benutzen, um kurze Suchsequenzen zu entwerfen, die das Screening von mRNA ermöglichen. Im Bestreben, die Wirkungsorte von Arzneimitteln besser zu bestimmen, hat die pharmazeutische Industrie Versuchstechniken auf Basis von *DNA-Mikroarrays*[3,4] eingeführt, womit sich hunderte oder sogar tausende Genfragmente oder Zelltypen in einem einzigen Versuchsansatz screenen lassen. Die Technologie des *DNA-Chips*, die von Affymetrics in Santa Clara, Kalifornien, entwickelt wurde (http://www.affymetrics.com/) liegt an der Spitze der Methoden, die man zur Bestimmung der gewebeabhängigen Expression von Genen und der so genannten *expression sequence tags* (ESTs) einsetzt. Weitere Informationen kann man beim Mikroarray-Projekt des National Human Genome Research Institutes (NHGRI) finden (http://www.nhgri.nih.gov/DIR/LCG/15K/html/).

Die Wichtigkeit der PCR für die Bioinformatik – und insbesondere die Genomprojekte – liegt in ihrer Fähigkeit, DNA ohne jegliche damit verbundene biologische Information amplifizieren zu können. Das bedeutet, dass man sowohl codierende als auch nichtcodierende Sequenzen analysieren kann, so weit man nur kurze Sequenzabschnitte (zwischen 10 und 20 Nucleotide) kennt. Die Technik ist wegen des enzymatisch regulierten DNA-Amplifikationsvorgangs in nichtzellulären Reaktionsgefäßen extrem empfindlich, was die anfängliche Probenmenge angeht.

Sequenzierungstechnologien im Entwicklungsstadium

> Einer der wichtigsten Punkte des Human-Genom-Projektes ist die Entwicklung der Technologie zur automatischen Sequenzierung, damit man täglich 100 000 oder mehr Basen bei einem Kostenaufwand von unter 50 Cent pro Base sequenzieren kann. Die spezifischen Ziele schließen die Entwicklung von Sequenzierungs- und Detektionsschemata ein, die schneller, empfindlicher und wirtschaftlicher sein sollen. Viele neue Sequenztechnologien werden jetzt untersucht, und die viel versprechendsten werden eines Tages breiten Benutzerkreisen zur Verfügung stehen. Die Sequenzierungstechnologie der zweiten Generation wird in der Zwischenzeit eine Zunahme der Geschwindigkeit und Genauigkeit um ein Vielfaches (d. h. zehnfach) zulassen, wobei sich gleichzeitig die Kosten pro Base verringern werden. Einige wichtige, an Krankheiten beteiligte Gene wird man mit Techniken wie Hochspannungs-Kapillarelektrophorese und Ultradünnschichtelektrophorese zur Erhöhung der Auftrennraten sowie der Resonanzionisierungs-Spektroskopie zur Detektion stabiler Isotope sequenzieren. Man erwartet, dass gellose Sequenztechnologien der dritten Generation, die die Effizienz um ein Mehrfaches verbessern sollen, bei der Analyse eines Großteils des menschlichen Genoms eingesetzt werden. Diese Technologien im Entwicklungsstadium schließen die verbesserte Fluoreszenzdetektion individuell markierter Basen in der Durchflusscytometrie, das direkte Lesen der Basensequenz eines DNA-Stranges mit dem Scanning-Tunnel- oder Atomkraftfeldmikroskop, verbesserte massenspektrometrische Analyse einer DNA-Sequenz und das Sequenzieren durch Hybridisierung mit kurzen Stücken von Nucleotiden mit bekannter Sequenz ein. Pilotprojekte zur Sequenzierung im großen Maßstab werden eine Gelegenheit zur Verbesserung der gegenwärtigen Technik bieten und werden die Herausforderungen offen legen, die bei großen Projekten auftreten.“ (aus: *Primer on Molecular Genetics*, Dennis Casey, Department of Energy, 1992, http://www.bis.med.jhmi.edu/Dan/DOE/intro.html)

Die Fluoreszenzmarkierung von DNA-Fragmenten hat die Geschwindigkeit des Sequenzierens von DNA über die Sanger Didesoxy-Kettenabbruchmethode radikal beschleunigt (Applied Biosystems, 1987; Taq *cycle sequencing*, 1990). Diese Methode basiert auf Enzymen, die DNA synthetisieren können. Durch die Zugabe von veränderten Nucleotidsubstraten, die die Kettenverlängerung blockieren, entstehen Fragmente unterschiedlicher Länge. Bei vorsichtiger Auftrennung kann man Fragmente differenzieren, die sich nur durch eine Base in der Länge unterscheiden. Dadurch kann man die gesamte Sequenz einer geklonten DNA lesen.

Als Alternative basiert die Maxam-Gilbert-Technik auf chemischen Reaktionen, die die DNA-Klone an spezifischen Basen spalten, was eine Mischung von Fragmenten unterschiedlicher Länge ergibt. Auch in diesem Fall ermöglicht die Gelelektrophorese die Auftrennung der Fragmente mit einer Auflösung von einem Nucleotid.

Den Sequenzierungsfortschritt verfolgen

Viele Websites enthalten Informationen und Links zu mehreren Genomprojekten und Datenbanken. Sie konzentrieren sich alle auf bestimmte Programme und sind relativ vollständig. Es ist jedoch Sache des jeweiligen Wissenschaftlers, die Menge und Aktualität der Datensätze einer Datenbank zu beurteilen. Ein gutes Beispiel für das Mitverfolgen des Fortschritts kann man am Beispiel eines humanen DNA-Klons auf der

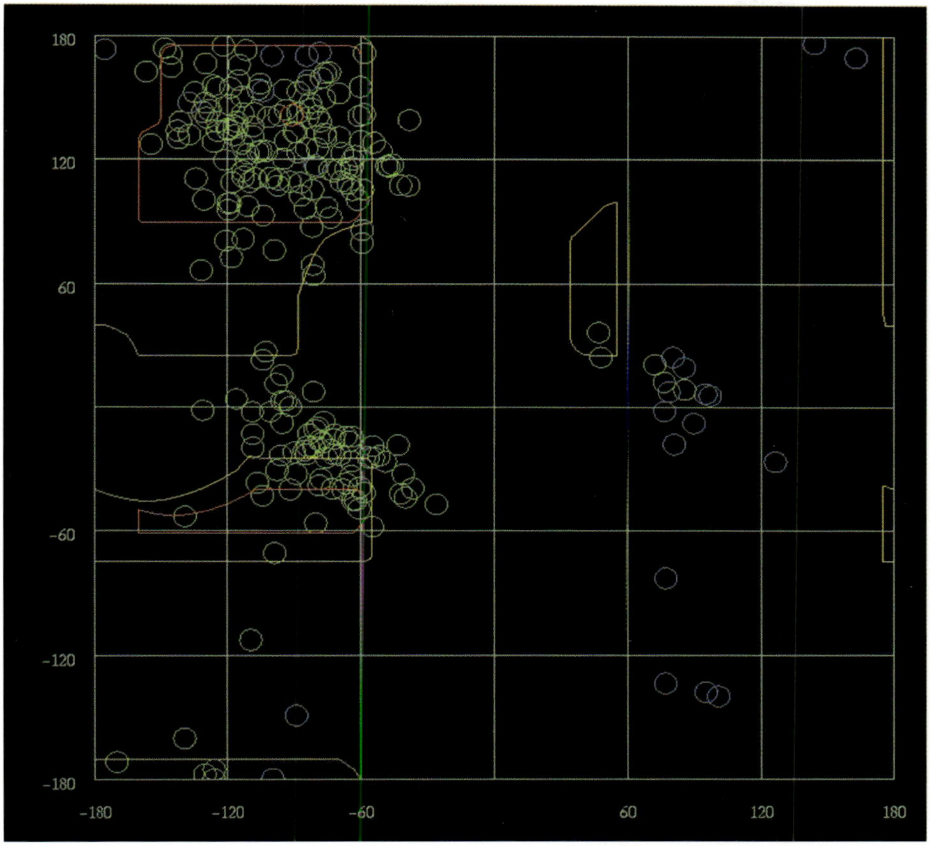

Kapitel 1, Farbbild 1. Ramachandran-Plot: Ramachandran-Karte von 1est.pdb (Indexnummer der Protein Data Bank). Tosyl-Elastase (E.C.3.4.21.11) ist eine Serinprotease aus dem Schweinepancreas. Dieses Enzym hydrolysiert (schneidet) Peptidbindungen. Die Kreise in der oberen linken Ecke zeigen ausgedehnte beta-Faltblatt-Strukturen an und die Gruppe von Kreisen in der Mitte links deutet auf das Vorhandensein von zwei kurzen alpha-helikalen Bereichen. Die Struktur wurde 1976 von L. Sawyer et al. aufgeklärt (MSI).

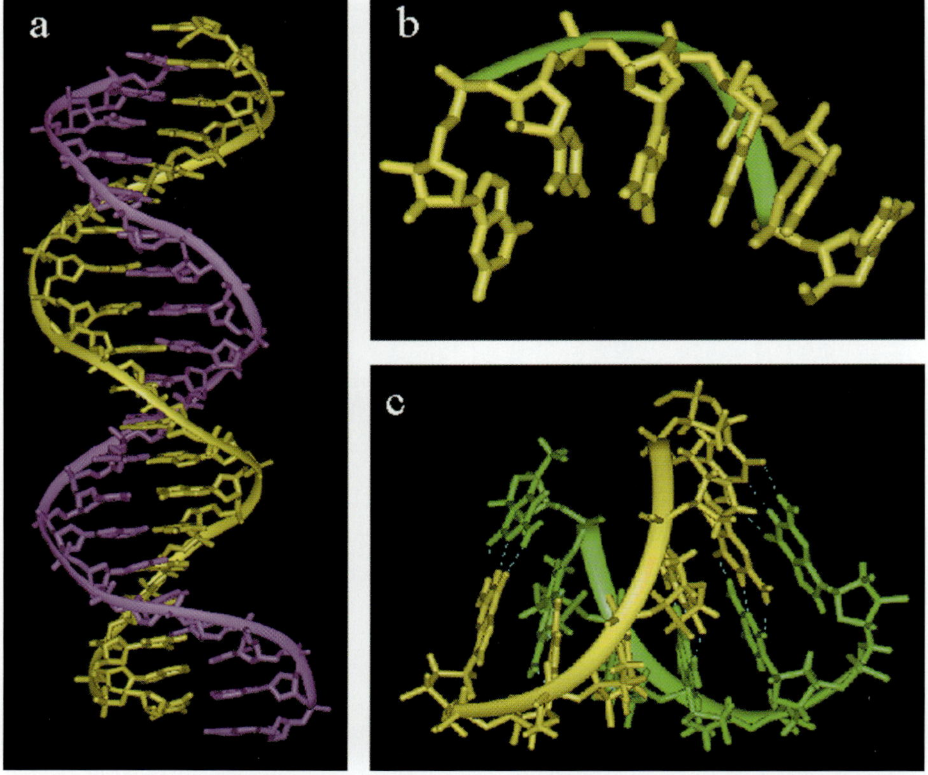

Kapitel 1, Farbbild 2. DNA- und RNA-Strukturen: (a) DNA-Doppelhelix. Jeder Einzelstrang hat seine eigene Farbe und das Rückgrat ist durch eine idealisierte durchgehende Linie dargestellt. (b) RNA-Einzelstrang. Die freien Basenstrukturen zeigen nach unten. (c) RNA-Doppelhelix, bei der die Basen durch Wasserstoffbrücken stabilisiert sind, die als unterbrochene Linien angedeutet werden. RNA bildet keine ausgedehnten Doppelhelices sondern die typischen Bäumchenmotive, bei denen sich ein einziges RNA-Molekül auf sich selbst zurückfaltet, wobei der Stamm eine kurze Doppelhelix ausbildet (MSI).

Kapitel 3, Farbbild 1. Die Homepage des *Tree of Life*-Projektes an der University of Arizona, Tucson. © David R. Maddison und Wayne P. Maddison.

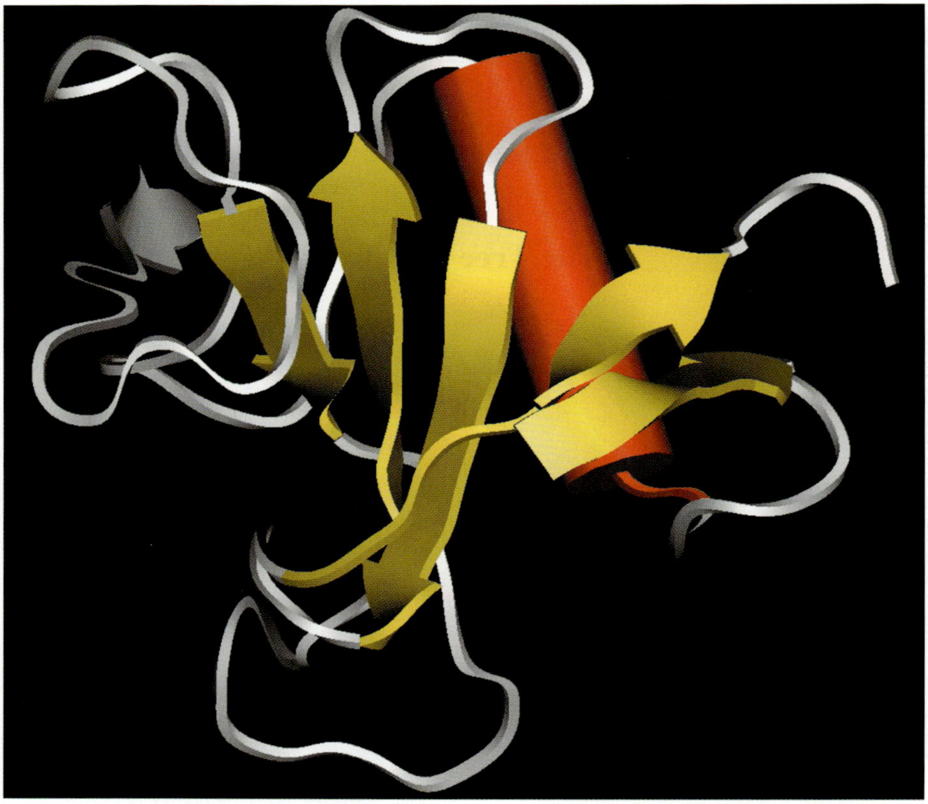

Kapitel 5, Farbbild 1. Illustration der Sekundärstrukturen der Penicillinacylase: Ein kleines Protein mit 5 Strängen antiparalleler beta-Faltblätter (gelbe Bänder), die auf ihrer Rückseite mit einer einzigen alpha-Helix in Wechselwirkung stehen (rote zylinderförmige Struktur) (MSI).

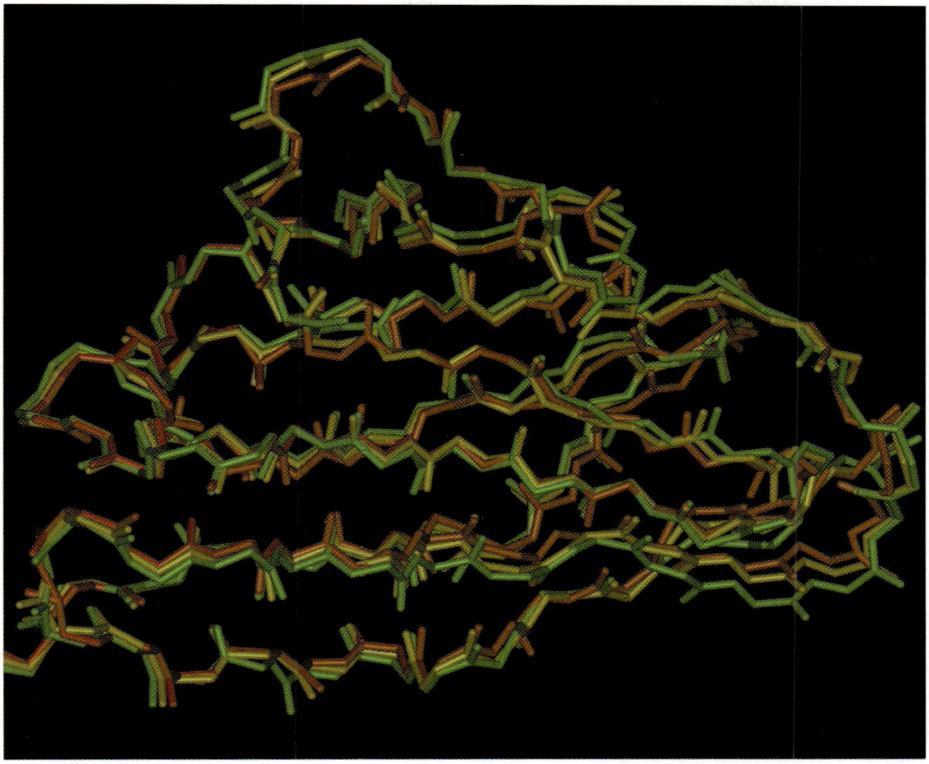

Kapitel 5, Farbbild 2. Energieminimierung der Struktur eines homologen Proteins: Das Homologiemodell, beim Prozess der Minimierung. Die Strukturen sind rot, orange, gelb und grün und repräsentieren die aufeinander folgenden Ergebnisse angefangen mit dem Ausgangsmodell: Spleißstellen regulieren, sich überschneidende Seitenketten einrichten, die ganze Struktur minimieren (MSI).

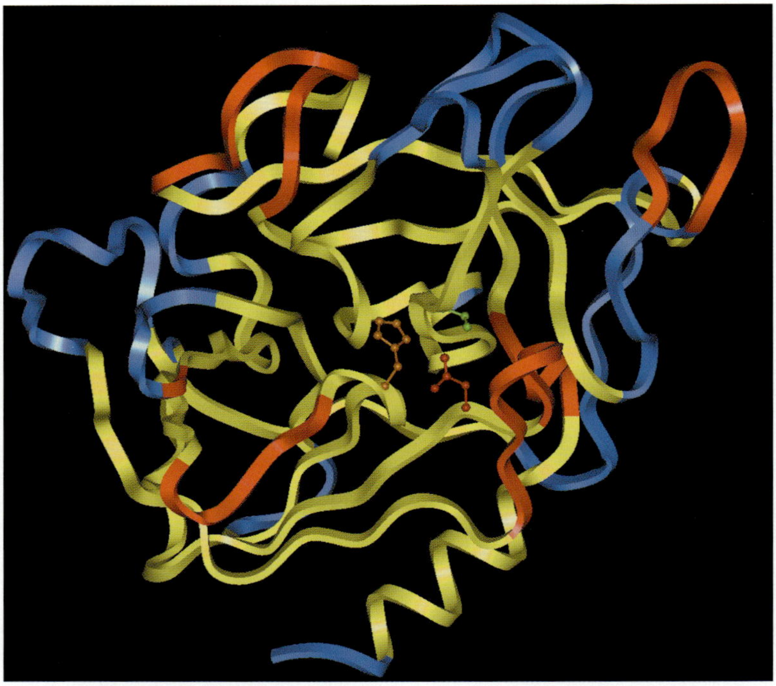

Kapitel 5, Farbbild 3. Endgültige Modellstruktur der Serinprotease: Strukturell konservierte Regionen sind gelb dargestellt, Schleifenregionen blau und Insertionen rot. Die katalytische Triade wird ebenfalls gezeigt (MSI).

```
ACB (   E16) IVNGEEAVPGSWPWQVSLQDKT---GFHFCGGSLINENWVVTAAH(E57   )
TGD (    17)  VGGYTCGANTVPYQVSLNS-----GYHFCGGSLINSQWVVSAAH(57    )
EST (    16) VVGGTEAQRNSWPSQISLQYRSGSSWAHTCGGTLIRQNWVMTAAH(57    )
RP2 (   A16) IIGGVESIPHSRPYMAHLDIVTEKGLRVICGGFLISRQFVLTAAH(A57   )

ACB (   E58) CGV-TTSDVVVAGEFDQGSSSEKIQKLKIAKVFKNSKYNSL--TI(E99   )
TGD (    58) CY--KSGIQVRLGEDNINVVEGNEQFISASKSIVHPSYNSN--TL(99    )
EST (    58) CVDRELTFRVVVGEHNLNQNNGTEQYVGVQKIVVHPYWNTDDVAA(99B   )
RP2 (   A58) CKGRE--ITVILGAHDVRKRESTQQKIKVEKQIIHESYNSV--PN(A99   )

ACB (  E100) NNDITLLKLSTAASFSQTVSAVCLPSASDDFAAGTTCVTTGWGLT(E144  )
TGD (   100) NNDIMLIKLKSAASLNSRVASISLPTS--CASAGTQCLISGWGNT(144   )
EST (   100) GYDIALLRLAQSVTLNSYVQLGVLPRAGTILANNSPCYITGWGLT(144   )
RP2 (  A100) LHDIMLLKLEKKVELTPAVNVVPLPSPSDFIHPGAMCWAAGWGKT(A144  )

ACB (  E145) RY-|ANTPDRLQQASLPLLSNTNCK--KYWGTKIKDAMICAGAS-(  gap )
TGD (   145) KSSGTSYPDVLKCLKAPILSDSSCK--SAYPGQITSNMFCAGYLE(186   )
EST (   145) R-TNGQLAQTLQQAYLPTVDYAICSSSSYWGSTVKNSMVCAGG-D(186   )
RP2 (  A145) GVR-DPTSYTLREVELRIMDEKACV---DYRYYEYKFQVCVGSPT(A186  )

ACB ( gap  ) -GVSSCMGDSGGPLVCKKNGAWTLVGIVSWGSSTCS--TSTPGVY(E228  )
TGD (   187) GGKDSCQGDSGGPVVC----SGKLQGIVSWGSG--CAQKNKPGVY(228   )
EST (   187) GVRSGCQGDSGGPLHCLVNGQYAVHGVTSFVSRLGCNVTRKPTVF(228   )
RP2 (  A187) TLRAAFMGDSGGPLLC----AGVAHGIVSYGHPD----AKPPAIF(A228  )
```

Kapitel 5, Farbbild 4. Multiples Sequenz-*alignment* von vier Serinproteasen: ACB, TGD, EST und RP2 (MSI).

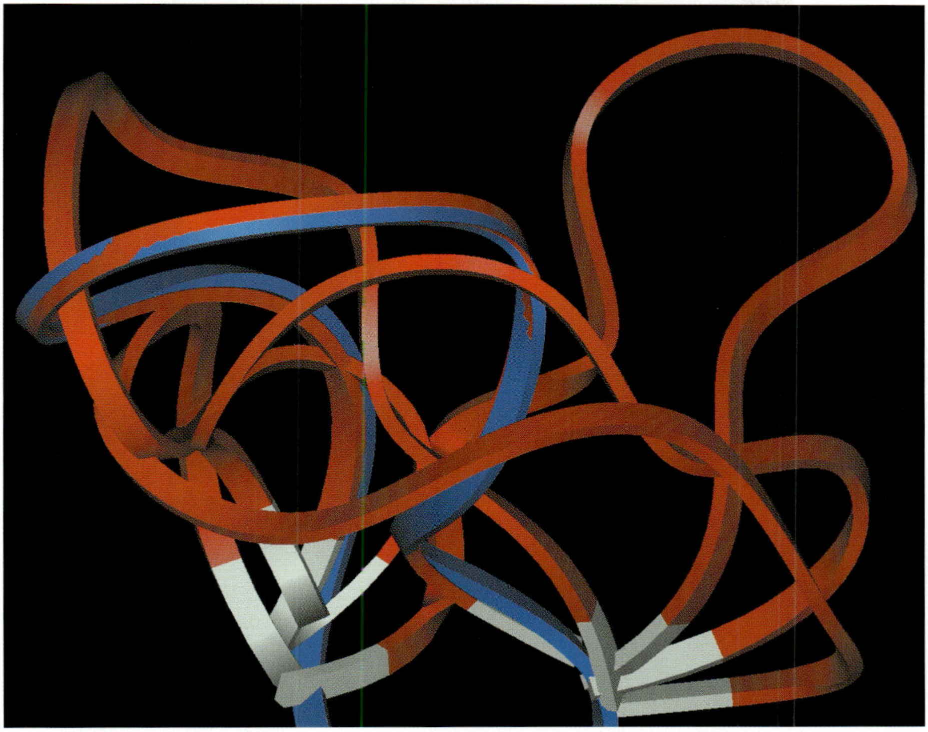

Kapitel 5, Farbbild 5. Schleifenkonformationen, die während einer Suche in der Protein Data Bank gefunden wurden: Die ausgewählte Konformation wird in blau gezeigt (MSI).

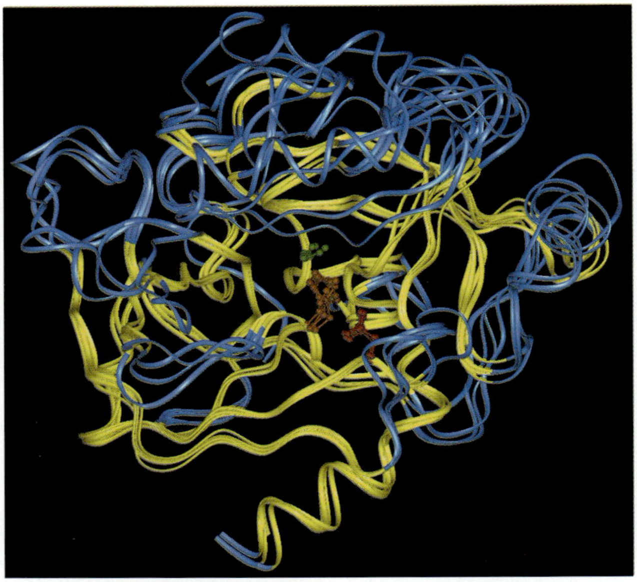

Kapitel 5, Farbbild 6. Vier Serinproteasestrukturen übereinander gelegt: Es handelt sich um dieselben Proteasen wie in Farbbild 5.4 (Sequenz-*alignment*). Die strukturell konservierten Regionen sind gelb. Die katalytische Triade ist im Stabkugelmodell dargestellt: Serin ist grün, Histidin orange und Aspartat rot (MSI).

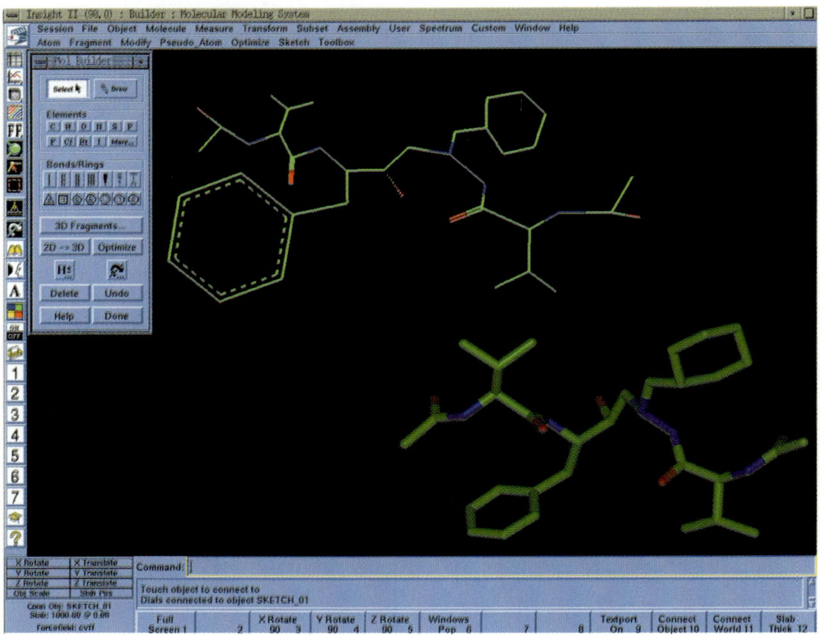

Kapitel 5, Farbbild 7. Benutzeroberfläche zum molekularen Modellieren. Die zweidimensionale Skizze eines kleinen Moleküls (links) lässt sich automatisch in ein dreidimensionales Bild (rechts) umwandeln (MSI).

Sanger-Website finden (www.sanger.ac.uk/; siehe Pruitt, K. D. et al. *Genome Res.* 8 (1998) S. 4–8). Diese Website stellt auch über ein FASTA-Sequenzformat Links zu FTP-Websites her, sodass man eine Zusammenfassung zum Status eines Klons oder einer Sequenz (z. B. wurde das Protein oder Gen von Interesse geklont? Gibt es homologe Sequenzen in anderen Arten?) erhalten kann.

Das Verfolgen des Fortschritts ist eine faszinierende Aktivität. Es ist wirklich überwältigend zu sehen, wie schnell bei manchen Datenbanken neue Sequenzen hinzukommen. Um einen Überblick zu erhalten, kann man auf „*Progress Statistics*" zugreifen (http://www.sanger.ac.uk/Info/Statistics/). Hier erhält man die Zahlen der noch nicht beendeten und der fertigen Nucleotide, die am Sanger Center of the British Medical Research Council sequenziert werden. Noch nicht fertige Klone geben einen Überblick über den neuesten Stand nicht beendeter Sequenzen. Dies ermöglicht einen raschen Zugriff auf neue potenziell interessante Gene. Mit solcher Sequenzinformation muss man sorgfältig umgehen, da sie fehlerhaft sein kann; deshalb muss sie als nicht veröffentlicht betrachtet werden. Es ist wichtig darauf hinzuweisen, dass sich die Information über Klone nur auf das Sanger Center bezieht und dass es sich bei keinem Organismus um die vollständige Zahl der Sequenzen handelt. Vollständig bearbeitete Klone kommentiert man und reicht sie an GenBank, EMBL und DDBJ (die japanische Datenbank) weiter, noch nicht abgeschlossene werden nicht bei den Datenbanken eingereicht.

Die Informationen im Internet sind so vielfältig wie die Menschen, die an bestimmten Projekten beteiligt sind. Im Gegensatz zu den drei wichtigsten öffentlichen Datenbanken – dem National Center for Biotechnology Information, dem European Bioinformatics Institute und dem National Institute of Genetics in Japan (http://www.nig.ac.jp/home.html) spiegelt die Website einer individuellen Organisation lediglich den Blickwinkel der dort unternommenen Arbeit wider. Einige Wissenschaftler konzentrieren sich auf einzelne Chromosomen bestimmter Arten. Einige interessieren sich für das Kartieren ganzer Genome oder die Entwicklung von Grundlagentechniken, während sich andere auf Automatisierung, Dateimanagement und Analyse konzentrieren. Wieder andere sind an der Entwicklung neuer Instrumente zur Sequenzanalyse beteiligt, vergleichen Genome, untersuchen die Struktur und Expression von Genen, identifizieren Polymorphismen, untersuchen die Chromatinstruktur in Bezug auf die Funktion usw. Alle diese Untersuchungen werden zusammengenommen dabei helfen, neue Einsichten in die biologische Funktion des Genoms zu gewinnen.

Literatur

1. Schorderet, D. F. *Using OMIM (On-Line Mendelian Inheritance in Man) as an expert system in medical genetics.* In: *Am. J. Med. Genet.* 39 (1991) S. 278–284.
2. Mullis K. et al. *Specific enzymatic amplification of DNA in vitro: the polymerase chain reaction.* In: *Cold Spring Harb. Symp. Quant. Biol.* 51 (1986) S. 263–273.
3. Yershov, G. et al. *DNA analysis and diagnostics on oligonucleotide microchips.* In: *Proc. Natl. Acad. Sci. U.S.* 93 (1996) S. 4913–4918.
4. Pollack, J. R.; Peou, C. M.; Alizadeh, A. A. *Genome-wide analysis of DNA copy number changes using cDNA microarrays.* In: *Nat. Genetics* 23 (1999) S. 41–46.

3.2 Computerwerkzeuge zur DNA-Sequenzanalyse

Die klassischen Anwendungsbeispiele für Computer in den Biowissenschaften sind Sequenzieren, Sequenzanalyse, Vergleiche, Evolution, Aufspüren von Mutationen, Auffinden von Ähnlichkeiten zum Arzneimitteldesign, Vorhersage von Proteinfunktionen und die Vorhersage der Rolle von Genen bei zellulären Mechanismen und bei der Pathogenese.

Die Nützlichkeit zentraler Datenbanken liegt nicht nur in ihrer Verfügbarkeit für Wissenschaftler, die etwas über die Klonierungsprojekte anderer Forscher erfahren wollen, sondern auch in der Möglichkeit, sie als Grundlage der vergleichenden Genetik zu benutzen. Es ist unmöglich, die Evolution des Lebens zu verstehen, ohne die Beziehung zwischen verschiedenen DNA-Sequenzen unterschiedlicher Proteine und Organismen zu begreifen. Das Ziel der Bioinformatik ist es, kurz gesagt, eine Sequenzdatenbank mit biologischen und bibliografischen Informationen zu organisieren und über Software das *alignment* von Sequenzen, die Identifikation von Genen, die Translation von DNA-Sequenzen in Aminosäurensequenzen und die Suche nach Homologen (evolutionär verwandten Sequenzen) zu unterstützen. Das bedeutet die Sammlung, Speicherung, Organisation und Bearbeitung der Rohdaten und den Aufbau sekundärer und tertiärer Datenbanken.

Vor 15 Jahren war es nicht ungewöhnlich, Wissenschaftler dabei zu beobachten, wie sie sich DNA- oder Aminosäuresequenzen über das Telefon vorlasen und dabei eine beträchtliche „Mutationsrate“ erzeugten, die weit über der natürlicher DNA-Replikation oder Transkription lag. Heute ist das Herunterladen eines Datensatzes von GenBank oder SWISS-PROT äußerst einfach, schnell und praktisch fehlerfrei.

Datenbank-Einreichungen

Die Hauptquelle der Sequenzinformationen in den zentralen Datenbanken sind die Wissenschaftler selbst. Die gegenwärtige Entwicklung des Internets hat den Vorgang der Dateneinreichung bei NCBI, EBI oder DDBJ sehr vereinfacht. BankIt (direkte Eingabe über das World Wide Web) oder Sequin (ein *standalone*-Programm) werden vom NCBI zur Verfügung gestellt, um Sequenzinformationen und biologische Kommentare und Bemerkungen an die wissenschaftlichen Mitarbeiter von GenBank zu schicken. Diese teilen eine Indexnummer zu, die eine unmittelbare öffentliche Freigabe (üblicherweise innerhalb 48 Stunden) ermöglicht. Der tägliche Austausch der neuen Informationen zwischen GenBank, EBI und DDBJ sorgt dafür, dass die vom Forscher eingereichte Information nicht redundant ist – also nur einmal eingereicht wurde.

Autoren können ihre ursprüngliche Information auf den neuesten Stand bringen. In der Regel verfügen Wissenschaftler über eine einzige Sequenz eines Gens, das sie entdeckt haben, sowie über einige relevante biologische Informationen. Die Genomprojekte benötigen jedoch spezielle Verfahrensweisen zur Einreichung von Sequenzinformation über ESTs (*expressed sequence tags*), STSs (*sequence tagged sites*, sequenzmarkierte Stellen) und GSSs (*genome survey sequences*). Diese Sequenzen unterscheiden sich von traditionellen Sequenzen funktioneller Gene durch ihre relativ geringe Länge und ihre große Zahl.

ESTs sind kurze Sequenzen von 300 – 500 bp und repräsentieren effektiv exprimierte Gene, da sie über RT-PCR von aus Geweben und Zellen isolierter mRNA gewonnen werden. Außer wegen ihrer eigenen Sequenzinformation sind diese kurzen Sequenzen auch als Marker bei der Lokalisierung (Kartierung) von Genen auf den Chromosomen nützlich. Eingereichte EST-Sequenzen enthalten deshalb auch Informationen zur Kartierung. Sie werden oft in Schüben von dutzenden bis zu tausenden eingereicht und enthalten redundante Informationen über Zitate, Einreichungsdaten und Bibliotheksangaben. GenBank gibt online Informationen über alle Voraussetzungen zur Einreichung.

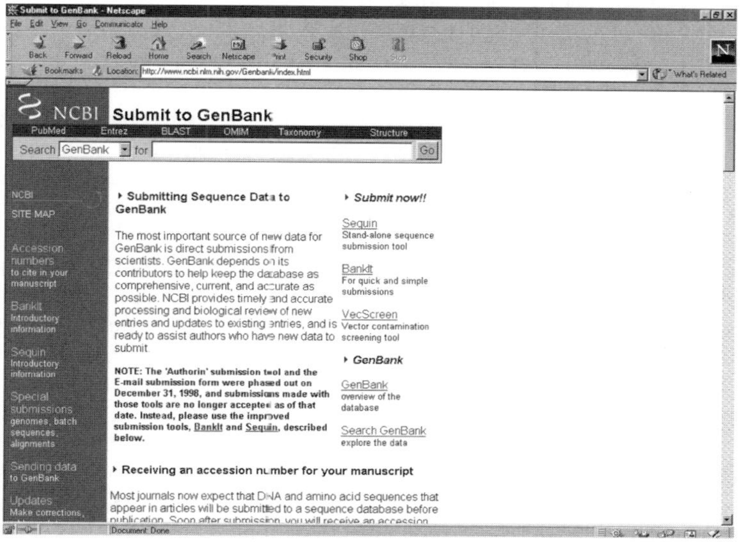

3.2 Einreichen von Sequenzdaten bei GenBank.

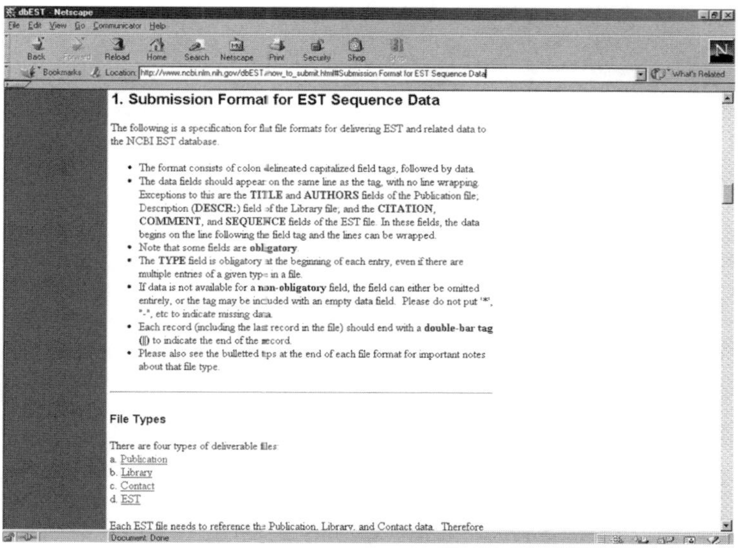

3.3 Einreichen von EST-Daten. Das Format zum Einreichen von sequenzmarkierten Stellen (ESTs).

STSs ähneln den ESTs hinsichtlich Länge und Anzahl der pro Schub eingereichten Sequenzen. Sie stehen jedoch nicht für Genexpressionsmuster, sondern stellen in einem Genom einzigartige Markierungspunkte dar, die mittels PCR identifizierbar sind. Obwohl die ESTs in öffentlichen Datenbanken das Segment mit dem schnellsten Wachstum sind, wird es bald mehr STS-Sequenzen geben, da in den Genomen ein großer Prozentsatz nichtcodierender Regionen auftritt.

Wegen ihrer potenziellen Nützlichkeit für die Wissenschaft verarbeitet man genomische Sequenzen täglich (Genomzentrum, Klonnamen, Indexnummer), und man kann sie einreichen, bevor sind vollständig sind. Die *High Throughput Genomic* (HTG) *Division* am NCBI unterscheidet drei Phasen: 1.) nicht abgeschlossen, ungeordnet, 2.) nicht abgeschlossen, geordnet und 3.) abgeschlossene Sequenzen von hoher Qualität, die keine Lücken aufweisen. Wegen der zunehmenden Geschwindigkeit, mit der bei den Projekten mit hohem Umsatz sequenziert wird und mit der man die Daten einreicht, ist die Identifizierung von Fehlern besonders wichtig.

Um diesen Vorgang zu fördern, hat das NCBI speziell angepasste Einreichprozeduren und Abgabetermine eingeführt, um eine schnelle und fehlerfreie Übergabe der neuen Sequenzen in sein Entrez-System[1] zu ermöglichen. Ohne Geschwindigkeit und Genauigkeit würde jede Datenanalyse erheblich leiden. Fehler breiten sich über die elektronischen Medien ungemein schnell aus, und weil man die Bioinformatik oft zur Vorhersage einsetzt (neue Gene identifizieren, neue Funktionen, Arzneimittel-Entdeckung, Strukturvorhersage, phylogenetische Verwandtschaft), führen Irrtümer auf Sequenzebene zu fehlerhaften Interpretationen und Schlußfolgerungen. Die größte Sorge beim NCBI liegt jedoch in der fehlerhaften Bearbeitung und Kommentierung der abgelegten Sequenzen. Um dieses Problem zu lösen, müssen geschulte Wissenschaftler die Datenbanken durchkämmen und alle etwaigen Fehler korrigieren. Wiederum verringert die Verbreitung fehlerhafter Daten die Zuverlässigkeit der Daten für die vergleichende Biologie.

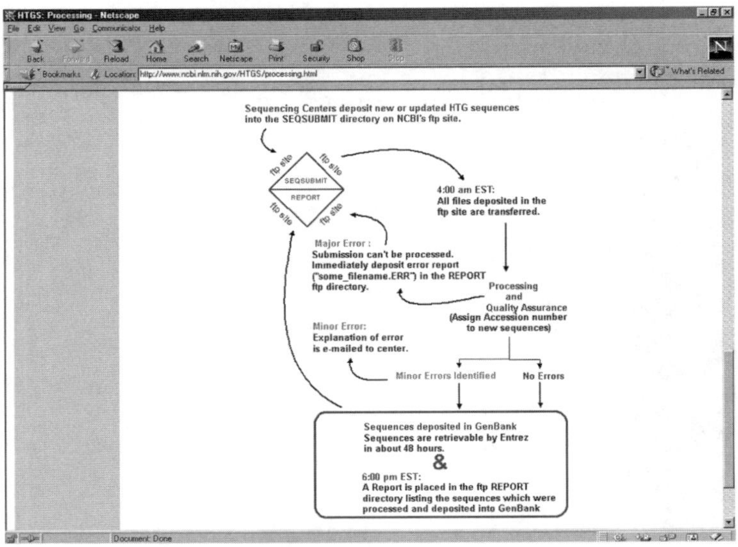

3.4 HTGS, Verarbeitung: Mitteilung über fehlerhafte Eingabe unter Benutzung eines ftp-Protokolls bei der Übertragung.

Obwohl GenBank zum großen Teil von direkten Einreichungen einzelner Wissenschaftler und der großen Sequenzzentren (wie Sanger Center, TIGR) abhängt, durchsuchen die Mitarbeiter des NCBI ständig die biomedizinischen Zeitschriften nach veröffentlichten Sequenz- oder Strukturdaten, die dann verarbeitet werden. Gemäß der Anmerkungen zur Veröffentlichung von Daten in GenBank 96.0 gilt:

> GenBank enthält Daten, die von den Autoren direkt bei GenBank eingereicht werden sowie Datensätze, die von der NLM (*National Library of Medicine*, http://www.nlm.nih.gov/) erarbeitet werden und die aus der biomedizinischen Literatur stammen. Mehr als 325 000 Artikel aus 3 400 Zeitschriften werden pro Jahr nach Sequenzdaten durchsucht. Man ergänzt die Suche durch Daten aus der Botanik und Veterinärwissenschaft über die Zusammenarbeit mit der *National Agricultural Library*. GenBank bildet einen Teil der dreiseitigen internationalen Zusammenarbeit von Sequenzdatenbanken in den Vereinigten Staaten, Europa und Japan. Die Datenbanken, die kooperieren, sind das European *Molecular Biology Laboratory* (EMBL) in Hinxton Hall, Vereinigtes Königreich und die DNA Database of Japan (DDBJ) in Mishima, Japan. Auch Sequenzdaten von der *Genome Sequence DataBase* (GSDB) Santa Fe, NM., werden übernommen. Patentierte Sequenzen werden über ein Abkommen mit dem U.S.-Patentamt und über die Zusammenarbeit mit internationalen Datenbanken anderer Patentämter aufgenommen. Die Datenbank wird in unterschiedliche Ausgabeformate konvertiert, die das Flat File und die Abstract Syntax Notation 1 (ASN.1) einschließen. Die ASN.1-Form der Daten ist in der Entrez Sequenz-CD-ROM enthalten und man kann sie auch über anonymen FTP von „ncbi.nlm.nih.gov" erhalten. (Aus ftp://ncbi.nlm.nih.gov/genbank/release.notes/gb96.release.notes).

Um die Ausdehnung des riesigen heutigen Computernetzwerkes zu erfassen, müssen wir 30 Jahre zurückgehen, als die Molekularbiologie noch in den Kinderschuhen steckte und keine der heutigen Techniken existierte. Man hatte den genetischen Code gerade entschlüsselt und die Entdeckung von Restriktionsenzymen – die Werkzeuge, die man zum Schneiden von DNA benutzt – erfolgte kurz darauf. Das Sequenzieren von Proteinen ging schneller als das Sequenzieren von Nucleinsäuren. Die Biochemiker verbrachten Monate und Jahre damit, die Aminosäuresequenzen durch sequenzielles Abspalten der einzelnen Aminosäuren aus großen Mengen aufgereinigten Proteins zu bestimmen. Pioniere wie Margaret Dayhoff, eine der ersten Biologinnen, die den Vergleich von Aminosäuresequenzen für die evolutionäre Biologie benutzten, erkannten die Notwendigkeit, öffentliche Sequenzdatenbanken zu schaffen, und ihr Beitrag war fundamental bei der Entwicklung computerbasierter Analyseinstrumente. Als Ergebnis der Anstrengungen von Margaret Dayhoff gründete man in den frühen Sechzigerjahren die erste Protein-Sequenzdatenbank.

Heute erhält man Aminosäurensequenzen routinemäßig durch die Methoden der Molekularbiologie, das heißt durch Sequenzieren der Gene als ersten Schritt und dem Ableiten der Aminosäurensequenz entsprechend dem Codongebrauch.

Man benutzt die Aminosäuresequenzierung aber immer noch bei der Analyse kleiner Peptide. Ihre Bedeutung hat kürzlich durch den Aufschwung der Proteomforschung zugenommen. Peptidfragmente, die man durch die Proteinexpressionsprofile erhält, werden microsequenziert, um die Molekularmasse und die Ladung (pI) zu bestimmen. Auf der Grundlage dieser kurzen Aminosäuresequenzen, die man aus Proteinextrakten gewonnen hat, erstellt man Proteinexpressionsprofile und posttranslationale Modifikationen lassen sich so rasch analysieren.

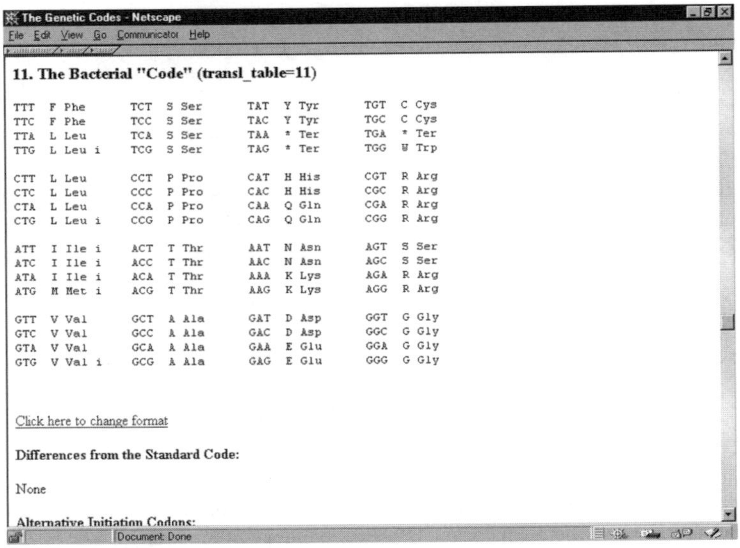

The Genetic Codes - Netscape

File Edit View Go Communicator Help

11. The Bacterial "Code" (transl_table=11)

TTT F Phe	TCT S Ser	TAT Y Tyr	TGT C Cys
TTC F Phe	TCC S Ser	TAC Y Tyr	TGC C Cys
TTA L Leu	TCA S Ser	TAA * Ter	TGA * Ter
TTG L Leu i	TCG S Ser	TAG * Ter	TGG W Trp
CTT L Leu	CCT P Pro	CAT H His	CGT R Arg
CTC L Leu	CCC P Pro	CAC H His	CGC R Arg
CTA L Leu	CCA P Pro	CAA Q Gln	CGA R Arg
CTG L Leu i	CCG P Pro	CAG Q Gln	CGG R Arg
ATT I Ile i	ACT T Thr	AAT N Asn	AGT S Ser
ATC I Ile i	ACC T Thr	AAC N Asn	AGC S Ser
ATA I Ile i	ACA T Thr	AAA K Lys	AGA R Arg
ATG M Met i	ACG T Thr	AAG K Lys	AGG R Arg
GTT V Val	GCT A Ala	GAT D Asp	GGT G Gly
GTC V Val	GCC A Ala	GAC D Asp	GGC G Gly
GTA V Val	GCA A Ala	GAA E Glu	GGA G Gly
GTG V Val i	GCG A Ala	GAG E Glu	GGG G Gly

Click here to change format

Differences from the Standard Code:

None

Alternative Initiation Codons:

Document: Done

3.5 Der genetische Code, der bakterielle Code: Translationstabelle 11.

Erst in den Achtzigerjahren hat man DNA-Sequenzdatenbanken eingerichtet. Das Internet ist das Ergebnis des Bedürfnisses der Wissenschaftler, Information schnell und zuverlässig zu verschicken. Vor dem Aufkommen der Web-Browser bestand die Standardmethode des Herunterladens von Daten anderer Computer in den *file transfer*-Protokollen FTP und Kermit, wobei man freie Softwarepakete benutzte. Sie werden immer noch zum Aufspielen und Herunterladen von Dateien zwischen Supercomputerzentren (siehe Pittsburgh Supercomputing Center; http://www.psc.edu) benutzt. Bis 1989 bestand die übliche Form des Einreichens und des Erlangens von Daten im Postversand (Papierformat, Floppydisks, Magnetbänder), Telex, und angewählte online-Netzwerke. Die Human Gene Mapping Library (HGML, Cold Spring Harbor Laboratories) brachte ihren Datenbestand manuell auf den neuesten Stand, und wissenschaftliche Mitarbeiter der GenBank durchsuchten Zeitschriften nach publizierten Sequenzen. In dieser Zeit reichten die Wissenschaftler nur 50 % aller Datensätze direkt ein. Von diesen Datensätzen hatten 70 % eine computerlesbare Form für Sun-Workstations mit dem UNIX-Betriebssystem. Natürlich hat man UNIX noch nicht ersetzt. Internetbrowser sind benutzerfreundliche Schnittstellen für die Betriebssysteme Windows und Apple, die PCs in Terminals von Supercomputern und Workstations verwandeln, die unter UNIX laufen.

Manchmal ist es von Vorteil, viele Arbeitsplatzprogramme und heruntergeladene Dateien lokal laufen zu lassen, da Supercomputer zeitliche Einschränkungen haben, teuer und manchmal nur begrenzt zugänglich sind. Große Unternehmen installieren Kopien (*mirror sites*) auf ihren lokalen Servern, um öffentliche und private Datenbanken für umfangreiche Datenrecherchen zu nutzen. Dadurch ist ihre laufende Bioinformatikforschung auf firmeninterne Anwendungen beschränkt. Für den individuellen Nutzer besteht die übliche Anwendung in der interaktiven Analyse auf entfernten Host-Computern über Webbrowser und der Benutzung von E-Mail, um die gewünschten Ergebnisse zu erhalten. Die zunehmende Geschwindigkeit und Leistung von Arbeitsplatzrechnern bewirkt, dass die Benutzung von *standalone*-Programmen immer machbarer wird und verringert die Abhängigkeit von größeren Netzwerken und von *remote*-Servern.

1988 war das Jahr der Human-Genom-Initiative (Alberts et al., National Academy Press), als Sequenzen von mehr als 1 200 Organismen in den Datenbanken von GenBank, EMBL und Japan vorgestellt wurden. In einem Zeitraum von fünf Jahren fiel die durchschnittliche Verzögerungszeit von der Publikation und Einreichung einer Sequenz bis zu ihrer Verfügbarkeit einschließlich Bearbeitung von einem Jahr (1983) auf fünf Monate (1988). Heute ermöglichen Eingangsformulare auf Websites sowie Suchformulare einen direkten Zugang. Vor zehn Jahren erhielten die Nutzer von GenBank alle drei Monate Informationen auf Magnetbändern; Man begann, die CD-ROM-Technologie zu nutzen, aber sie war extrem teuer. Ein Abonnement der EMBL-Datenbank für ein Jahr kostete in den Vereinigten Staaten für nichtkommerzielle Nutzer etwa 200 $ auf Magnetbändern und 400 $ auf CD-ROM (*Methods Enzymology*, 183 (1990) S. 29).

Datenabfragen

Die Sequenzanalyse umfasst vier hauptsächliche biologisch relevante Themen: 1.) Vergleich von Gensequenzen, um nach ähnlichen Sequenzen zu suchen und Definition von Homologien aus der phylogenetischen Analyse, 2.) Identifizierung der Genstruktur, einschließlich Leseraster, Verteilung von Exons, Introns und regulatorischer Elemente, 3.) Vorhersage von strukturellen Elementen der Proteine und 4.) Genomkartierung, die lineare Anordnung der Gene auf den Chromosomen und ihre Bewertung im Kontext der Stoffwechselwege.

Die derzeit verfügbaren Daten über DNA und Proteinsequenzen sind so umfangreich, dass die Suche nach Informationen auch als „biologischer Datenbergbau" (biological data mining) bezeichnet wird. Wie bei der Goldsuche muss normales Felsgestein von den Goldklumpen getrennt werden. Suchmaschinen erfüllen zwei grundlegende Aufgaben: einfache Textsuche, um gespeicherte Informationen zu gewinnen (GenBank: Nucleotide und Proteine und PubMeds MEDLINE: Datenbanken zu 3D-Strukturen, Genomen und zur Taxonomie) und Ähnlichkeitssuche (z. B. BLAST), um Sequenzen oder Strukturen zu finden, einem *alignment* zu unterziehen und zu vergleichen.

Der erste Schritt einer Sequenzanalyse umfasst das Auffinden von Sequenzen unter spezifischen Kriterien (eines davon ist die Ähnlichkeit oder Identität zwischen Sequenzen) mit Hilfe von Suchwerkzeugen wie BLAST[2] geschehen. Wenn man keine Sequenz kennt oder zur Verfügung hat, kann man die Suchmaschine des NCBI Proteine oder Nucleotide suchen lassen, indem man ein Schlüsselwort eingibt, das den Namen eines Proteins darstellen kann, den Namen eines Autors, der auf dem betreffenden Gebiet forscht oder eine geeignete Indexnummer. Die Suche hat einen Bericht als Ergebnis, der die Anzahl der Datensätze in der ausgewählten Datenbank angibt, die das Schlüsselwort an irgendeiner Stelle der Datei enthalten.

Betrachten wir zum Beispiel eine Suche nach den Porine genannten bakteriellen Proteinen. Auf der Suchwebsite von Entrez *„nucleotide sequence query"* (http://www.ncbi.nlm.nih.gov:80/Entrezquerry-fcgi?db=Nucleotide) wird einfach das Schlüsselwort „Maltoporin" eingegeben.

Die Antwort auf die Abfrage führt acht Dokumente an (Abbildung 3.6). Je nach dem Interesse für die spezifischen Gene, Proteine und Organismen, kommt man durch das Anwählen der entsprechenden Sprungadressen zu den Sequenzinformationen (Abbildung 3.7; FASTA-Bericht), zur bearbeiteten Information (GenBank-Bericht), Literaturlinks (Medline) einem Grafikmonitor (Java-Applet) und zu verwandten Protein- oder

Nucleotidsequenzen. Der letzte Eintrag auf der Liste mit der Indexnummer M16643 bezieht sich auf das *E. coli*-Gen *Lam*B, das Maltoporin codiert, ein Protein der äußeren Membran dieser Bakterienart, welches den Transport von Maltodextrinen durch diese Membran hindurch selektiv erleichtert. Wenn man den FASTA-Anzeigemodus wählt, gelangt man zum 5'-Ende des Gens.

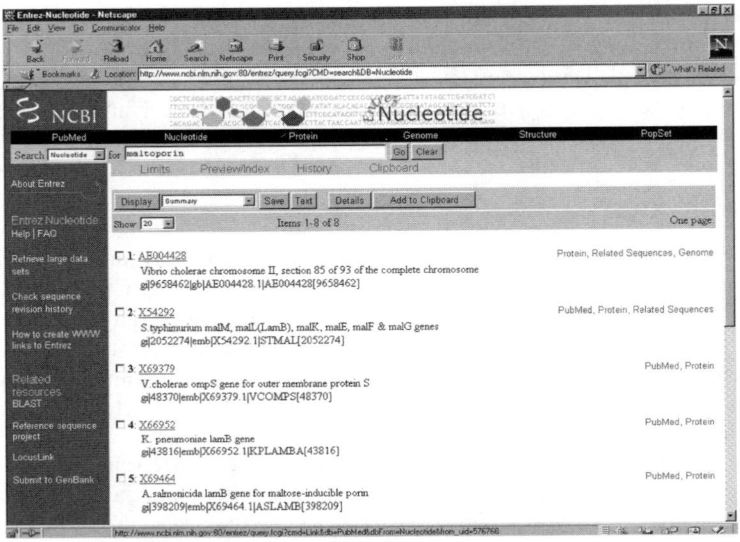

3.6 Nucleotidabfrage bei Entrez: Suchergebnis von Entrez für Maltoporin.

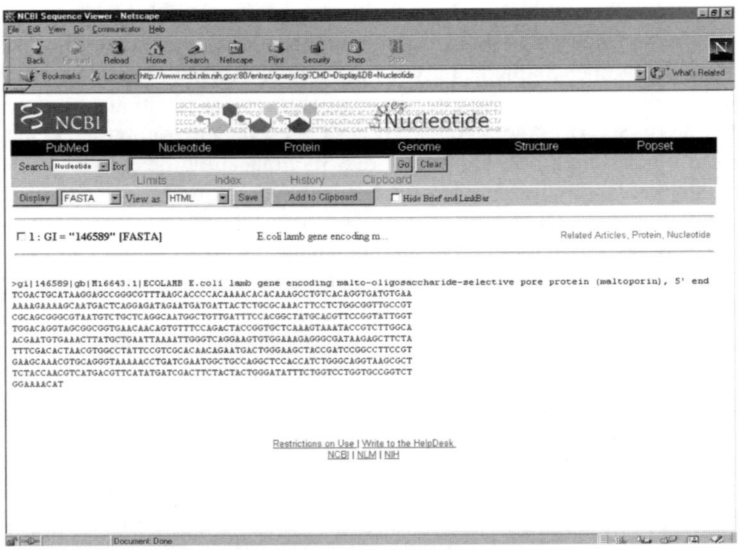

3.7 Nucleotidabfrage bei Entrez: FASTA-Bericht über den Maltoporineintrag M16643.

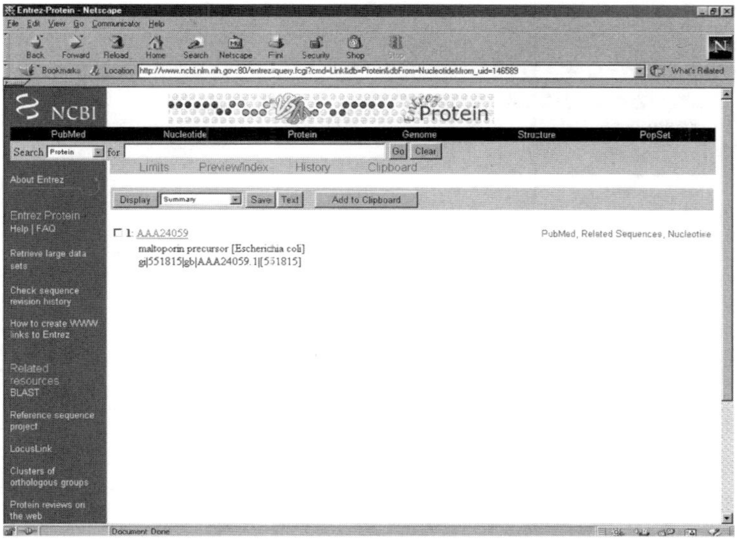

3.8 Suchergebnis einer Proteinabfrage bei Entrez für Maltoporin: Die Indexnummer für Maltoporin von Entrez AAA24059 ist der Nucleotidindexnummer M16643 äquivalent.

Wenn man den Link „*protein*“ wählt, bekommt man den Datensatz zum Vorläuferprotein von Maltoporin in *Escherichia coli* gezeigt (Abbildung 3.8, Indexnummer AAA24059). Der FASTA-Link (Pull-Down-Menü, „Display“ anklicken) zeigt das Aminoende des Proteins, wie es von Heine, Kyngdon und Ferenci publiziert wurde (MEDLINE-Link). Nach den Angaben der Autoren enthält die abgelegte partielle Sequenz des *E. coli*-Maltoporins Determinanten des *Lam*B-(Maltoporin-) Gens von *Escherichia coli,* die Einfluss auf die Bindungseigenschaften und die Porenselektivität des Proteins haben.

Man kann die N-terminale Aminosäurensequenz jetzt benutzen (FASTA-Format), um mit BLAST (BLAST 2.0, Basic BLAST) die nichtredundante Datenbank (GenBank CDS-Translationen + PDB + SWISS-PROT + Spupdate + PIR, 533 291 (29. Juni 2000) Sequenzen, 167 412 259 Buchstaben) nach ähnlichen Sequenzen zu durchsuchen. Dies geschieht, indem man die Sequenzinformation im FASTA-Format markiert, in das BLAST-Suchfenster kopiert und im „*Program*“-Feld „*blastp*“ auswählt (Abbildung 3.9), da es sich um eine Proteinsequenz handelt.

Die Suche ergibt 21 Treffer (Abb. 3.10) und bei allen handelt es sich um Maltoporine von *E. coli* und verwandten gramnegativen Bakterien (*Salmonella typhimuriun*, *Yersinia enterocolitica*, *Aeromonas salmonicida*, *Vibrio cholerae*, *Vibrio parahaemolyticus*, *Klebsiella pneumoniae*).

Der Grad einer gefundenen Ähnlichkeit zeigt auch die potenzielle biologische Beziehung über Art- und taxonomische Grenzen hinweg an. Die Identität zwischen Sequenzen misst man in Form von *E-Werten*, die die Anzahl von erwarteten Zufallstreffern mit derselben Punktezahl angeben. Ein Wert von eins würde einen möglichen Zufallstreffer angeben, während identische Sequenzen in der Regel einen Wert von null oder nahe null haben (wie 4e-91 für den Eintrag Nummer M16643) und eine geringe Wahrscheinlichkeit für einen Zufallstreffer aufweisen. Sequenzen zeigen oft eine Ähn-

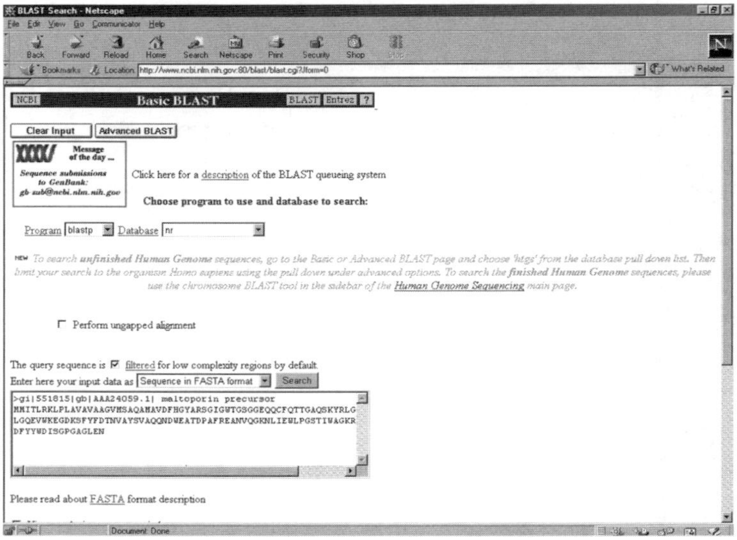

3.9 BLAST-Suche nach Maltoporin: das grundlegende Eingabeformat von BLAST benutzt die FASTA-Sequenz mit der Indexnummer >gi551815. Beachten Sie, dass AAA24059 die FASTA-Nummer 551815 und die Nucleotidnummer M16643 hat.

lichkeit, die unter einer Signifikanzschwelle liegt. Ein Schwellenwert von E von 0,1 ist für diesen Zweck ein vernünftiger Wert. Treffer mit E-Werten, die größer als dieser Schwellenwert sind, zeigen eine Beziehung an, die man *a priori* weder bestätigen noch ausschließen kann. Das gilt für den Pectat-Lyase-Datensatz, der einen E-Wert von 5,7 hat, was andeutet, dass es eine große Wahrscheinlichkeit dafür gibt, dass die Ähnlichkeit auf Zufall beruht, wie man es von einer nicht verwandten Sequenz erwarten würde. Das bedeutet, dass, obwohl die DNA-Sequenz nicht ausreicht, eine phylogenetische Beziehung zwischen den beiden Genen herzustellen, zusätzliche Informationen auf dem Niveau der entsprechenden Aminosäurensequenz oder Informationen zur Proteinstruktur (siehe Kapitel 2.2) doch noch für eine solche Verwandtschaft sprechen können. Mit der anwachsenden Zahl verfügbarer hochaufgelöster Strukturen kann man sicher bestätigen, dass (supersekundäre und tertiäre) Strukturen verwandter Proteine einander ähnlicher sind als die reine Sequenzübereinstimmung. Der Grund dafür ist die Redundanz der Aminosäuren(-sequenzen) in Bezug auf Strukturmotive.

Sequenz-*alignment*

Das Untersuchen eines Gens bedeutet, dass man seine Variation in einer Population und über taxonomische Grenzen hinweg verstehen will. Das Sequenz-*alignment*, der paarweise Vergleich der Sequenzen, ist ein erster Schritt bei der Abschätzung der Eigenschaften eines neu sequenzierten Gens, beim Finden von Homologen in anderen Organismen oder der Identifizierung eines Gens als neuartig. NCBI ermöglicht es uns, zwei Sequenzen durch das „BLAST 2 *sequences*"-Instrument zu vergleichen (Abb. 3.11). Es handelt sich um eine spezielle Version des allgemeinen BLAST-Algorithmus (siehe Kapitel 2.2), um ähnliche Sequenzen zu suchen und sie dann von den Datenbanken zu erhalten. Der BLAST 2-Algorithmus erlaubt einen Vergleich von Nucleotid- (BLASTn)

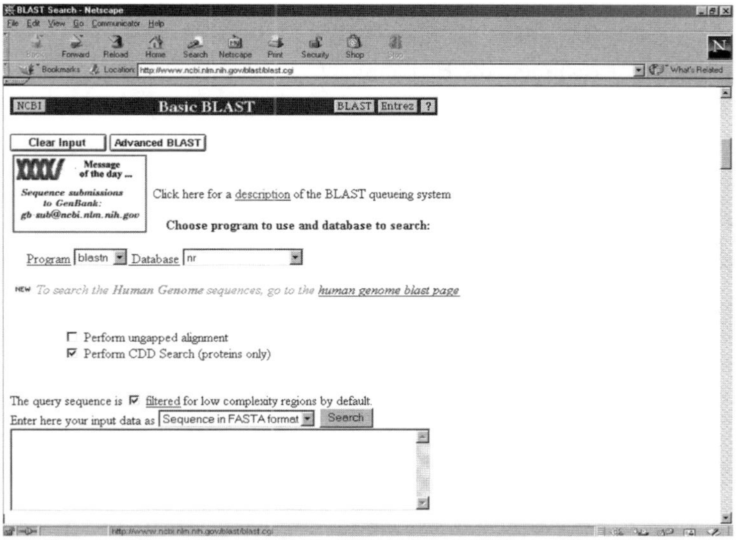

a)

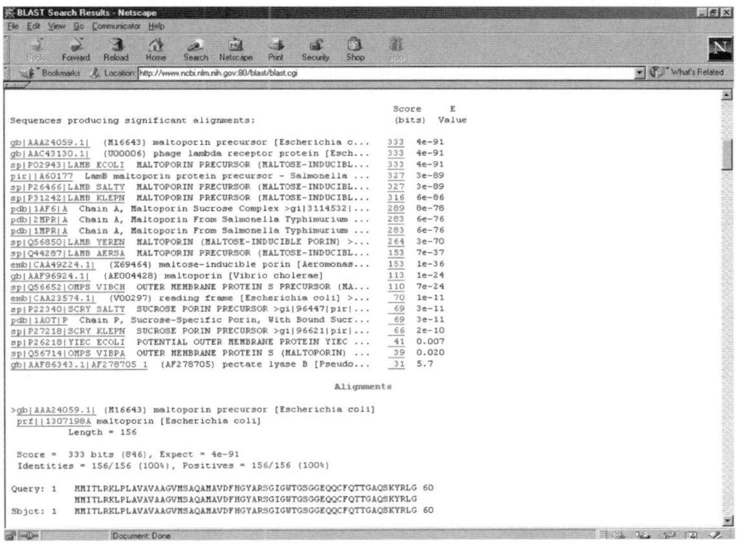

b)

3.10 Ergebnis der BLAST-Suche nach der Vorläufersequenz von Maltoporin >gi551815. a) Grafische Oberfläche. b) Liste der Sequenzen, die signifikante *alignments* ergeben, und die entsprechenden Punktewerte.

oder Aminosäuresequenzen (BLASTp). Man kann unter mehreren unterschiedlichen Matrixalgorithmen auswählen und die Sequenzen entweder über die Indexnummer (GI) oder im FASTA-Format eingeben.

Für multiple Sequenz-*alignments* steht in vielen Websites zur Bioinformatik das Programm CLUSTAL W[3] zur Verfügung. Man kann zu diesem Zweck auf das European Bioinformatics Institute (EBI) zugreifen. Die interaktive CLUSTAL-W-Website kann man auf dessen Homepage unter http://www.ebi.ac.uk/ebi_home.html bei der Sprungadresse „*Services*“ und von dort aus unter „*On-Line applications*“ finden. Diese Website fasst alle Links zusammen, die EBI anbietet, auch zu nicht-EBI-Servern.

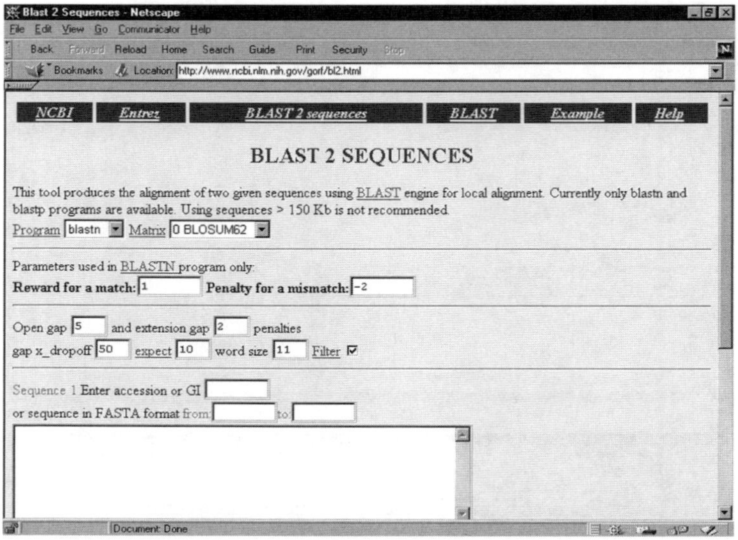

3.11 BLAST-2-Sequenzen: Eingabeformular.

Man kann mehrere Sequenzen eingeben und verschiedene Ausgabeoptionen wählen. Die Resultate umfassen Informationen über die Identitätswerte paarweiser Vergleiche und die Reihenfolge von den ähnlichsten bis zu den Paaren mit der geringsten Ähnlichkeit. Eine Beschreibung, wie man eine grafische Darstellung (phylogenetischer Stammbaum) erhält, ist ebenfalls eingeschlossen. Man kann Programme zur Bildung von Stammbäumen herunterladen und als Arbeitsplatzprogramme benutzen, und die Ausgabedateien von CLUSTAL W lassen sich auf der lokalen Festplatte speichern, um später als Referenz, zur Analyse und zur Darstellung der Daten zur Verfügung zu stehen.

Was die Sequenz über die biologische Funktion eines Gens verrät

Die Website des NCBI ist ein Beispiel für den matrizenförmigen Aufbau einer Datenbank des biologischen Wissens. Um ein Gen oder seine Sequenz zu verstehen, muss man seinen Kontext kennen. Der Kontext eines Gens bedeutet alle damit zusammenhängenden Informationen, die seine *Funktion*, Struktur, zelluläre (chromosomale) Lokalisation, die Struktur und Funktion seines Produktes – Protein oder RNA – und seine taxonomische Eingliederung definieren. Es folgt eine Liste biologisch wichtiger Anmerkungen und Kommentare, die eine DNA-Sequenz begleiten können.

- Verwandte Sequenzen in der Datenbank
- Strukturvorhersage/Vergleich mit Röntgenstrukturen
- ORF (offenes Leseraster), wenn die Funktion nicht bekannt ist

- Domänenstruktur
- Transmembransegmente
- Signalsequenzen
- Consensusstellen für Glycosylierung, Phosphorylierung und Lipidanker
- alternative Nomenklatur
- genetische Informationen wie regulatorische Sequenzen
- Translation
- 2-D-Gele, pI (Ladung), Molekulargewicht
- Bibliografie

Eine Herausforderung, die sich bei Genomprojekten immer wieder stellt, ist das Identifizieren einer DNA-Sequenz, die ein Gen repräsentiert oder enthält. Ein Gen ist eine funktionelle Einheit im Genom eines Organismus. Es enthält regulatorische Sequenzen und zwischen einem Start- und einem Stopcodon ein Leseraster, das die entsprechende Aminosäurensequenz eines Proteins definiert. Die Struktur eines Gens kann von einem Organismus zu einem anderen dramatisch variieren und es gibt zwei Haupttypen: solche mit einem kontinuierlichen Leseraster und solche mit einem unterbrochenen Leseraster (Exons und Introns; alle Exons zusammen repräsentieren das Leseraster und die Introns werden auf enzymatischem Weg auf RNA-Niveau herausgeschnitten – das so genannte RNA-Spleißen). Der zweite Fall ist typisch für höhere Organismen (Eukaryoten) und Archaea.

Wie man ein Gen identifiziert: ORFs und URFs

Wenn man ein Gen sequenziert hat und keine weiteren Informationen über das Protein bekannt sind, dann lassen sich damit keine biologischen Funktionen verbinden. Das ist bei Genomprojekten, bei denen lange kontinuierliche Sequenzen auf die Anwesenheit von Genen hin analysiert werden, ein intrinsisches Ergebnis. Dazu braucht man Software, die ORFs (offene Leseraster) und oft URFs (nichtidentifizierte Leseraster) durch das Absuchen langer Sequenzabschnitte zwischen einem Start- und einem Stopcodon identifiziert.

Die Länge eines ORF hängt direkt mit der Größe oder dem Molekulargewicht des codierten Proteins zusammen und ist ein nützlicher Indikator für einen vermuteten ORF. In eukaryotischen Genomen stellen die Signaturen von Spleißstellen (d. h. den Stellen, die Exons von Introns trennen) eine zusätzliche Hilfe bei der Identifizierung von Genen dar. Damit ein Gen eine funktionelle Einheit sein kann, muss in der Nähe des Startcodons noch eine Transkriptions-Consensussequenz vorhanden sein.

Datenbanken stellen Websites mit der Funktion zur Verfügung, DNA-Sequenzen auf das Vorhandensein von ORFs hin zu analysieren. Sie erlauben die Vorhersage der damit verbundenen Aminosäuren und bestimmter struktureller Eigenschaften des Proteins. Wenn man verwandte Sequenzen findet und wenn die verwandte Sequenz schon eine Gensequenz enthält, dann ist das Sequenz-*alignment* – der Vergleich der Ähnlichkeit von zwei oder mehr Sequenzen – ein guter Indikator für die potenzielle biologische Funktion eines Gens.

Der ORF-Finder ist ein grafisches Analyseinstrument, das alle offenen Leseraster mit einer frei wählbaren Mindestgröße in einer vom Nutzer eingegebenen oder in einer Datenbank vorhandenen Sequenz findet. Dieses Werkzeug findet alle offenen Leseraster, wobei es den Standardcode oder alternative genetische Codes benutzt. Die abgeleitete Aminosäurensequenz kann man in mehreren Formaten speichern und damit die Sequenzdatenbank mithilfe des www-BLAST-Servers durchsuchen. Der ORF-Finder sollte bei der Vorbereitung vollständiger und genauer Sequenzeinträge hilfreich sein. Er ist auch Bestandteil der Sequin Software zur Sequenzeinreichung (aus http://www.ncbi.nlm.nih.gov/gorf/gorf.html).

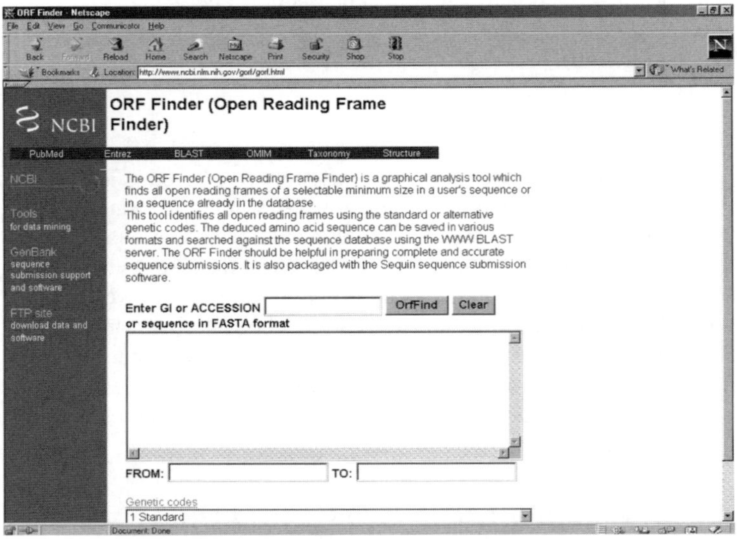

3.12 Eingabeformular des ORF-Finder. Die BLAST-Version des ORF Finder benutzt auch Indexnummern oder Zeichenfolgen im FASTA-Format.

Um abzusichern, dass neue Gene korrekt vorhergesagt werden, muss man den Codongebrauch des Organismus, so weit er bekannt ist, sorgfältig anwenden. Das NCBI unterhält auch eine Datenbank zum Codongebrauch (http://ncbi.nlm.nih.gov/Taxonomy/taxonomy-home.html). Diese Datenbank enthält den Standardcode, der für alle eukaryotischen Organismen und taxonomische Gruppen gilt, mit den wichtigsten Ausnahmen, die unten folgen:

- Der mitochondrielle Code der Vertebraten
- Der mitochondrielle Code der Hefe
- Die mitochondriellen Codes der Schleimpilze, Protozoen und Coelenteraten und der Code der Mycoplasmen und Spiroplasmen
- Der mitochondrielle Code der Invertebraten
- Der nucleäre Code der Ciliaten, Dasycladaceen und Hexamita
- Der mitochondrielle Code der Echinodermen
- Der nucleäre Code der Euplotiden
- Der bakterielle „Code“
- Der alternative Hefecode
- Der mitochondrielle Code der Ascidien
- Der mitochondrielle Code der Plattwürmer
- Der nucleäre Code von *Blepharisma*

Der ORF-Finder durchsucht eine cDNA-Sequenz nach geeigneten Abschnitten, die von einem Start- und einem Stopcodon flankiert sind. „Geeignet“ bezieht sich auf die Größe eines Gens und damit die Größe eines Proteins, für das keine Funktion bekannt ist oder das sich nicht aus homologen Sequenzen ableiten lässt. Im letzteren Fall ist der ORF-Finder ein Werkzeug, um die Identifikation eines neugefundenen Gens mit einem vorhergesagten Protein bekannter Funktionen zu verifizieren. Mit seiner Hilfe kann sichergestellt werden, dass die untersuchte cDNA-Sequenz eine funktionelle Version des Gens enthält. Der ORF-Finder ist beim Durchsuchen bakterieller Genome, von cDNA-Bibliotheken und von EST-Datenbanken nützlich, aber nicht wenn es sich um Rohsequenzen eukaryotischer Organismen handelt. Man muss in diesem Falle also erst die richtigen Genfragmente, Exons und Introns identifizieren, klonieren, sequenzieren und in einer kontinuierlichen Sequenz zusammenfügen, die dann möglicherweise die kontinuierliche codierende Sequenz eines Gens enthält.

Gene sind die Arbeitseinheiten eines Chromosoms und enthalten ORF-Fragmente und nichtcodierende Regionen, die für die Regulation der Genexpression sehr wichtig sind. Eukaryotische Genstrukturen sind oft sehr komplex, was Rekombinationsvorgänge ermöglicht, sodass ein Genkomplex seine Exons auf unterschiedlichen Wegen rekombinieren kann (Spleißvarianten), was unterschiedliche Genprodukte zur Folge hat. Ganze Gencluster können die Basis für hypervariable Domänen bei den Proteinen des Immunsystems bilden.

Software zur Identifizierung von Genen auf DNA-Fragmenten ist am Baylor College of Medicine verfügbar (Gene Finder http://dot.imgen.bcm.tmc.edu:9331/genefinder/gf.html).

Ein Wort zur Redundanz

Wissenschaftler arbeiten unabhängig voneinander, was oft zu wiederholten Namensgebungen für identische Gene und Proteine führt. Das ist typisch für Daten, die aus neuen und aufkommenden Arbeitsgebieten eingereicht werden. In diesem Fall treten DNA-Sequenzen mehr als einmal und in unterschiedlichen Datensätzen mit unterschiedlichen Namen und anderer Begleitinformation auf. Nur ein Spezialist auf dem Gebiet kann die unterschiedlichen Datensätze erkennen und sie unter der geeigneten Überschrift zusammenfassen. Es ist, als ob Sie drei Mal im Telefonbuch stehen würden, mit Nachnamen, Vornamen und Spitznamen – alle drei beziehen sich auf dieselbe Person. Offensichtlich kann Redundanz auch nützlich sein. Bei DNA-Datensätzen in Datenbanken handelt es sich praktisch um eine unbeabsichtigte Qualitätskontrolle. Manchmal geschieht es, dass zwei konkurrierende Laboratorien die Sequenz des gleichen Gens mit einer oder mehr Basenabweichungen publizieren. Handelt es sich um eine echte Mutante, die ihren Ursprung in unterschiedlichen Mäusestämmen hat oder um einen Sequenzierungsirrtum? Wenn der gleiche Organismus die Quelle des Gens ist, handelt es sich meistens um einen Sequenzierfehler.

Bessere Suchmaschinen für bessere Computer?

Die Art, wie wir Wörterbücher und andere Nachschlagewerke benutzen, basiert auf unserer physiologischen Mustererkennung einer Gruppe von 26 Buchstaben in alphabetischer Reihenfolge. Natürlich könnte es hunderte anderer Alphabete geben, die gleichfalls dienlich wären, da es hunderte von Sprachen gibt. Aber ein System, das Worte aus einer zahlenmäßig begrenzten Gruppe von Symbolen bildet, ist zum Lernen ein optimales System und könnte erklären, warum Bücher eine so nützliche, weit verbreitete und stabile Form der Informationsspeicherung darstellen. Dieses als analoge Mustererkennung bezeichnete System mag im Vergleich zu digitaler computerbasierter Textsuche einfach erscheinen. Computer sind schneller und brauchen kein Alphabet (aber sie können ein Alphabet mit zwei Symbolen benutzen: 0 und 1), um eine Telefonnummer zu finden. Eine hierarchische Information, obwohl sehr nützlich, ist bei Computersuchen nicht notwendig, da sie das gesamte Dokument nach dem gesuchten Text durchgehen können. Im Gegensatz dazu sehen wir Informationen und Beziehungen in einer visuellen Darstellung. Wir wissen, dass der Buchstaben *H* vor dem *I* kommt. Bei der Speicherung immer größerer Datenmengen nehmen die Ineffizienz und die Fehler (bei der Suche verpasste Treffer) ständig zu, wenn die Datenbank nicht strukturiert ist.

Wie würden wir einem Computer beibringen, eine Telefonnummer in genau der Weise herauszusuchen, wie wir das tun: auf der Grundlage der alphabetischen Anordnung zuerst des Nachnamens und dann des Vornamens? Wir müssten ihm die Regeln des Alphabets in Form von Kommandos beibringen, die der Computer als eine Zeichenfolge von Hierarchien und Prioritäten interpretieren könnte, wenn er Informationen durchsucht und in Kategorien einordnet (A vor B, B vor C usw.). Wir brauchen aber nicht nur die einfache Suche nach Zeichenfolgen, sondern müssen eine Aufgabe bewältigen, die für einen Computer viel anspruchsvoller ist: *nicht* genau arbeiten. Wenn der gesuchte Name falsch geschrieben ist, kann der Computer ihn nicht finden. Wenn Sie aber nach einem Namen suchen, können Sie ihn wahrscheinlich finden, auch wenn Sie sich über die Schreibweise nicht im Klaren sind. Außerdem können Sie zusätzliche Informationen erkennen, die Sie für wichtig halten, auch wenn Sie nicht erwartet haben, sie zu finden. Computer und Gehirne arbeiten auf sehr unterschiedliche Art.

Man benutzt Computer, um bei wissenschaftlichen Projekten Informationen zu finden, auf eine ähnliche Art, wie man sie zum Finden von Telefonnummern einsetzt. Wissenschaft ist eine menschliche Aktivität, bei der das Aufspüren von Beziehungen zwischen Objekten von zentraler Bedeutung ist. Das bedeutet, dass ein Bedürfnis zur Quantifizierung von Beziehungen und numerischen Lösungen für numerische Beziehungen besteht. Man sucht nach Zeichenfolgen mit Information und vergleicht sie. Dabei muss der Wissenschaftler die Qualität des Suchens nach passenden Zeichenfolgen definieren. Das Verständnis, wie Computer arbeiten und auf welche Art ein Wissenschaftler die Ergebnisse aufgearbeitet haben will, um deren Bedeutung zu verstehen, legt fest, wie erfolgreich man Computer in der Wissenschaft einsetzen kann.

→ Eingabe →

Interpretation/Mensch Maschine/Berechnung

← Ausgabe ←

Computer haben im typischen Fall bei alltäglichen Anwendungen wie Spielen, Internet, E-Mail, Textverarbeitung und Erstellung von Abbildungen eine menschliche Schnittstelle. Diese Schnittstellen simulieren einen richtigen Schreibtisch, mit Papierstapeln, Aktenordnern, Wörterbüchern und Abfalleimern. Die Bildschirmschnittstelle beseitigt die Notwendigkeit abstrakter Softwarecodes und von Maschinensprache – einer selbstkonsistenten Sprache, die Symbole mit präziser Bedeutung benutzt, die letztendlich in Zeichenfolgen von Spannung ein und Spannung aus in elektronischen Schaltkreisen verpackt werden.

Wegen der weit verbreiteten Nutzung und der Abhängigkeit von Computern hat man analoge Instrumente abgeschafft und analoge Schnittstellen auf Computerbildschirmen eingeführt. Das ist eine logische Entwicklung, da wir analog und nicht digital denken. Wir wollen eine Abbildung sehen und keine Tabelle mit Zahlen. Wir erstellen dreidimensionale Bilder, um die Bedeutung einer numerischen Beziehung zu verstehen, die sich aus einer wissenschaftlichen Abfrage ergeben hat. Wir benutzen zum Beispiel Farbe zur Darstellung fast aller physikalischen Parameter wie Temperatur, Ladungsdichte, Höhe, Klebrigkeit usw.

Im Zeitalter der Computernetze haben Wörter wie „virtuelle Zelle“ eine neue Bedeutung erhalten. Unter Mithilfe von Computernetzwerken mit vorgegebenen Interaktionshierarchien kann man das physikalisch-chemische Wissen der zellulären Dynamik mathematisch modellieren. Das ist das Universum, das Supercomputer zur komplexen grafischen Darstellung dreidimensionaler Strukturen (Molekülstrukturen) und ihrer Dynamik (Moleküldynamik) braucht. Die Anzahl der Atome in einer Zelle ist buchstäblich astronomisch. Bei Computersimulationen struktureller Bewegungen eines Proteins muss man nicht nur strukturelle Informationen, wie Größe und relative Orientierung, sondern auch energetische Informationen, wie die Stärke der Interaktion zwischen den Atomen des Moleküls, eingeben. Es handelt sich um chemische Bindungen, Dipol-Dipol-Wechselwirkungen, Wasserstoffbrücken und Ionenpaare. Wir haben es nicht nur mit der Zahl der Atome in einem Protein zu tun, sondern auch mit mehreren physikalischen Parametern, die die Wechselwirkungskräfte zwischen diesen Atomen definieren. Um die Komplexität und den Mangel an Computerleistung – und auch der mathematischen Algorithmen – zu illustrieren, müssen wir auf die quantenmechanische Beschreibung von Molekülen schauen. Diese Systeme sind so komplex, dass man nur das einfachste Molekül – molekularen Wasserstoff – im Modell nachgebildet hat. Alle anderen Molekülstrukturen arbeiten mit Vereinfachungen, die mit einer Mischung aus klassischer Mechanik und Quantenmechanik funktionieren.

Die kleinste Aminosäure, Glycin, besteht aus zehn Atomen. Kleine Proteine enthalten etwa 100 Aminosäuren. Diese Schätzung läuft auf mehrere Tausend Atome pro Molekül hinaus, und das bei mehreren Tausend Proteinen pro Zelle. Aus Gründen der Einfachheit wollen wir 10^4 Atome pro Protein und 10^5 Proteine pro Zelle annehmen. Das entspricht einer Milliarde Atomen für die gesamten Proteine einer Zelle. Das Genom von *E. coli* besteht aus etwas über 4 Millionen Basenpaaren, mit durchschnittlich 70 Atomen pro Base. Dazu kommt eine mehrfache Menge RNA. Das bedeutet etwa eine Milliarde Atome für die Nucleinsäuren. Wenn wir nun alle Stoffwechselprodukte mit einschließen, kommen wir auf drei Milliarden Atome für eine einzelne Bakterienzelle. Wenn die Position jedes Atoms von durchschnittlich fünf physikalischen Parametern definiert wird, brauchen wir ein Tabellenkalkulationsblatt mit 15 Milliarden Zellen, um diese Information zu speichern. Zur Berechnung der Dynamik dieses Systems müssten wir wissen, wo diese Komponenten eine Milliardstel Sekunde später sind. Dazu brauchen wir 15 Milliarden Rechenschritte. Wenn wir einen 100 MHz-Computer benutzen, bräuchten wir 150 Sekunden. Um die Änderungen einer Sekunde zu berechnen, wären 1,5 Millionen Tage – *oder mehr als 4 000 Jahre* notwendig.

Literatur

1. Schuler, G. D. et al. *Entrez: molecular biology database and retrieval system*. In: *Methods Enzymol*. 266 (1996) S 141–162.
2. Altschul, S. F. et al. *Basic local alignment search tool*. In: *J. Mol. Biol*. 215 (1990) S. 403–410.

3. Thompson, J. D.; Higgins, D. G.; Gibson, T. J. *CLUSTAL W: improving the sensitivity of progressive multiple sequence alignment through sequence weighting, position-specific gap penalties and weight matrix choice.* In: *Nucleic Acids Res.* 22 (1994) S. 4673–4680.

3.3 Genomanalyse

Die Genomanalyse bestimmt Sequenzen und die Lokalisation von Genen auf Chromosomen und gibt Informationen über Vererblichkeit und Kopplung mit anderen Genen. Sie ermöglicht eine molekulare Interpretation der klassischen Genetik und wird einen weitreichenden Effekt auf die medizinische Forschung haben, wie bei der Gentherapie und der Erforschung autosomaler Mutationen und X-gekoppelter Erbkrankheiten. Die Verbindung zwischen Genominformation und Proteinstruktur und -funktion wird in Kapitel 4 besprochen. Die Hefe-Proteindatenbank (YPD™ und PombePD™, die zwei verwandte Hefearten verkörpern) von Proteome, Inc. (http://www.proteome.com/) stellt Informationen über DNA-Sequenzen, Proteinstruktur und -funktion, zelluläre Lokalisation und Stoffwechselwege und über den Zellzyklus auf eine kohärente Weise zusammen. Dieses Beispiel einer bearbeiteten und mit Querverweisen versehenen Datenbank spiegelt das Verständnis der postgenomischen Biologie wider.

Genomorganisation

Die Instrumente und Datenbanken der Bioinformatik werden langsam zu einem integrierten System, das die Komplexität von Organismen verkörpert. Nachdem die Genomprojekte kleiner Organismen eines nach dem anderen abgeschlossen werden, können wir vielleicht bald die Unterschiede der Genome der drei Urreiche (Bacteria, Archaea und Eukaryoten) und die Beziehung zwischen Genomorganisation und der Form und Funktion eines Organismus verstehen. Die Genomstruktur der Prokaryoten unterscheidet sich deutlich von der der Eukaryoten. Die Bezeichnungen spielen zwar auf die An- beziehungsweise Abwesenheit eines Zellkerns an, aber die Unterschiede beschränken sich nicht darauf. Die relative Häufigkeit von codierenden und nichtcodierenden Regionen differiert ebenso wie die Anordnung der Gene auf den Chromosomen. Während Bakterien ein kompaktes Genom mit wenig nichtcodierender DNA aufweisen, sind eukaryotische Chromosomen oft extrem groß und liegen in großer Zahl vor, besonders in Pflanzen. Die Gene der Eukaryoten und der prokaryotischen Archaea sind oft in nichtkontinuierliche „Exons“ aufgespaltet.

Spezielle Datenbanken zu den gesamten Genomen von Organismen stellen Informationen wie Verwandtschaft der Gene innerhalb des Genoms, räumliche Nähe, Koregulation etc. zur Verfügung. Die Stoffwechselwege in unterschiedlichen Bakterienarten können sich zum Beispiel unterscheiden, weil in einer Art ein zusätzlicher enzymatischer Schritt auftaucht. Der Weg, das herauszufinden, ist zu sehen, ob bestimmte Proteine zur selben Gruppe von Genen (Operon) gehören, die im Genom eines Mikroorganismus oft zusammenliegen. Operons ermöglichen es, dass der gesamte Stoffwechselweg, zum Beispiel zur Synthese einer Aminosäure, auf koordinierte Weise reguliert wird. Damit lässt sich die individuelle Regulation jedes einzelnen Enzyms des Stoffwechselweges vermeiden. Die Existenz von Stoffwechselwegen und die mehrfach vorhandenen Gene für Enzyme eines dieser Wege haben wichtige Auswirkungen darauf, wie sich Mutationen auf die Zellphysiologie auswirken. Mutationen, die ein Enzym eines Stoffwechselweges betreffen, können sich auf den ganzen Weg auswirken, weil er als ganzes einen Phänotyp ausmacht. Der Fortschritt bei der Sequenzierung der vollständigen Genome von prokaryotischen und eukaryotischen Organismen wird unzweifelhaft dabei helfen, die physiologische Rolle der Organisationsstrukturen von Genomen und deren Bedeutung für den Metabolismus zu bestimmen.

Obwohl Gene wichtig sind, da sie alle Proteine und RNA-Moleküle der Zelle codieren, bilden diese Strukturgene oft nur einen Bruchteil des Genoms, besonders in eukaryotischen Organismen – Pilze, Pflanzen und Tiere. So besteht das menschliche Genom schätzungsweise zu 90 % aus nichtcodierenden Regionen. Es ist noch nicht so lange her, dass man diese nichtcodierenden Regionen gelegentlich abwertend als Abfall-DNA bezeichnet hat, was ein mangelndes Verständnis und eine unzureichende Kenntnis ihrer Funktion widerspiegelt. Immer mehr erkennt man, dass die DNA, die keine Proteine oder RNA (regulatorisch, strukturell und enzymatisch) codiert, eine wichtige Rolle dabei spielt, wie Zellen auf die 10 % codierender DNA zugreifen. Im Wesentlichen ist diese nichtcodierende DNA bei der Kontrolle der Replikation und der zellspezifischen Genexpression wichtig. Sie scheint „nur lese"-Informationen zu enthalten (kurze Sequenzen, die als Bindungsstellen für Proteine funktionieren, die bei der Genexpression und der Replikation mitwirken). Bei diesen Proteinen handelt es sich um Wachstumsfaktoren oder Hormonrezeptoren. Die proteinbindenden Stellen haben für die Zellen eine zentrale Bedeutung und spielen bei der Zelldifferenzierung, der Morphogenese und der Musterbildung während der Embryogenese eine wichtige Rolle.

Die Implikationen der nichtcodierenden Sequenzen der DNA in Bezug auf die Evolution sind enorm. Da Mutationen Zufallsereignisse sind, absorbieren die nichtcodierenden Teile des Genoms einen Großteil dieser Änderungen der Basenzusammensetzung und dienen als „Spielplatz" für die chromosomale Rekombination und die Anhäufung stummer Mutationen. Polymorphe Marker (die Marker, die man beim genetischen Fingerabdruck benutzt), findet man in diesem Teil der DNA. Ein überraschender Befund der Analyse von Gengruppen aus unterschiedlichen Individuen war die große Häufigkeit von Unterschieden der Nucleotidsequenz zwischen Individuen (*Restriktionsfragment-Längenpolymophismus*: Sequenzvariationen an Stellen der DNA, die von Restriktionsenzymen geschnitten werden). Diesen genetischen Polymorphismus nutzt man in jüngster Zeit in der Gerichtsmedizin aus. Der genetische „Fingerabdruck" ist für ein Individuum unter mehreren Milliarden charakteristisch. Seine Entdeckung hat unser Rechtssystem verändert. Man hat PCR erfolgreich zur Identifikation eingesetzt, da sehr kleine Gewebeproben von Blutflecken, toter Haut oder einem einzigen Haar, die man an einem Tatort findet, ausreichen, um DNA zur weiteren Analyse zu amplifizieren.

Um den Zusammenhang zwischen dem „Bauplan" des Lebens und dem Leben selbst zu verstehen, benötigt man Informationen über die relative Position von Genen innerhalb des Genoms und über die Beziehung zwischen Sequenz und Struktur der Proteine. Da Proteine keine isolierten Einheiten sind und multiple Protein-Protein-Wechselwirkungen die Grundlage der Zellaktivität darstellen, ist es sehr wahrscheinlich, dass der Selektionsdruck auf individuelle Gene eng mit dem auf andere Gene gekoppelt ist. Das macht die Beziehungen von Sequenzen zu Strukturen und von Strukturen zu Funktionen extrem komplex. Die Vielzahl der Wechselwirkungen ist zu umfangreich. Neue Technologien wie die Genomik und die Proteomik, bei denen man die simultane Expression auf dem Niveau der RNA oder der Proteine untersucht, bilden den Ausgangspunkt, von dem aus man die komplexen molekularen Wechselwirkungen in Zellen angehen will.

Wie messen wir die Unabhängigkeit oder Abhängigkeit vererbbarer Eigenschaften? Wir können auf Gregor Mendel und seine Untersuchungen der unabhängig vererbten Merkmale der Farbe und Form von Erbsen zurückgreifen. Auf der molekularen Ebene codieren Gene (oder Allele), die auf räumlich getrennten Chromosomen sitzen (Abb. 3.13), zwei unabhängige Merkmale (Phänotypen). Wenn die Gene auf demselben Chromosom sitzen, werden sie regelmäßig – aber nicht immer – zusammen vererbt (weil der Abstand der Gene auf dem Chromosom auch sehr wesentlich ist). Man spricht auch davon, dass sie nicht segregieren.

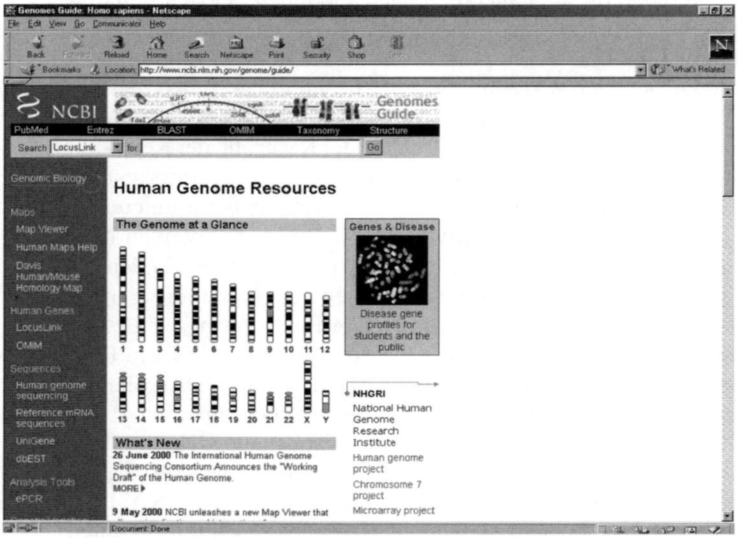

3.13 *Homo sapiens*: Human Genome Resources, das Genom auf einen Blick.

Die Wichtigkeit der Genomstruktur und der Stabilität der Chromosomen kann man durch die Untersuchung der molekularen Evolution der Histonproteine zeigen, der Proteine, die für das Verpacken und Speichern der DNA in die dichtgepackte Form unserer Chromosomen verantwortlich sind. Während der Zellteilung kondensieren Chromosomen zu den gut bekannten doppelarmigen Strukturen (Chromatidenpaare, siehe Karyotyp), aber während der normalen Ruhephase sind diese Chromosomen nur locker gepackt und für die Proteine zugänglich, die Gene in RNA transkribieren (RNA-Polymerase) oder den Zugang zur DNA kontrollieren (Transkriptionsfaktoren). Das ist der wesentliche Punkt der Genregulation (Transkription oder Expression). Es handelt sich um das Gleichgewicht des Zugangs zur DNA, das zwischen Strukturproteinen (oder Histonen), den Nucleinsäure-synthetisierenden Proteinen (oder Polymerasen) und den DNA-bindenden Proteinen (oder Transkriptionsfaktoren) herrscht, und das die Zugänglichkeit der DNA für die Polymerasen steuert.

Die Bedeutung der Gentranskription für die Lebensfähigkeit eines Organismus ist offensichtlich, da Gene Proteine codieren, und die Proteine alle zellulären Vorgänge steuern. Die Bedeutung der Chromosomenstruktur ist dagegen nicht so klar ersichtlich, aber es gibt Hinweise darauf, dass das Eingreifen in die Chromosomenstruktur für Zellen tödlich ist. Die Analyse der Aminosäurensequenz der Histone hat einen Anhaltspunkt dafür geliefert. Die Histongene sind innerhalb des Urreiches der Eukaryoten hochgradig konserviert. Sie sind ein genetisches Schlüsselmerkmal der Tiere, Pflanzen und Pilze. Die konservierten Sequenzen sprechen auch für einen einzigen Vorfahren in der Evolution, von dem sich alle modernen Eukaryoten ableiten. In der Tat benutzt man Histongene als molekulare Uhr, gewissermaßen molekulare Lineale, mit deren Hilfe man die phylogenetischen Abstände (Zeit seit der Trennung zweier Arten) bei entfernt verwandten Arten misst. Das Überleben eines Organismus (oder einer Population) hängt vom Phänotyp ab, und *vererbbare Änderungen des Phänotyps* (Mutationen) geschehen ausschließlich durch zufällige Änderungen der Basenzusammensetzung (Sequenz) auf dem Niveau der DNA und werden dort gespeichert. Mutationen werden „zurückgewiesen", wenn ihr Phänotyp ein schädliches Merkmal darstellt. Der Organismus stirbt entweder, bevor er das fruchtbare Alter erreicht oder er ist unfruchtbar und verliert so die Möglichkeit, sein Genom an die nächste Generation weiterzugeben. Die Rate der akkumulierten Mutationen eines Gens (Nucleotidsequenzen, die nicht zurückgewiesen werden) ist ein direktes Maß für die Wichtigkeit des Phänotyps (Proteins) für die Überlebensfähigkeit des Organismus, aber nicht für die Population. Allelvariationen innerhalb einer Population zeigen jedoch die Empfänglichkeit eines spezifischen Gens bezüglich Mutationen an. Histongene weisen eine extrem niedrige Mutationsrate über hunderte von Millionen Jahren auf. Das zeigt, dass die Struktur dieser Proteine für alle Eukaryoten essenziell ist. Dies bedeutet, dass außer der Replikation und der Transkription das differenzielle Verpacken der DNA in den Chromosomen während der unterschiedlichen Stadien des Zellzyklus von entscheidender Bedeutung für das Überleben ist.

Die Genomforschung, das heißt der Versuch den Inhalt der Gene, ihre Organisation und das zeitliche Expressionsmuster zu katalogisieren, wird detaillierte Informationen über die Zellevolution hervorbringen. Es ist deshalb nicht überraschend, dass das Internet für die Wissenschaftler zu einem wesentlichen Instrument geworden ist, weil es zahlreiche Datenbanken mit Informationen über die Genome Tausender Organismen, ihre Taxonomie (Abb. 3.14) und ihre evolutionäre Verwandtschaft in Form von Stammbäumen oder des „Baums des Lebens" enthält.

Der Baum des Lebens ist eine bildliche Darstellung der diversen Lebensformen auf der Erde, die von einem gemeinsamen Vorfahren abstammen. Man geht davon aus, dass es nur einen derartigen Baum gibt (d. h. eine einzige Vorläuferzelle) und dass das Leben nicht mehrmals unabhängig voneinander entstand. Obwohl diese Annahme vernünftig ist und mit den Befunden der Molekularbiologie in Einklang steht, handelt es sich um eine Spekulation und bestätigt die Auffassung, dass die Chance, dass Leben aus toter Materie entsteht, gering ist. Dass dieses Ereignis stattgefunden hat, soll nicht bestritten werden, aber es ist erstaunlich, da die Wissenschaftler darin übereinstimmen, dass die spontane Entstehung neuer Lebensformen aus (an-) organischem Material höchst unwahrscheinlich ist.

Das Projekt „*Tree of Life*" der University of Arizona (http://phylogeny.arizona.edu/tree/phylogenie.html) gibt einen visuellen Überblick über die Phylogenie allen Lebens auf der Erde (siehe Farbbild 1*).

Es handelt sich nicht um einen Baum, der die molekularbiologischen Beziehungen widerspiegelt, sondern um einen klassischen taxonomischen Baum. Er stellt ein für Molekularbiologen sehr wertvolles Instrument dar, da sie oft keine formelle Schulung in

* Siehe Farbtafelteil in der Mitte des Buches.

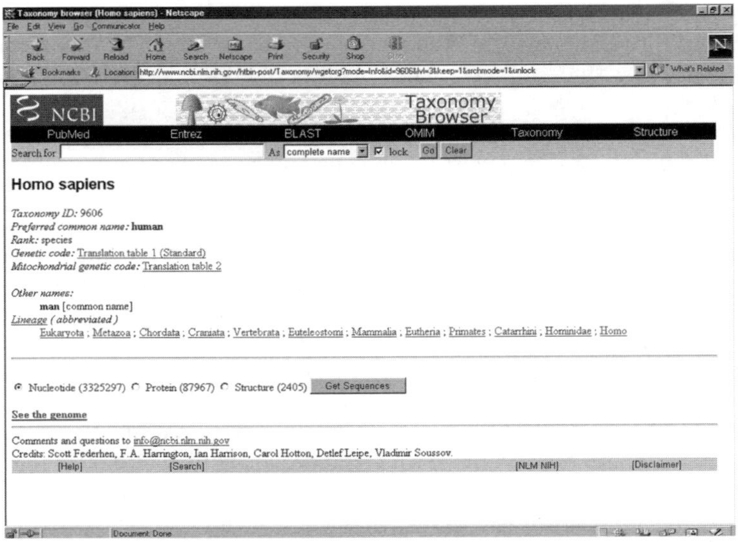

3.14 Taxonomie (Abstammungslinie) für *Homo sapiens* (Taxonomie-Browser des NCBI).

Evolutionsbiologie, Zoologie, Botanik und Ökologie erfahren haben. Das Projekt enthält Informationen über die Diversität der Organismen auf der Erde, ihre Geschichte und wesentlichen Merkmale. Zu der Website steuern viele Autoren Inhalte bei. Sie wurde von David R. Maddison koordiniert und ins Leben gerufen an der University of Arizona.

Manche Proteine treten als Teil größerer Proteinkomplexe auf, und man kann die Aktivität dieser Proteine nur im Kontext dieser Komplexe untersuchen. Sie sind nicht unabhängig voneinander und deshalb können auch ihre Gene nicht unabhängig voneinander sein. Dennoch werden einige der Proteine funktioneller Komplexe von Genen codiert, die ohne offensichtliche Kopplung auf unterschiedlichen Chromosomen liegen. Gibt es im menschlichen Genom Hinweise auf eine solche offensichtliche fehlerhafte Organisation bei bestimmten Gengruppen? Das Protein Hämoglobin der roten Blutkörperchen, das beim Sauerstofftransport von der Lunge zu Zielorganen wie Muskeln und Gehirn hilft, besteht aus vier fest miteinander verbundenen Proteinuntereinheiten, die von zwei Genen codiert werden. Diese Gene nennt man das alpha- und das beta-Globingen und der funktionelle Proteinkomplex enthält je zwei Kopien jedes Genprodukts. Obwohl diese beiden Gene zur Bildung des richtigen Komplexes immer zusammen exprimiert werden müssen (es gibt keinen funktionellen Komplex nur aus alpha- oder nur aus beta-Molekülen), besteht das Gen für die alpha-Untereinheit in Wirklichkeit aus einer Gruppe (*cluster*) von alpha-Globingenen mit leicht unterschiedlicher Sequenz, die während der unterschiedlichen Embryonalstadien differenziell exprimiert werden. Zu einem gegebenen Zeitpunkt ist also jeweils nur ein Gen des alpha-*clusters* aktiv. Die Gene für die alpha-Untereinheiten befinden sich auf dem Chromosom 16, während die beta-Untereinheit vom Chromosom 11 codiert wird.

Anatomische und physiologische Phänotypen sind polygen, das heißt, dass mehrere Gene für den Phänotyp verantwortlich sind. Außer den offensichtlichen Eigenschaften des Aussehens eines Individuums ist der Zellstoffwechsel das beste Beispiel zur Untersuchung von Wegen, die von mehreren Enzymen gebildet werden. Die Synthese und der Abbau von Stoffwechselprodukten wie Zucker, Fette, Aminosäuren und Lipiden sind Bestandteil dieser komplexen, gegenseitig abhängigen Stoffwechselwege. Die Organisation von Genen, die einen Stoffwechselweg für ein bestimmtes Produkt innerhalb des Genoms bilden, ist in verschiedenen Organismen unterschiedlich. Als Regel kann gelten, dass es keine strenge Beziehung zwischen Proteinen, die funktionell und strukturell miteinander in Wechselwirkung stehen, und der Position ihrer Gene auf den Chromosomen gibt. Manchmal sind diese Gene bei der Genexpression in streng koordinierte funktionelle Gruppen zusammengefasst, oft jedoch sind sie lose über das ganze Genom verteilt. Die funktionelle Genetik könnte dabei behilflich sein, etwas Licht auf dieses Problem zu werfen.

Es existiert eine klare Beziehung zwischen einer bestimmten DNA-Sequenz und der chromosomalen Morphologie des Organismus. Folgende morphologische (strukturelle) Merkmale kann man erkennen:

- telomere Regionen (Tandemwiederholungen, hängen mit dem Alterungsprozess zusammen)
- centromere Regionen (tandemwiederholte Sequenzen)
- Nucleolusorganisatoren (Gene für die ribosomale RNA)

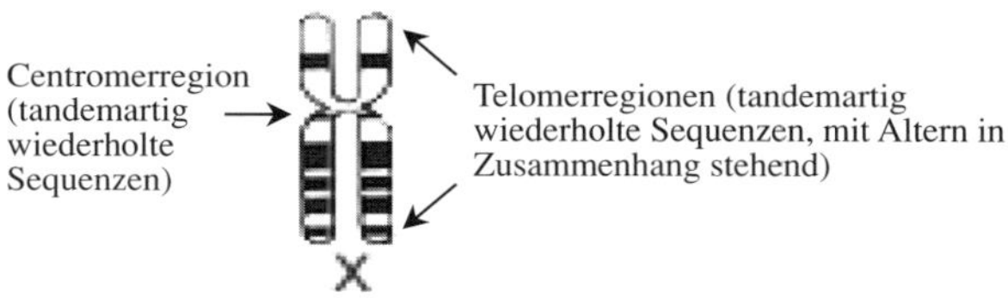

3.15 Chromatidenpaar. G-Banden und Chromosomenidentifikation.

Wegen der Beziehung zwischen Genfunktion und Chromosomenstruktur ist die physikalische Kartierung der Genome essenziell für das Verständnis der Einzigartigkeit eines Organismus und seines Entwicklungsplans (Stadien seines Lebenszyklus). Die Einzigartigkeit eines Organismus liegt nicht nur in der Zusammensetzung seiner Gene, sondern auch in seiner Chromosomenstruktur begründet. Säugerchromosomen liegen in metazentrischer und akrozentrischer Form vor. Man konnte zeigen, dass eine Ursache für die reproduktive Inkompatibilität unterschiedlicher (aber bezüglich ihrer Gensequenzen eng verwandter) Arten darin liegen kann, dass ihre Chromosomenstrukturen (die Superstruktur der DNA, die auch von den Histonen abhängt) während der Zellfusion und Zellteilung (Mitose, Meiose) inkompatibel sind. Hier können wir das Entstehen einer Schleife sehen, bei der die Histongene durch die Art reguliert werden, wie eben die Histone untereinander und mit der DNA wechselwirken, um die Superstruktur der Chromosomen zu bilden. Diese Schleife beeinflusst die Lebensfähigkeit der Zelle entscheidend, weil die Chromosomenstruktur bei der Zellteilung von zentraler Bedeutung ist. Änderungen der Nucleotidsequenz der Histongene (Mutationen) verändern ihre Aminosäurenzusammensetzung, was die Chromosomenstruktur beeinflusst. Dies hat wiederum Auswirkungen auf ihre Vererbung (Replikation) und ihre Expression (Transkription).

Die Kartierung des Genoms

Genomdatenbanken spielen eine zunehmend wichtigere Rolle beim Verständnis neuer Gene mit ungeklärter Funktion. Durch Analogieschlüsse bezüglich der Lokalisation eines Gens und dem Vergleich der chromosomalen Lokalisation kann es in einigen Fällen möglich sein, die Funktion eines Gens abzuleiten und zukünftige Experimente zu planen. Die Anordnung der Gene auf den Chromosomen ist wie die DNA-Sequenzen Änderungen (Mutationen) unterworfen und kann sich von Generation zu Generation wandeln. In Eukaryoten bildet das Umgruppieren chromosomaler Fragmente (homologe Rekombination, reziprokes Crossing Over, Meiose, Mitose) einen wichtigen Teil der genetischen Variabilität zwischen Individuen. Der auf Chromosomenumgruppierungen basierende Polymorphismus macht Individuen, wie oben schon erwähnt, genetisch einzigartig, obwohl die Summe des genetischen Inhalts (die Gesamtheit aller vererbten Gene) sich dabei nicht ändert. Umgruppierungen können die Genexpression auf eine geordnete und programmierte Art beeinflussen und verändern.

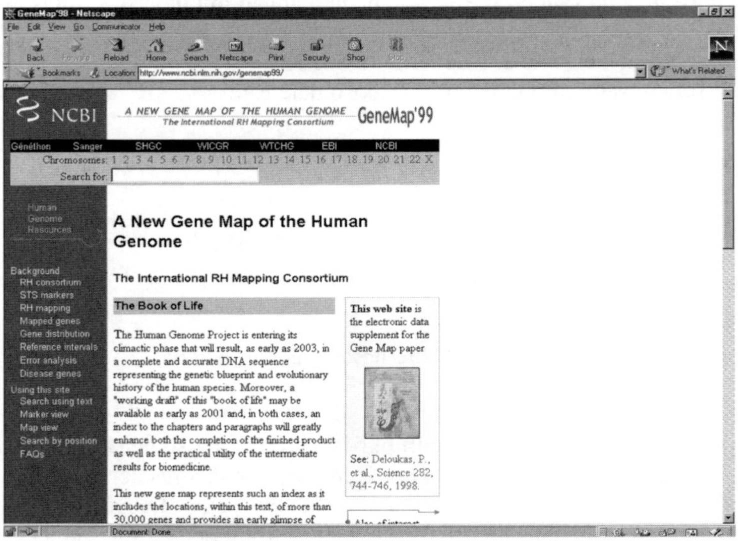

3.16 GeneMap '99: Eine neue Genkarte des menschlichen Genoms.

Viele dieser Umgruppierungen können auch Krankheiten auslösen; eine zusätzliche Motivation, die Beziehung zwischen Genexpression und chromosomaler Morphologie zu verstehen. Dies wird von der zunehmenden Größe der Datenbanken, die sich medizinischen Themen widmen und der Websites über Erbkrankheiten und ihrer Beziehung zur Genetik widergespiegelt (NIH-Gesundheitsinformation bei http://www.nih.gov/health/).

Genetische Koppelungskarten

Genetische Koppelungskarten bilden die relative chromosomale Lokalisation von DNA-Markern (Genen und anderen identifizierbaren DNA-Sequenzen) durch ihre Vererbungsmuster ab. Werden sie zusammen vererbt oder nicht? Der Abstand zwischen zwei Markern auf der Karte gibt die Frequenz an, wie oft sie zusammen vererbt werden (inverse Beziehung zur Entfernung). Das ist das Feld der Populationsgenetik, und beim Menschen untersucht man dazu die Familiengeschichte autosomaler oder geschlechtsgekoppelter Merkmale. Nur polymorphe Marker sind nützlich. Polymorphismen (Mutationen) sind Variationen der DNA-Sequenz, die im Durchschnitt etwa alle 300–500 Basenpaare auftreten, also am unteren Ende der Längenverteilung von Genen liegen. Das bedeutet, dass Polymorphismus ein recht häufiges Merkmal unserer Gene ist. Mutationen bedeuten jedoch nicht notwendigerweise einen veränderten Phänotyp, obwohl viele von ihnen für beobachtbare Änderungen wie Augenfarbe, Blutgruppe und Krankheitsanfälligkeit verantwortlich sind, wenn sie innerhalb von Exons auftreten. Es sind gerade die Mutationen in nichtcodierenden Sequenzen des Genoms, die als molekulare Marker dienen, ohne sichtbare Merkmale (den Phänotyp) zu beeinflussen oder die Überlebensfähigkeit des Organismus zu schmälern. Da sie häufig in nichtcodierenden Regionen auftreten, kann man sie als *versteckte Mutationen* ansehen, die man nur auf der Ebene der DNA-Analyse „sehen" kann. Zusammengefasst konstruiert man Kopplungskarten durch das Beobachten, wie oft zwei Marker innerhalb des Familienstammbaumes (von Generation zu Generation) zusammen vererbt werden. Mendels Erbsenfarben sind solche Marker, und obwohl einige offensichtlich unabhängig vererbt werden (nicht durch ihre gemeinsame Lage auf einem Chromosom verbunden) sind andere gekoppelt, liegen also auf demselben Chromosom.

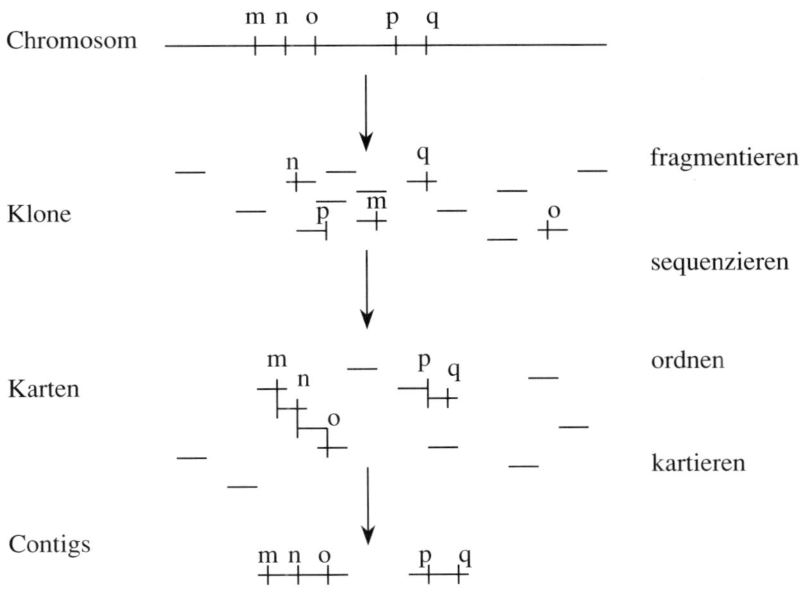

3.17 Kartieren und Sequenzieren von Chromosomen: Ein Chromosom, das fünf Marker enthält (m,n,o,p,q) wird fragmentiert und die Fragmente (Klone) durch die Marker identifiziert. Diese Klone ordnet und kartiert man, indem man die überlappenden Zeichenfolgen der Sequenzen vergleicht. Solange die Fragmente überlappende Sequenzen aufweisen, kann man sie in kontinuierlichen Segmenten (Contig 1: mno und Contig 2: pq) zusammenbringen. Falls einige Fragmente fehlen, ist es nicht möglich, das gesamte Chromosom zu rekonstruieren, sondern es wird durch eine Reihe von Contigs repräsentiert. Da man die Fragmente vollständig sequenziert, sind die entsprechenden Contigsequenzen bekannt und man kann sie in Datenbanken (z. B. GenBank) speichern.

Genetische Karten hat man benutzt, um die genaue chromosomale Stelle zu finden, an der mehrere wichtige Krankheitsgene liegen, einschließlich cystischer Fibrose, Sichelzellanämie, Tay-Sachs-Krankheit, fragilem-X-Syndrom und myotonischer Dystrophie.

Ein kurzfristiges Ziel des Genomprojektes besteht darin, eine hochauflösende genetische Karte (2–5 cM [centiMorgan]) zu entwickeln; man sagt, dass zwei Marker 1 cM auseinader liegen, wenn sie bei 1 % der Rekombinationsereignisse getrennt werden. Die genetische Distanz von 1 cM entspricht grob einer physikalischen Entfernung von 1 Million bp (1 Mbp)). Kürzlich erstellte Consensuskarten einiger Chromosomen weisen im Durchschnitt eine Distanz von 7-10 cM zwischen genetischen Markern auf. Man hat die Auflösung der genetischen Karten erhöht, indem man rekombinante DNA-Technologien eingesetzt hat, einschließlich *in vitro*-strahlungsinduzierter Chromosomenfragmentierung und Zellfusionen (Zusammenbringen menschlicher Zellen mit denen anderer Arten mit dem Ziel, Hybridzellen zu bilden), um Zellreihen mit spezifischen und unterschiedlichen Komponenten humaner Chromosomen zu erhalten. Die Abschätzung der Häufigkeit, mit der Markerstellen nach der strahleninduzierten DNA-Fragmentierung zusammenbleiben, kann die Anordnung und Entfernung zwischen den Markern aufklären. Da man nur eine einzige Kopie eines Chromosoms zur Analyse braucht, sind sogar nichtpolymorphe Marker bei der Radiations-Hybrid-Kartierung nützlich. [Beim meiotischen Kartieren, das oben beschrieben wird, müssen sich zwei Kopien eines Chromosoms durch polymorphe Marker unterscheiden.] (aus: Dennis Casey, Dept. of Energy. *Primer on Molecular Genetics* (1992), http://www.bis.med.jhmi.edu/Dan/DOE/intro.html).

Physikalische Karten

Physikalische Karten beschreiben die molekulare Organisation von Genen oder Markern innerhalb des Genoms oder Chromosoms. Abhängig von der verfügbaren oder benutzten Technik, kann die Auflösung der Karte in großem Umfang schwanken. Die frühen Methoden basierten auf mikroskopischen Techniken und analysierten das Bandenmuster der kondensierten Form der Chromosomen. Die Banden korrelieren oft mit unterschiedlich aktiven Regionen von Genomen. Während die Lichtmikroskopie DNA-Präparationen in einer ziemlich hochorganisierten Form benötigt (wie z. B. während der Mitose), hat die Elektronenmikroskopie eine höhere Auflösung und kann noch feinere Strukturen trennen.

Physikalische Karten mit hoher Auflösung (Abb. 3.18) benutzen die zunehmend verfügbare Sequenzinformation und verbinden mikroskopische Daten mit genetischen Kopplungskarten und DNA-Sequenzen um diese Marker herum (Gene): Die letzte physikalische Karte wird schließlich die gesamte zusammenhängende DNA-Sequenz des (menschlichen) Genoms oder seiner Chromosomen sein. Da genetische Kopplungskarten die Entfernung zwischen Markern basierend auf der rekombinatorischen Aktivität messen, können die relativen Abstände zwischen Markern auf physikalischen und genetischen Karten ziemlich unterschiedlich ausfallen. Das liegt an der Tatsache, dass die Rekombination während der Meiose und der Mitose an unterschiedlichen Stellen des Chromosoms mit unterschiedlicher Häufigkeit auftritt. Der Mechanismus für dieses Verhalten ist noch unklar. Er könnte „einfach“ sequenzabhängig sein oder mit der Chromosomenstruktur zusammenhängen, die ihrerseits wieder von Sequenzmustern bestimmt sein könnte. Daher ist der Unterschied zwischen physikalischer und funktioneller Karte höchst interessant, und die Genomprojekte werden Informationen beitragen, die bei der letztendlichen Klärung dieser Frage helfen könnten.

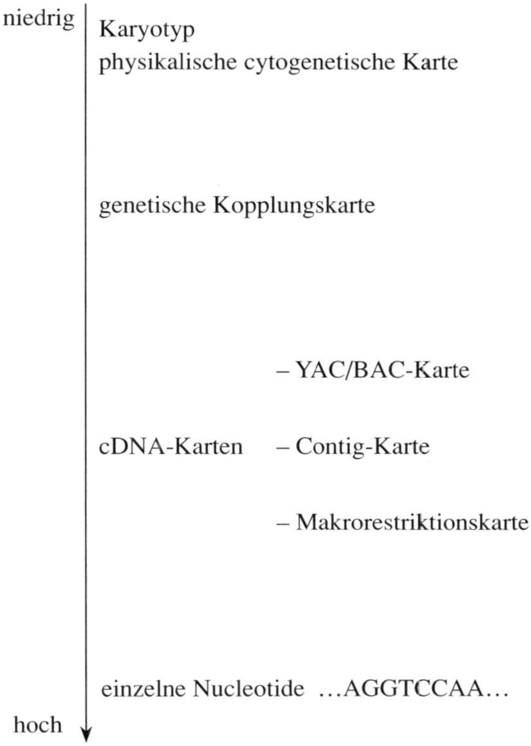

3.18 Ebenen der Auflösung beim Kartieren von Genomen: Die Genomprojekte schreiten über mehrere Stufen der Auflösung der in den Chromosomen enthaltenen genetischen Information voran. Die Unterteilung des Genoms in physikalisch individuelle Teile (Chromosomen) ist der Karyotyp. Genetische Marker sind gekoppelt, wenn sie auf demselben Chromosom liegen (genetische Koppelungskarte). Man kann die relative Position von Genen bestimmen, wenn man physikalische und genetische Koppelungskarten korreliert. Kleinere Fragmente ermöglichen die Feinauflösung von Markern, die im Genom einander sehr nahe liegen, mittels cDNA-Karten. Immer kleinere Fragmente werden so zugänglich, bis die Sequenzanalyse auf der Ebene der einzelnen Nucleotide abgeschlossen werden kann.

Die Sanger-Website (http://www.sanger.ac.uk/) zeigt Beispiele von menschlichen Chromosomen und ihrer hierarchischen Organisation. Hier kann der Nutzer, der an einem Klon und seiner Lokalisation auf einem bestimmten Chromosom interessiert ist, in eine zunehmend detailliertere Karte hineinzoomen, bis das Sequenzniveau erreicht ist.

Expressionskarten

Die Identifizierung von Strukturgenen hat das Human-Genom-Projekt von Anfang an motiviert. Sie spielt auch eine wesentliche Rolle bei den größeren Klonierungsprojekten in der Arzneimittelentwicklung. Der Grund dafür ist einfach: Strukturgene sind leicht zu identifizieren, weil sie aktiviert und inaktiviert werden können. Und in der Tat lässt sich das Problem auf die Identifizierung der mRNA der Zelle reduzieren. Die daraus resultierenden sequenzmarkierten Stellen (*sequence tags*) waren ein wichtiges Instrument bei der Identifizierung neuer eukaryotischer Gene. Anstatt auf die vollständige Genomsequenz zu warten, wählt man sehr kurze Fragmente aus und sequenziert sie, um so genannte Expressionskarten zu konstruieren. Da Gene sowohl aus codierenden als auch aus nichtcodierenden flankierenden Regionen mit regulatorischen Sequenzen bestehen, waren exprimierte Sequenzmarker (ESTs) und sequenzmarkierte Stellen wesentliche Faktoren bei der Erstellung von Kopplungskarten und hochauflösenden Karten der menschlichen Chromosomen. In den Worten des NCBI:

> Eines der spezifischen Ziele des U.S. Human-Genom-Projektes ist die Erstellung einer hochauflösenden Karte des Genoms auf der Basis von STSs (sequenzmarkierte Stellen, über PCR gewonnene Stellen des menschlichen Genoms). Bis vor kurzem stammte die große Mehrheit der STSs aus anonymen genetischen Sequenzen. Das war bei der Kartierung des Genoms und einzelner Chromosomen enorm erfolgreich, effizient und in seiner Einfachheit elegant. Die Entwicklung von STSs aus den 3'-nichttranslatierten Regionen (3'-UTR) von mRNA hat den Vorteil, nicht nur einen Marker zur Verfügung zu stellen, sondern auch ein Gen für die Karte, wie James Sekela und seine Mitarbeiter vorgeschlagen haben. Die beiden wichtigsten Vorteile der Benutzung von 3'-UTRs anstelle anderer Regionen einer mRNA sind, dass (i) sie beinahe nie Introns enthalten und dass die Größe des PCR-Produktes deshalb für die cDNA und ihre DNA-Matrize übereinstimmt und dass (ii) die Sequenzen der 3'-UTRs nicht so gut konserviert sind wie codierende Sequenzen und es deshalb leichter ist, zwischen den unterschiedlichen Genen und Mitgliedern einer paralogen Genfamilie zu unterscheiden, die auf der Ebene ihrer codierenden Sequenzen sehr nahe miteinander verwandt sein können. ...Eines der frühen Probleme mit den genbasierten STSs war, dass es einfach nicht genug einzigartige menschliche Gene gab, mit denen man arbeiten konnte. Aber all das änderte sich mit dem Aufkommen der Sequenzierung der ESTs, als mehrere Gruppen begannen ESTs zu kartieren, wenn auch in einem begrenzten Maßstab und üblicherweise nur mit der Auflösung der Zuordnung zu einem Chromosom. Die Veröffentlichung von Sikelas Arbeitsgruppe in dieser Ausgabe berichtet von der Kartierung von 318 cDNAs auf den CEPH mega-YACs und sie ist ein Meilenstein auf diesem Gebiet, da sie als Brücke zwischen dem begrenzten Kartieren von ESTs in der Vergangenheit und den Abertausenden genbasierten Markern dienen wird, die in naher Zukunft auf den Karten erscheinen werden. (Mark S. Boguski und Gregory D. Schuler; www.ncbi.nlm.nih.gov/Schuler/Papers/ESTtransmap/).

Die Identifizierung von ESTs ist eine schnelle Methode, um menschliche Gene zu finden, da sie sich aus aktiven Genen ableiten. Man kann ESTs ohne jegliche Kenntnis ihrer Funktion erhalten. Da Gene nicht ständig und oft zelltypspezifisch exprimiert werden (und auch abhängig von den unterschiedlichen Entwicklungsstadien eines Organismus) muss man den ganzen Lebenszyklus und alle physiologisch relevanten Gewebe eines Organismus bearbeiten und auf das Vorhandensein von mRNA zur anschließenden Sequenzierung überprüfen.

Nichtcodierende DNA wird fragmentweise mit Hilfe der PCR-Technologie sequenziert. Die dbSTS-Datenbank enthält spezifische Sequenzmarker, die man zur eindeutigen Identifizierung von Chromosomenstellen benutzen kann (sie gelten als Genmarker, wenn sie mit dem Gen kosegregieren). Durch die Anwendung elektronischer PCR kann man STSs mit bekannter chromosomaler Position suchen und mit neuen Sequenzen vergleichen und so die genomische Position der neuen Sequenzen bestimmen. Auf diese Art kann man e-PCR zur Erstellung mehrerer Typen von genomischen Karten benutzen.

Alles in allem hat die große Sequenzierungsgeschwindigkeit oft zur Folge, dass Sequenzen partiell oder unvollendet bleiben. Die Abteilung der GenBank für Genomprojekte mit hohem Umsatz (http://www.ncbi.nlm.nih.gov/HTGS/) trägt dem Rechnung und koordiniert das Einreichen dieser Fragmente – nicht nur bei GenBank, sondern auch bei der japanischen und der europäischen Datenbank. Hierbei arbeiten die drei internationalen Nucleotidsequenzdatenbanken DDBJ, EMBL und GenBank eng zusammen.

Die Entfernung redundanter Information

Da die Genomprojekte sich zu einem organisierten Unternehmen entwickeln ist es wichtig, wiederholte Informationen zu eliminieren, damit die Datenbanken möglichst knapp und optimal gestaltet werden. Die Redundanz rührt nicht nur daher, dass unterschiedliche Forscher am gleichen Gen oder Protein interessiert sind, sondern auch daher, dass unterschiedliche Techniken zur zufälligen Klonierung und Sequenzierung von Genomen Fragmente mit wenig biologischer Information hervorbringen.

> Ein Gen, viele Sequenzen. GenBank ist eine umfangreiche Quelle von Sequenzdaten, aber das Auswählen von Kandidaten zur physikalischen Kartierung kann schwierig sein. Das liegt zum größten Teil am Vorhandensein mehrfacher Sequenzeinträge, die vom selben Gen stammen, aber nicht identisch sind. ...Gensequenzeinträge weisen unterschiedliche Mengen flankierender und Intronsequenzen auf. Sequenzen von mRNAs können unvollständig sein oder variieren, wenn alternatives Spleißen vorliegt. Und schließlich sind ESTs fragmentarisch und haben eine höhere Fehlerrate. Für die UniGene-Datensätze werden alle diese Sequenzen in einer Gruppe zusammengezogen, wenn eine statistisch signifikante Übereinstimmung der DNA-Sequenz in der 3'-UTR gefunden wird. Im Falle der Washington-University-Merck&Co.-ESTs stammen diese Sequenzen von mRNA, die über oligo-(dT)-Primer und gerichtete Klonierung gewonnen wird, wobei man anschließend das 3'-Ende und das 5'-Ende sequenziert. Bei der Zusammenstellung der Gruppen wird nur das 3'-Ende benutzt, aber die Anwendung gemeinsamer Indexnummern der Klone platziert die entsprechenden 5'-Enden in die jeweilige Gruppe (www.ncbi.nlm.nih.gov/Schuler/Papers/ESTtransmap/).

Die Redundanz ist natürlich bei einigen Aspekten der Genomkartierung und der Qualitätskontrolle nützlich und Redundanz sowie Homologie sind verwandte Begriffe, die sich auf zwei (oder mehr) unterschiedliche Gene mit großer Ähnlichkeit beziehen. Es handelt sich bei diesen ähnlichen Genen wahrscheinlich um Allele in einer Population oder Homologe eines spezifischen Gens in unterschiedlichen Arten oder unterschiedlichen taxonomischen Gruppen.

Der Fortschritt bei der Kartierung des menschlichen Genoms

Anfang 1998 ging man davon aus, dass das menschliche Genom im Jahr 2005 sequenziert sein würde, wenn man von der projektierten Geschwindigkeit und der Zahl der Basenpaare des vollständigen Genoms ausgeht. Im Oktober 1998 gingen die neue Genomfirma Celera (http://celera.com), die von Perkin-Elmer (http://www.perkin-elmer.com/) und J. Craig Venter als Privatinitiative gegründet wurde, und das von der U.S.-Regierung unterstützte Human-Genom-Projekt von einem „Arbeitsentwurf" im Jahr 2001 und einer feineren, genaueren Sequenzkarte im Jahr 2003 aus.

Der wilde Wettkampf zwischen Celera und dem öffentliche finanzierten Human-Genom-Projekt gipfelte am 26. Juni 2000 mit der Veröffentlichung eines ersten „Rohentwurfs" des menschlichen Genoms, ein Jahr früher als 1998 vorgesehen. Es folgen Ausschnitte aus der Pressemitteilung: »Die Zusammenstellung, die heute bekannt gegeben wird, besteht aus überlappenden Fragmenten, die 97 % des menschlichen Genoms abdecken. Daraus ist schon die Sequenz von 85 % des menschlichen Genoms abgeleitet worden. Die Sequenz hat man zu einer Zeichenkette von As, Ts, Cs und Gs aufgereiht, die entlang der menschlichen Chromosomen angeordnet sind. .... Das Ergebnis ist ein Arbeitsentwurf, der der letzten oder endgültigen Fassung um einiges näher ist, als es das Konsortium für diesen Zeitpunkt erwartet hat. Ungefähr 50 % des Genoms befinden sich in einer fast abgeschlossenen Fassung oder sogar besser, und 24 % sind vollständig beendet. Im Durchschnitt über das ganze Genom betrachtet verfügt man über kontinuierliche lückenfreie DNA-Fragmente (Contigs) mit einer Länge von 200 000 Basen. Die mittlere Genauigkeit der DNA-Sequenzen beträgt 99,9 %.« (http://www.wi.mit.edu/news/genome/pressrel.html)

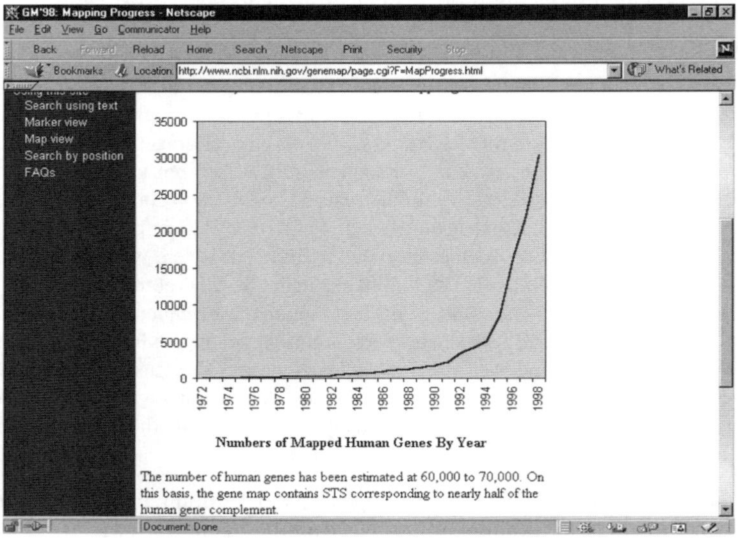

3.19 GeneMap '99: Fortschritt bei der Kartierung.

Die Entwicklung neuer Hard- und Software war bei dieser Entwicklung entscheidend. Hinter der öffentlichen Anstrengung steht das International Radiation Hybrid Mapping Consortium und auf die Informationen kann man über das NCBI unter http://www.ncbi.nlm.nih.gov/genemap99/ zugreifen. Die wichtigsten Genomzentren, die am International RH Mapping Consortium teilhaben, werden in der Tabelle unten aufgeführt. Um eine vollständige Teilnehmerliste zu erhalten, kann man die Genemap '99 des NCBI konsultieren.

GeneMap '98 enthielt die Positionen von 30 261 Genen in den veröffentlichten Daten (Ende 1998), wobei man ein exponentielles Anwachsen der sequenzierten oder positionierten Gene feststellen kann (Abb. 3.19). Die Positionen werden durch sequenzmarkierte Stellen (STS) gekennzeichnet und sind im ganzen Genom einmalig (oder scheinen es zu sein). Wegen des geringen Anteils von Gensequenzen im menschlichen Genom entsprechen nur etwa 3 % aller STS-Sequenzen eigentlichen Genen. GeneMap '99 leitet sich aus STS-Sequenzen ab, die von exprimierten Sequenzen stammen und repräsentiert diese 3 % des Genoms. Aus diesem Grund nennt man die gegenwärtige Karte auch die *menschliche Transkriptkarte* (*Human Transcript Map*). Von den geschätzten 30 000 Genen kann man etwa 15 % als mRNA-Transkripte mit voller Länge in GenBank finden und der Rest besteht nur aus partiellen Sequenzen.

Tabelle 3.1 Die wichtigsten Genzentren, die am International Radiation Hybrid Mapping Consortium mitwirken

Genomzentrum	Land	Internetadresse
Généthon	Evrey, Frankreich	www.genethon.fr/genethon_en.html
The Sanger Center	Cambridge, UK	www.sanger.ac.uk/
The Stanford Human Genome Center (SHGC)	Palo Alto, CA, U.S.	www-shgc.stanford.edu
The Whitehead Institute for Biomedical Research (WICGR)	Cambridge, MA, U.S.	www.genome.wi.mit.edu/
The Wellcome Trust Center for Human Genetics (WTCHG)	Oxford, UK	www.well.ox.ac.uk/

GeneMap '99 bietet für jedes Chromosom eine Zusammenfassung der Genverteilung. Man kann auch Informationen über die Genaktivität oder Gendosiseffekte von dieser Tabelle erhalten, da sie die erwartete Gendichte mit der auf der Grundlage der ESTs vorgefundenen Dichte vergleicht. Es ist offensichtlich, dass die Gendichte nicht gleichförmig über die Chromosomen verteilt ist, wobei man bei den Chromosomen 17 und 19 die größten Abweichungen in Richtung erhöhter Dichte findet und die Chromosomen 18 und X deutlich weniger Gene als erwartet aufweisen. Der letztere Befund könnte darauf zurückzuführen sein, dass bei Frauen ein X-Chromosom inaktiviert wird und Männer den Genotyp XY aufweisen. Es ist wichtig, daran zu denken, dass die gegenwärtigen Transkriptkarten eher die Genexpressionsaktivität als das eigentliche Vorhandensein codierender Regionen offenbaren. Die Gendichte spiegelt also mehr eine funktionelle als eine physikalische Verteilung wider. Die möglichen Unterschiede, die man bei der Dichte von EST- beziehungsweise STS-Karten erhält, werden Gendosiseffekte, Inaktivierung maternaler Faktoren und genetische Prägung anzeigen.

3.4 Funktionelle Genomik

Bei über 300 000 in unterschiedlichen Datenbanken der ganzen Welt abgespeicherten Sequenzen existiert ein enormes Potenzial für die medizinische oder biologische Forschung, neue „interessante" Gene zu finden. Durch die etwas über 20 vollständigen Genome von Mikroben ist klar geworden, dass etwa 40 % der Strukturgene neu sind. Das bedeutet, dass sie niemals experimentell auf ihre biochemischen oder physiologischen Eigenschaften hin untersucht wurden. Deshalb hängt die Bearbeitung und Kommentierung der Struktur und Funktion dieser Sequenzen, die eine gewisse Ähnlichkeit mit bekannten Strukturen aufweisen, von einer automatisierten statistischen Analyse ab. Diese Methode, die Struktur und Funktion vorherzusagen, stellt einen groben ersten Lauf beim Sammeln biologischer Information dar. Diese Bearbeitung basiert aber zunehmend auf zuvor vorhergesagter Information. Die Biologie hinter diesen Sequenzen, die Struktur und Funktion des Phänotyp-Proteins – auch die systematische Bearbeitung dessen, was man biochemisch über Proteine weiß – bleibt oft dahinter zurück. Das heißt, dass man auch nach dem Abschluss eines Genomprojektes noch Jahre der Forschung braucht, um die ganze Komplexität eines Organismus auf der physiologischen Ebene zu verstehen.

Eine der ersten Aufgaben nach der vollständigen Sequenzierung eines Genoms ist es, den Inhalt zu verstehen, das heißt, den Phänotyp mit dem Genotyp in Verbindung zu setzen. In anderen Worten besteht das Problem darin, den Sequenzen, basierend auf der Organisation der Gene innerhalb des Genoms und dem Vergleich dieser Strukturen mit entfernt verwandten Genomen, Funktionen zuzuordnen.

Die Extraktion und Analyse der riesigen Menge an Genomdaten wird durch Public Domain Software ermöglicht, die die Analyse und Charakterisierung aller Arten von Eigenschaften erlaubt, die mit DNA, RNA und Proteinen zusammenhängen. Die Tabellen 3.2 und 3.3 zeigen einige der häufigsten Ziele bei der Untersuchung der Genomstruktur, der Identifizierung neuer Gene und der damit zusammenhängenden Proteinstrukturen und die wichtigsten Internetadressen, durch die man Zugriff auf die entsprechenden Programme erhält.

Tabelle 3.2 Public Domain-Softwareinstrumente zur Analyse von DNA und RNA

Ziel	Programm	Internetadresse
Sequenzähnlichkeit	BLASTn tBLASTx BLASTx	http://www.ncbi.nlm.nih.gov/BLAST
Finden offener Leseraster (ORF)	ORF Finder	http://www.ncbi.nlm.nih.gov/gorf/gorf.html
Finden PCR-basierter sequenz-Markierter Stellen (STSs) in DNA-Sequenzen	Electronic PCR	http://www.ncbi.nlm.nih.gov/STS/
Übersetzen von DNA oder RNA → Protein	Translate Protein Machine	http://www.ebi.ac.uk/translate. http://www.expasy.ch/tools/dna.html
Vergleich genomischer DNA mit Proteinsequenzen	GeneWise	http://www.sanger.ac.uk/Software/Wise2/genewiseform.shtml
Finden von Genen	Gene Recognition and Assembly Internet Link PROCRUSTES	http://compbio.ornl.gov/Grail-1.3/ http://www-hto.usc.edu/software/procrustes

Der erste Schritt zum Verständnis der Beziehung zwischen Genotyp und Phänotyp besteht darin, auf die Funktion des Genoms in seiner Gesamtheit zu schauen. Dies spiegelt sich im zellulären Expressionsmuster der mRNA wider. Die Expression neuer Gene kann auf diese Weise in Zusammenhang mit dem zellulären Aktivitätsmuster untersucht werden, für das wir einige biologisch bedeutsame Informationen besitzen. Die Untersuchung des Expressionsmusters erlaubt uns dann, den unbekannten Genen raumzeitliche Informationen zuzuordnen. Eine derart einfache Prozedur kann man benutzen, um Datenbanken gemäß gemessener Beziehungen zu strukturieren. Datenbanken sind unterteilt, um die unterschiedlichen Funktionsniveaus wiederzugeben, die Proteinen und Genen zukommen. Hierarchische Strukturen von Datenbanken stellen praktische Wege dar, wie Biologen Informationen über ein Protein, ein Gen, einen Stoffwechselweg, eine Enzymaktivität oder einen evolutionären Verwandtschaftsgrad schnell finden können. Gegenwärtig erstellt man Datenbanken, die Informationen über verwandte Sequenzen,

Proteine, taxonomische Informationen, vorhergesagte Sekundärstrukturen oder die Organisation von Proteinen in Domänen enthalten.

Tabelle 3.3 Public Domain-Softwareinstrumente zur Analyse von Proteinen

Ziel	Programm	Internetadresse
Sequenzähnlichkeit	BLASTp tBLASTn	http://www.ncbi.nlm.nih.gov/BLAST
Automatische Strukturmodelle	SWISS-MODEL	http://www.expasy.ch/swissmod/ SWISS-MODEL.html
Identifizierung und Charakterisierung	Programme zur Proteinidentifizierung und Charakterisierung	http://www.expasy.ch/tools/ #proteome
Muster und Profile finden	Programme zur Suche von Mustern und und Profilen	http://www.expasy.hcuge.ch/tools/ #pattern
Strukturanalyse	Programme zur Analyse der Primärstruktur, der Sekundärstruktur und der Tertiärstruktur	http://www.expasy.ch/tools/#primary http://www.expasy.ch/tools/ #secondary http://www.expasy.ch/tools/#tertiary
Sequenz-*alignment*	Sequenz-*alignment*-Programme	http://www.expasy.ch/tools/#align
2-D-PAGE-Analyse	Melanie 3	http://www.expasy.ch/melanie/

Es ist auch notwendig, die Struktur und Funktion von Proteinfamilien aus Organismen zu verstehen, die evolutionär weit voneinander entfernt stehen (die also zu unterschiedlichen Reichen gehören), wie Bakterien und Menschen. Die Sequenzvergleiche entfernt verwandter Organismen lassen sich in drei Hauptgruppen gliedern. Die erste Gruppe umfasst hochgradig ähnliche Sequenzen und man findet sie bei Proteinen der Zellteilung und des Informationsspeicherungsprozesses. Bei diesen Proteinen handelt es sich um echte Homologe, sie haben ein gemeinsames Vorfahrengen und bilden eine Proteinfamilie. Die zweite Gruppe schließt Proteine mit ähnlicher Struktur und Funktion, aber unähnlicher Sequenz, ein. Man kann ihre Beziehung aus der Ähnlichkeit von Struktur und Funktion ableiten, aber sie weisen keine Sequenzähnlichkeit auf. Sie können evolutionär verwandt sein oder auch nicht und können Beispiele für eine konvergente Entwicklung darstellen. Die dritte Gruppe weist weder bezüglich Sequenz, Funktion noch Struktur Ähnlichkeiten auf.

Lokale Sequenzmuster, die zum Beispiel nucleotidbindende Taschen codieren, sind bei der Abschätzung evolutionärer Verwandtschaft besonders wertvoll, da die strukturellen Merkmale katalytischer Stellen besser konserviert werden, als die DNA- oder Aminosäurensequenzen vollständiger Gene oder Proteine. Diese Beziehung gibt uns den Rahmen vor, in dem wir nach konservierten Sequenzmustern suchen können, und es sind diese Muster, die bei der Aufstellung evolutionärer Verwandtschaft zwischen Genen signifikant sind. Selbst wenn die Gesamt-(gen-)sequenz wenig oder keine Verwandtschaft zu anderen Proteinen zeigt, weisen funktionelle Domänen einen hohen Grad an konservierter Struktur auf. Da nur ausgewählte Abschnitte oder Fragmente von Genen eine hohe Ähnlichkeit zeigen, können diese Muster auf evolutionäre Mechanismen wie Genduplikation und Rekombinationsereignisse hinweisen, die zu „chimären“ Strukturen führen.

Adam Godzik vom Burnham Institute in La Jolla, Kalifornien, entwickelt neue Algorithmen, um einige der Probleme in Angriff zu nehmen, die mit dem Identifizieren von Proteinen mit ähnlicher Struktur, aber ungleicher Sequenz zusammenhängen. Die Genomanalysewebsite bietet den Vergleich der Sequenzinformationen von *Mycoplasma genitalium*, *Escherichia coli* und *Helicobacter pylori* mit den Proteinstrukturen in PDB an. Das Programm vergleicht die vorhergesagten Strukturen aller offenen Leseraster (ORF) eines vollständigen Genoms mit allen bekannten kristallinen und NMR-Strukturen in der Proteindatenbank. Der Vergleich der Strukturmotive erlaubt es uns, schwache Verwandtschaftsbeziehungen zu identifizieren, die BLAST[1] normalerweise entgehen, aber es ist trotzdem nicht in der Lage, die Funktion eines großen Teils des Bakteriengenoms vorherzusagen. Das Genom von *E. coli* besteht zum Beispiel aus ≈4 300 Genen, davon codieren etwa 1 500 hypothetische Proteine (40 % aller bekannten Gene oder ORFs). Von diesen konnte man von etwa 30 % (oder ≈500 ORFs) nicht zuverlässig vorhersagen, welche Proteinstruktur sie codieren oder was die vermutete Funktion dieser Proteine sein könnte. Bei weiteren 30 % war überhaupt keine Vorhersage möglich, was bedeutet, dass es sich um vollkommen neuartige Proteine handelt, die in Bacteria, Archaea, Pflanzen oder Tieren keine bekannten Gegenstücke besitzen.

Die von Godzik und anderen benutzte Software implementiert Algorithmen zur Vorhersage der Faltung, Profil-Profil-, Struktur-Sequenz- und Struktur-Struktur-*alignment* (die Programme MODELLER[2] und COMPOSER[3]). Diese Programme zur Faltung oder lokalen Strukturvorhersage benutzen die Vorhersage von Sekundärstrukturen, verborgenen Aminosäuren und Kontaktmuster.

Nichtidentifizierte Leseraster: URFs

Die bis jetzt abgeschlossenen Genomprojekte haben etwa 30 %–40 % vollkommen neuer und nichtidentifizierter Gene zu Tage gefördert. Man bezeichnet sie als URFs (*unidentified reading frames*) und es gibt keine mit ihnen verbundene biologische Informationen. Man kennt keine Homologien, sie müssen also neue Proteine codieren, die die Biochemiker noch nicht gefunden oder die Mikrobiologen funktionell noch nicht identifiziert haben. Algorithmen zur Strukturvorhersage wie die von Adam Godzik sind in diesen Fällen von unschätzbarer Hilfe, können aber oft auch nicht beim Verstehen der Funktion helfen, was zeigt, daß über die Beziehung zwischen Struktur und Funktion noch weitgehend Unklarheit herrscht. Oft handelt es sich um eine Rationalisierung, die eine vage Grundlage auf der Basis experimenteller Befunde aufweist. Viele Methoden zur Strukturvorhersage basieren auf Statistik und verlassen sich auf Informationen, die man an bekannten Strukturen gewonnen hat. Der begrenzte Probenumfang (d. h. die Zahl der bekannten Strukturen) limitiert die Genauigkeit der Vorhersage der Faltung.

Ein alternatives Instrument, das man zur Erforschung der evolutionären Verwandtschaft eines neuen Gens benutzt, ist der direkte genomische Vergleich durch die Untersuchung des „Verhaltens“ eines Genoms. Welche Mutationsraten weisen die bekannten Gene eines Organismus auf? Diese Information könnte bei der Vorhersage der Einzigartigkeit eines neuen Gens in einem Organismus helfen, das zu keinem anderen bekannten Protein Sequenzhomologien zeigt. Wenn man annimmt, dass die Mutationsrate im Gesamtgenom eines Organismus gleichmäßig verteilt ist (eine Annahme, die nicht unbedingt zutreffen muss), dann kann die Verschiedenheit einer URF-Sequenz ein Indikator dafür sein, dass sie zu einer neuen Proteinklasse gehört, die die Einzigartigkeit des Organismus definiert.

Nehmen wir als Beispiel die Enzyme, die Aminosäuren mit einer Klasse kleiner RNA-Moleküle verbinden, die man Transfer-RNA oder tRNA nennt (siehe Doolittle, *Nature* 392 (1998) S. 339). In allen Säugetieren gibt es mindestens 20 unterschiedliche Enzyme, eines für jede der zwanzig Aminosäuren, die zur Proteinsynthese benutzt werden (eine universelle Tatsache des Lebens). Im Falle des vollständigen Genomprojektes des Archaeons *M. jannaschii* hat man für 4 *Aminoacyl-tRNA-Synthetasen* keine entsprechenden Gene identifiziert, obwohl sie existieren müssen, da alle tRNAs mit ihren Aminosäuren richtig verbunden werden.

Eine Möglichkeit, das Fehlen der Gene zu erklären, besteht darin, von einem vollkommen neuen Mechanismus der Synthese von Aminoacyl-tRNAs auszugehen: die chemische Modifikation von Aminosäuren, die schon an tRNA-Moleküle gebunden sind. Eines der nichtidentifizierten Gene codiert die Lysyl-tRNA-Synthetase. Im Rahmen eines Forschungsvorhabens, das mit dem Genomprojekt nicht in Zusammenhang steht, konnte man jedoch durch funktionelles Klonieren zeigen, dass diese Synthetase, die für das Binden der Aminosäure Lysin an ihren RNA-Partner verantwortlich ist, eine Sequenz hat, die mit der Sequenz aller anderen bekannten Lysin-tRNA-Synthetasen überhaupt nicht verwandt ist. Es handelt sich also in der Tat um ein Beispiel für *eine vollkommen neue Proteinfamilie*. Die Schlussfolgerung ist, dass zwei hinsichtlich ihrer DNA-Sequenz vollkommen unterschiedliche Proteine die gleiche enzymatische Aktivität ausführen. Das konnte man auch für andere Enzymklassen zeigen, wie bei der Serinprotease Chymotrypsin und Subtilisin. Sie katalysieren die gleiche chemische Reaktion unter Benutzung strukturell konservierter aktiver Stellen, aber mit unterschiedlicher Substratspezifität.

Die Existenz evolutionär nicht verwandter aber funktionell ähnlicher Proteine zeigt, dass es bei Abwesenheit funktioneller Daten manchmal schwierig oder sogar unmöglich sein kann, die Funktion eines Proteins aus seiner DNA-Sequenz abzuleiten. Die Benutzung der funktionellen Klonierung war notwendig, um URFs eine biologische Funktion zuzuordnen. Um den Zusammenhang zwischen der Struktur (Sequenz) und der Funktion der Aminoacyl-tRNA-Synthetase zu verstehen, muss man mit dem Thema sehr vertraut sein. Wissenschaftler, die den Stoffwechsel der tRNAs nicht so gut kennen, würden diesen Zusammenhang wahrscheinlich nicht finden.

Cluster orthologer Gruppen: COGs

Das Auffinden funktioneller Beziehungen zwischen Genen über taxonomische Gruppen hinweg (Orthologe) sowie innerhalb von Populationen des gleiche Organismus (Paraloge) zeigt das echte Potenzial der Genomprojekte auf. Der Vergleich der Proteinsequenzen, die von 21 vollständigen Genomen codiert werden, die 17 der großen phylogenetischen Linien repräsentieren (http://www.ncbi.nlm.nih.gov/COG/; August 2000) zeigte Cluster orthologer Gruppen (COGs; Abb. 3.21). Es handelt sich um ein Vorhaben, Datenbanken zur Erstellung neuer Informationen zu benutzen, indem man die Sequenzinformationen mehrerer vollständiger Genome zusammenfügt. Zwei beliebige Proteine unterschiedlicher Linien, die zum selben COG gehören, sind nach der funktionellen Definition, die das NCBI zur Konstruktion der COGs benutzt, ortholog, und man geht davon aus, dass sie sich durch Artbildungsvorgänge entwickelt haben. COGs enthalten auch Paraloge, die durch Genverdoppelung entstehen.

Insgesamt konnte man in den vollständigen Genomen von 21 Mikroorganismen 2 111 COGs identifizieren, denen man die Funktionen Informationsspeicherung und -verarbeitung (Gruppen J, K, L), zelluläre Prozesse (Gruppen D, O, M, N, P, T), Stoffwech-

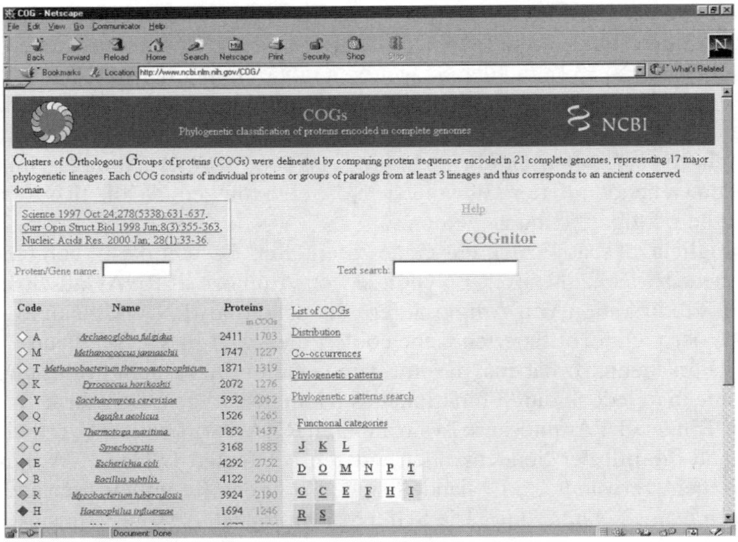

3.20 COG: Ein natürliches System von Genfamilien aus vollständigen Genomen.

sel (Gruppen C, G, E, F, H, I) und vorhergesagter oder unbekannter Funktion (Gruppen R, S) zuordnen konnte. Die letzte Gruppe schlecht definierter Proteine umfasst insgesamt 654 COGs mit 4 904 Proteinen und Domänen, für die man eine Funktion vorhergesagt hat (R) und 2 357 nicht charakterisierte Proteine und Domänen (S). Die Analyse von COGs ermöglicht ein Verständnis der evolutionären Beziehungen und die Identifizierung verwandter Funktionen über taxonomische Einteilungen hinweg.

Die Gruppe N enthält 72 COGs, von denen eines die Signalpeptidase I-Familie der Proteasen darstellt, die an der Sekretion von Proteinen beteiligt sind (Abb. 3.21). Die Signalpeptidase I ist ein kleines membranständiges Protein, das die N-terminale Signalsequenz von Proteinen entfernt, die über die Membran des endoplasmatischen Reticulums und die innere Membran der Bacteria und Mitochondrien transportiert werden. Das COG der Signalpeptidase I besteht aus 35 Mitgliedern (Proteinen), wie man in Abbildung 3.21 sehen kann.

Das COG zeigt die Komplexität der Suche nach phylogenetischen Beziehungen unter Proteinen entfernt verwandter Organismen. Eines der Hefeparalogen (YMR035w) zeigt die größte Übereinsstimmung zu drei unterschiedlichen Bakterienarten (*E. coli*, *H. influenzae* und *Synechocystis sp.*). YMR150c und YMR035w sind Membranproteasen der inneren Mitochondrienmembran der Hefe, die für die Entfernung der Signalpeptide von einigen der Proteine des Intermembranraumes verantwortlich sind, die aber unterschiedliche Substratspezifität haben. YIR022w ist das Protein des endoplasmatischen Reticulums zur Signalsequenzverarbeitung, das zur Entfernung der Signalsequenz und zur normalen Proteinsekretion benötigt wird.

Das Dendrogramm des Clusters zeigt die enge Beziehung zwischen den mitochondriellen Proteasen mit den bakteriellen Orthologen und die Beziehung der ER-Protease mit dem Orthologen des Archaeons *M. jannaschii*. Dies steht in Übereinstimmung mit dem vorgeschlagenen gemeinsamen einzelligen Vorfahren von Bacteria und Mitochondrien (Endosymbiontentheorie). Dass die Protease von *M. janaschii* sowohl zur Hefe als auch zu den Cyanobakterien eine Beziehung zeigt, betont die taxonomische Klassifikation der Archaea als von Bacteria und Eukaryoten getrennte Linie. Diese COG-Analyse deutet an, dass von den drei Hefepeptidasen die beiden mitochondriellen Subtypen echte Paraloge mit Ursprung in den Bacteria sind, während der ER-Subtyp sich unabhängig entwickelte oder aus einer älteren Vorläuferlinie abgeleitet werden muss, die sich vor der Auftrennung von Bacteria und Archaea entwickelt hat. Diese Auftrennung mag hinter den Paralogen in *Synechocystis sp.* stehen.

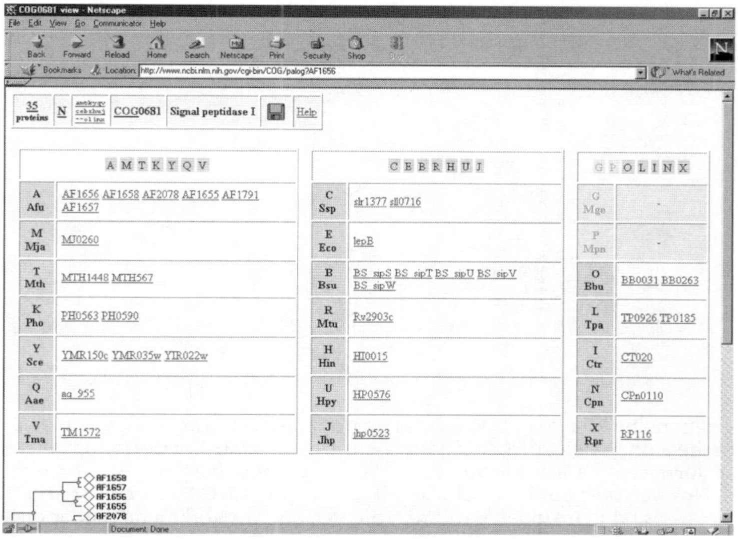

3.21 COG0681 für Signalpeptidase I.

Die COG-Datenbank listet verwandte Gene in Anordnungen auf, die ihr Auftreten in unterschiedliche Organismen anzeigen (Abb. 3.22). Das phylogenetische Muster, das von dem COG dieser Analyse verkörpert wird und alle 21 Genome umfasst, schließt 81 COGs ein, von denen die meisten zur funktionellen Gruppe J gehören, die mit Translation, Transkription, Ribosomenstruktur und Biogenese zusammenhängt. Andere Enzymgruppen gehören zu so zentralen Stoffwechselwegen wie Glycolyse, Pentosephosphatweg, RNA-Polymerasen, Proteinfaltung und Sekretion.

Die Bedeutung der Identifizierung dieser Muster, bei denen unterschiedliche Organismen Gruppen von Enzymen oder Stoffwechselwege teilen, liegt auch darin, das sie Informationen dazu beisteuern können, welche biologischen Bedingungen zum Überleben unter unterschiedlichen Umweltbedingungen erfüllt sein müssen.

Die Gruppe von Pathogenen, die ideal zur Untersuchung der minimalen genetischen Ausstattung zur Infektion eines Wirtes und zur Replikation geeignet ist, sind die Viren. Viren sind sehr einfache Systeme, da sie die zelluläre Maschinerie des Wirtes ausnutzen. Ihr Genom scheint sich an eine kleinstmögliche Zahl notwendiger Gene angepasst zu haben. Viren sind optimal adaptiert, aber das trifft auch für wirtsabhängige Minimalorganismen mit kleinstmöglichen Genomen zu. Wegen ihrer geringen Größe hat man virale Genome schon lange vor dem des ersten pathogenen Bakteriums, *H. influenzae*, sequenziert. Die DNA-Sequenz des Bakteriophagen ΦX174 mit 5 375Basenpaaren war das erste virale Genom, das 1978 von Frederick Sangers Gruppe sequenziert wurde.[4] Die 1,7 Millionen Basenpaare von *H. influenzae* hat man im Jahr 1995 sequenziert.

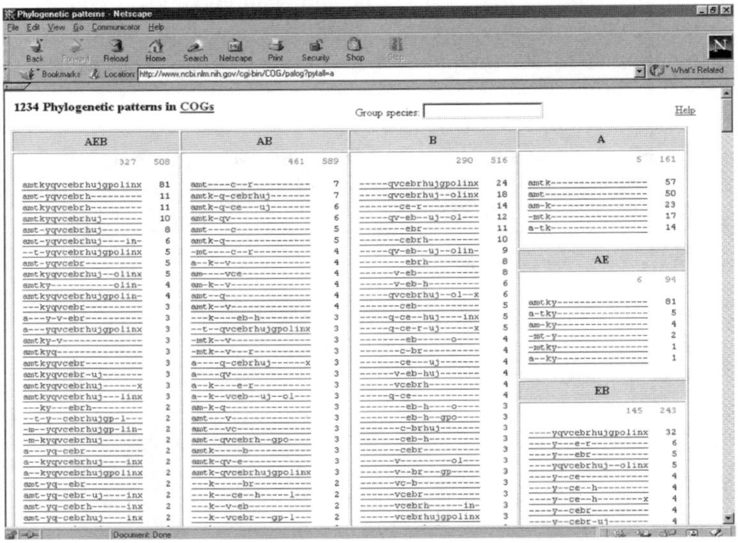

3.22 Phylogenetische Muster in COGs: Ein phylogenetisches Muster wird durch eine Reihe von Kleinbuchstaben und/oder Strichen angegeben. Das ist eine Kurzform, um die An- beziehungsweise Abwesenheit eines Proteins des COGs in einem bestimmten Organismus darzustellen. Der Link verweist auf eine Tabelle mit allen in der COG-Datenbank gefundenen Mustern. Die Muster sind in Gruppen geordnet, die sich auf das Vorkommen oder die Abwesenheit von Organismen aus den Domänen der Archaea, Eukarya oder Bacteria gründen. („AEB" bedeutet, dass alle repräsentiert sind, „A" bedeutet nur Archaea usw.) Innerhalb einer Gruppe gibt es eine Liste mit vorkommenden Mustern und die Anzahl der COGs mit diesem Muster. Das Anklicken eines bestimmten Musters listet die entsprechenden COGs auf. Die roten Zahlen über jeder Gruppe zeigen die Anzahl der einzigartigen Muster innerhalb der Gruppe beziehungsweise die Gesamtzahl der COGs in der Gruppe an. Man beachte auch den Abschnitt *„phylogenetic patterns"* unter *„help"*, um mehr Informationen über diese Muster und den Abschnitt *„Selecting COGs"*, um mehr Informationen über das Werkzeug *„Group species"* zu erhalten.

Literatur

1. Altschul, S. F. et al. *Basic local alignment search tool.* In: *J. Mol. Biol.* 215 (1990) S. 403–410.
2. Sali, A.; Overington, J. P. *Derivation of rules for comparative protein modelling from a database of protein structure alignments.* In: *Protein Sci.* 3 (1994) S. 1582–1596.
3. Topham, C. M. et al. *An assessment of COMPOSER: a rule-based approach to modelling protein structure.* In: *Biochem. Soc. Symp.* 57 (1990) S. 1–9.
4. Sanger F. et al. *Nucleotide sequence of bacteriophage ΦX174.* In: *J. Mol. Biol.* 125 (1978) S. 225–246.

4 Proteomanalyse

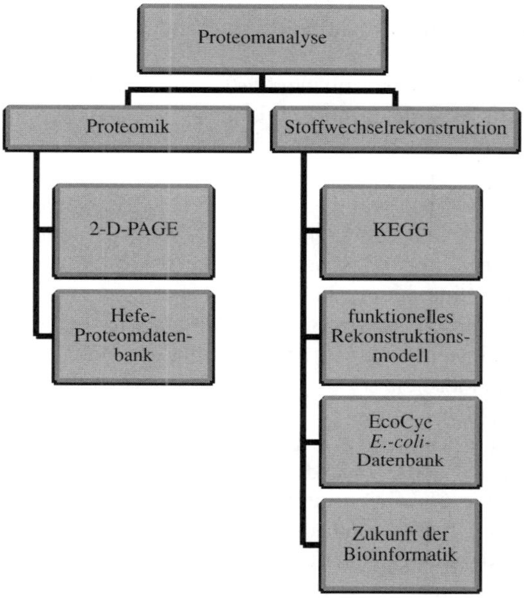

4.1 Kapitelübersicht

4.1 Proteomforschung

Die meisten Datenbanken bestehen aus Sequenzen von Genen, Genomen und Proteinen. Man versteht jedoch noch sehr wenig davon, wie Makromoleküle – Nucleinsäuren, Proteine, Lipide und Kohlenhydrate – zusammenwirken, um einer Zelle Struktur und Funktion zu verleihen, ob es sich nun um einzellige Organismen wie Bakterien und Hefe oder Vielzeller wie Pflanzen und Tiere handelt. Darüber hinaus haben die mRNA-Moleküle die Mittlerfunktion bei der Proteinbiosynthese und ihre Konzentration gibt deshalb den Grad der Genexpression an. Aus diesem Grund benutzt man mRNA-Sequenzen, um EST-Bibliotheken (exprimierte Sequenzmarker) herzustellen. Die zelluläre Konzentration einer mRNA ist jedoch nicht notwendigerweise ein zuverlässiger Marker der Proteinmenge. Es ist deshalb von höchster Wichtigkeit, ein Proteinprofil einer Zelle zu erstellen, das nicht nur die relative Zahl der Proteinmoleküle bestimmt, sondern auch die Form angibt, in der sie vorkommen, sowie posttranslationale Modifikationen wie Ubiquitinierung, Phosphorylierung oder proteolytische Prozessierung, die am Proteinabbau beteiligt ist. Alle diese Prozesse spielen bei der Steuerung der Aktivität und der Lokalisierung der Proteine einer Zelle eine wichtige Rolle.

Um die Dinge noch komplizierter zu machen, variieren die Proteinzusammensetzung und die posttranslationalen Modifikationen der Proteine einer Zelle während der unterschiedlichen Stadien des Zellzyklus, unter metabolischem oder Umweltstress und bei der Signalübertragung von Zelle zu Zelle. Auch bei Krankheiten ist das der Fall. Beim Vergleich von Tumoren mit normalen Zellen findet man zum Beispiel oft veränderte

Genexpressions- und Aktivitätsmuster von Schlüsselproteinen. Da diese Proteine mit der Wachstumskontrolle in Verbindung stehen, kann man die Carcinogenese im Allgemeinen als einen Verlust der Kontrolle ansehen, oder als das ungehinderte Wachstum von Zellen, die sich eigentlich nicht mehr teilen oder einen programmierten Zelltod (Altern, Apoptose) eingehen sollten.

Da alle somatischen Zellen das vollständige Genom enthalten, aber nur einen Teil davon für ihre normalen Aktivitäten nutzen, ist das An- und Ausschalten von Genen im Verlauf der Entwicklung besonders wichtig, weil sich hierbei eine einzige Zelle teilt und in spezialisierte Zelltypen, Gewebe und Organe differenziert. Die Prägung von Genaktivitätsmustern ist ein Vorgang, bei dem die Zellen die Menge von Genprodukten steuern und bestimmte Gene sich verhalten, als ob sie rezessiv oder dominant wären. Das ist als Gendosiseffekt bekannt und ist bei den Genen des X-Chromosoms gut untersucht, die in Männchen nur in einer Kopie, in Weibchen aber in zwei Kopien vorkommen. Die Menge eines Proteins hat oft Auswirkungen auf metabolische oder *second messenger*-Wege und wird zur Feinsteuerung benutzt. Der zelluläre Mechanismus dieser Gendosiseffekte ist oft nicht geklärt.

Darüber hinaus werden nicht alle Makromoleküle und Zellstrukturen über eine lineare Matrize hergestellt. In der Tat sind die RNA und die Proteine die einzigen Molekülarten, die direkt von der DNA codiert werden. Alles andere – und das schließt die schon erwähnten Proteinmodifizierungen mit ein – wird von molekularen Wechselwirkungen, sequenzieller Synthese und als Kompartimentierung bezeichnete räumlicher Trennung gelenkt. Ein gutes Beispiel für biologische Makromoleküle ohne eine genetische Matrize sind die *Polysaccharide* und die Glycosylierung von Proteinen und Lipiden. Polysaccharide kommen sowohl in linearer als auch in verzweigter Form vor, und obwohl die Polymersequenzen konsistent von der Zellmaschinerie reproduziert werden (Proteine katalysieren die Kohlenhydratsynthese), werden diese Sequenzen nicht von einer anderen linearen Molekülart wie DNA codiert. Dagegen ist die Kohlenhydratsynthese eine sequenzielle katalytische Aktivität, die durch die räumliche Anordnung der Enzyme in der Zelle gesteuert wird. Jedes Enzym eines solchen Stoffwechselweges hat sein eigenes Gen. Die Enzyme einer solchen Gruppe, die Polysaccharide synthetisieren, sind deshalb nicht unabhängig voneinander, da das Fehlen eines einzigen Enzyms eines derartigen Weges den ganzen Weg beeinträchtigt.

Es ist deshalb wichtig, die Struktur enzymatischer Wege zu verstehen. Der Vergleich ganzer Stoffwechselwege – und nicht nur einzelner Enzyme – zwischen unterschiedlichen Arten erbringt zusätzliche Informationen über neuentdeckte DNA-Sequenzen. Sind die Wege bei unterschiedlichen Arten identisch? Weisen alle Enzyme des gleichen Weges einen ähnlichen Identitätsgrad auf? Sind bestimmte Enzyme in einem Stoffwechselweg wichtiger oder besser erhalten? Besitzen manche Arten außer den allgemein bekannten alternative Wege, die andere Arten nicht haben? Die Beantwortung solcher Fragen ist die wahre Herausforderung für die Biologe des 21. Jahrhunderts. Das Internet (oder jede mögliche äquivalente Form der öffentlichen Kommunikation) wird bei diesem Entdeckungsprozess ein wichtiges Instrument sein. Es wird die Datenbanken zur Verfügung stellen, die zum Vergleich der Proteinzusammensetzung einer Zelle oder eines Organismus als Funktion der Stoffwechselaktivität oder einer Krankheit im Zeitraum von der Empfängnis bis zum Tod notwendig sind.

Die Aufgabe, die Zusammensetzung der Proteine jedes vorgegebenen Zelltyps oder Organismus zu erfassen, hat kürzlich eine neue Wissenschaft ins Leben gerufen, die man Proteomik nennt. Sie versucht, die Kombination oder die Expressionsmuster der Proteine einer Zelle zu einem gegebenen Zeitpunkt zu erforschen. Ihre Grundlage bildet das Bestreben, die organisatorische Komplexität der enzymatischen Maschinerie der Zelle zu verstehen. Das Wort Proteomik gibt der Idee Ausdruck, dass alle Proteine eines gegebenen Organismus notwendigerweise ein gemeinsames Schicksal haben. Das Verstehen dieser gegenseitigen Abhängigkeit ist zum Verständnis ihrer Biologie einschließlich ihrer evolutionären Merkmale wichtig (siehe auch Codonverschiebung in Hefen und Mitochondrien).

Die Proteomik nutzt eine biochemische Technik, die man in den frühen Siebzigerjahren erfunden hat (O'Farrel und Klose), bei der man Proteine analytisch in zwei Dimensionen auf Polymergelen elektrophoretisch auftrennt. Dabei benutzt man die elektrische Ladung des Proteins in Abhängigkeit vom pH-Wert für die erste und das Molekulargewicht für die zweite Dimension (Abb. 4.2). Die so genannte zweidimensionale Gelelektrophorese (2-D-Gele) kann man zu Vergleichszwecken zur Identifizierung von Proteinen benutzen, die in unterschiedlichen Mengen, modifiziert oder zu unterschiedlichen Zeiten des Zellzyklus vorkommen. Es ist sehr wichtig, ganze Gruppen von Proteinen miteinander zu vergleichen, und nicht nur die langwierigere Aufgabe zu ersetzen, einzelne Proteine zu untersuchen. Nur so kann man die Koexpression von Proteinen und ihre wechselseitige Beziehungen mit den Mustern der Zellaktivität in Verbindung setzen.

Die Proteomik ist ein umfangreiches Aufgabengebiet, da viele Proteine niemals auf 2-D-Gelen charakterisiert wurden (oder überhaupt nicht charakterisiert wurden). Die

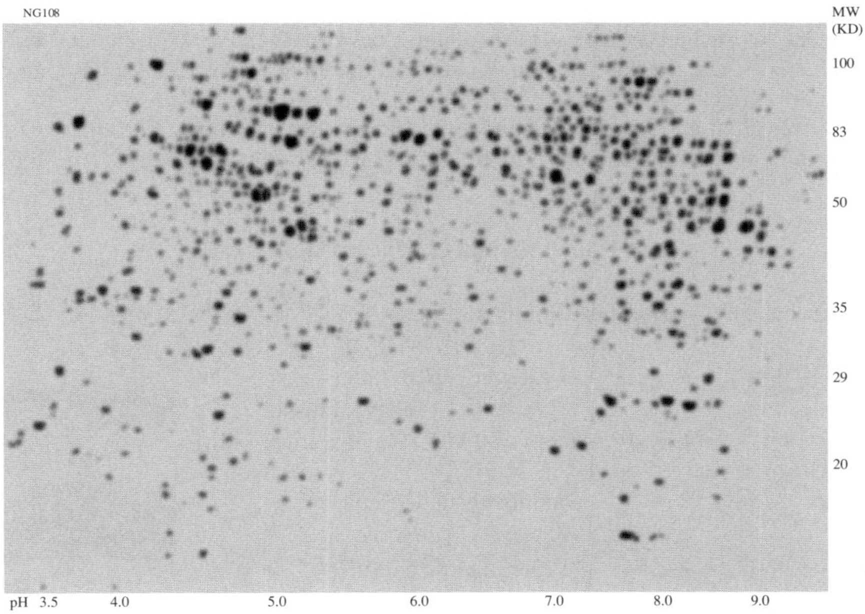

4.2 2-D-Polyaccrylamidgel, das den Proteininhalt eines eukaryotischen Zelltyps wiedergibt. Man hat Proteine, die aus der Säugerzelllinie NG108 stammen, nach Molekulargewicht (MW in kilodalton(KD)) auf der Y-Achse und gemäß ihrer Ladung in einem pH-Gradienten von 3,5 – 10 (X-Achse) aufgetrennt. Jeder Fleck repräsentiert einen individuellen Proteintyp. Die Intensität spiegelt die Proteinkonzentration wider. Man kann die Proteine zur biochemischen Analyse (Sequenzierung, Massenspektroskopie) aus der Gelmatrix extrahieren. (Mit Erlaubnis, Young Yang, R. W. Johnson Pharmaceutical Research Institute, San Diego, Kalifornien).

Arbeit, die einen Biochemiker am meisten Zeit kostet, ist es, einen Fleck auf einem analytischen Gel eindeutig als ein spezifisches Protein, modifiziertes Protein oder als Proteinfragment zu identifizieren. Wie schon erwähnt, geben 2-D-Gele zwei Informationen, Größe und Ladung. Beide physikalischen Parameter hängen von den zellulären Bedingungen zur Zeit der Proteinisolierung und -reinigung ab. Das aus der DNA-Sequenz berechnete Molekulargewicht eines Proteins stimmt oft nicht exakt mit dem experimentell ermittelten Wert überein, weil der letztere die Gesamtlöslichkeit und Beweglichkeit des Proteins in der Gelmatrix widerspiegelt. Die Beweglichkeit in Richtung des Molekulargewichts hängt nicht nur vom wirklichen Molekulargewicht des Proteins ab, sondern gibt genau genommen den Quotienten von Ladung/Einheitsgewicht des Proteins zum Ausdruck. Damit ändert ein Wechsel des pH-Wertes die Mobilität, da die Zahl der Ladungen pro Einheitsgewicht sich verändert hat und nicht jedes Protein mit dem gleichen Molekulargewicht das gleiche Verhältnis Ladung/Einheitsgewicht hat. Die präzise Bestimmung des wirklichen Molekulargewichts und der Sequenz eines Proteinfleckes auf einem Gel ist für seine Interpretation von entscheidender Bedeutung.

Moderne automatische Analysesysteme helfen bei der im großen Maßstab vorgenommenen Identifizierung dieser Proteinflecken (Abb. 4.3). Man kann Proteine von Interesse in der Gelmatrix zerschneiden und die resultierenden Peptide extrahieren und einer MALDI-MS-Analyse (*matrix-assisted desorption ionization mass spectometry*) unterziehen. Dabei werden Peptidfragmente ionisiert und ihr Verhältnis von Ladung zu Masse bestimmt. Dieses Verhältnis vergleicht man mit allen möglichen Aminosäurenkombinationen. Wenn der Vergleich mehrdeutig ist, muss man das Fragment microsequenzieren. Dann kann man die erhaltenen Sequenzen mit BLAST-Algorithmen in einer Datenbank suchen. Wenn viele Fragmente eines einzelnen Flecks in einem 2-D-Gel mit derselben Sequenz der Datenbank übereinstimmen (z. B. GenBank), hat man das Protein erfolgreich identifiziert.

Es ist oft nicht einfach, die passenden Sequenzen der Fragmente zu finden, da die Peptide möglicherweise chemisch modifiziert sind. Diese posttranslationalen Modifi-

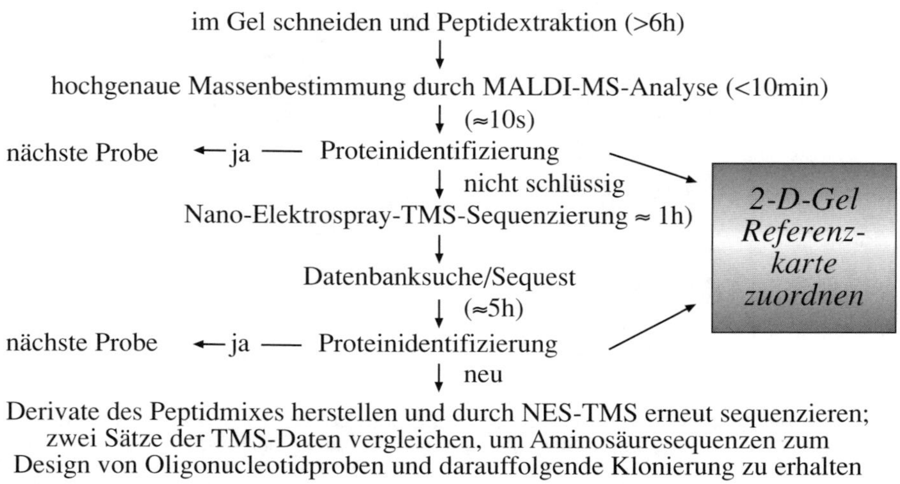

4.3 Strategien zur Identifizierung von Proteinen aus 2-D-Gelen. Siehe Text für Details. (Mit Erlaubnis, Young Yang, R. W. Johnson Pharmaceutical Research Institute, San Diego, Kalifornien).

kationen sind das Ergebnis zellulärer Prozesse zur Steuerung der Proteinaktivität. Sie betreffen die Nettoladung, die Reaktivität und die Löslichkeit von Proteinen. Modifikationen, wie zum Beispiel die Phosphorylierung, fügen dem Protein negative Ladungen zu und verändern so seine Mobilität während der Elektrophorese. Phosphorylierungen können die gleiche Auswirkung haben wie eine Abnahme des Molekulargewichts um bis zu 2 kDa oder etwa 15–18 (ungeladene) Aminosäuren. Die Glycosylierung beeinflusst das Molekulargewicht eines Proteins ebenfalls, aber nicht notwendigerweise seine pH-Abhängigkeit. Wegen der Existenz vielfältiger Modifikationen, die die apparente Mobilität eines Proteins in einem Gel auf ähnliche Weise beeinflussen, ist die Interpretation kleiner Unterschiede bei der Bestimmung des Molekulargewichts in 2-D-Gelen nicht immer einfach und verlangt eine sorgfältige biochemische Analyse.

Während der letzten Jahre hat man den gesamten Vorgang der Identifikation eines Peptidfragments automatisiert (Abb. 4.4). Automatische Vorgänge benötigen spezielle Roboter und auf Kundenwünsche zugeschnittene Software. Auch hier spielen Computer bei der Steuerung und Analyse des Prozesses eine zentrale Rolle. Ein automatischer Probensammler nimmt die von einer HPLC-Säule gemäß ihrer Größe aufreinigten Peptide in getrennten Gefäßen auf. In Kapillarsäulen verwendet man sehr geringe Probenmengen und unterzieht sie einer Nano-Elektrospray-Ionisierung zur massenspektrometrischen Untersuchung. Man benutzt sowohl experimentelle als auch vorhergesagte Massenspektren, um kreuzkorrelierte Daten zum Erhalt der Sequenz des extrahierten Peptidfragments zu gewinnen. Wenn mehrere Fragmente eines einzigen 2-D-Flecks einem einzigen Eintrag in einer Datenbank entsprechen, dann ist das Protein identifiziert.

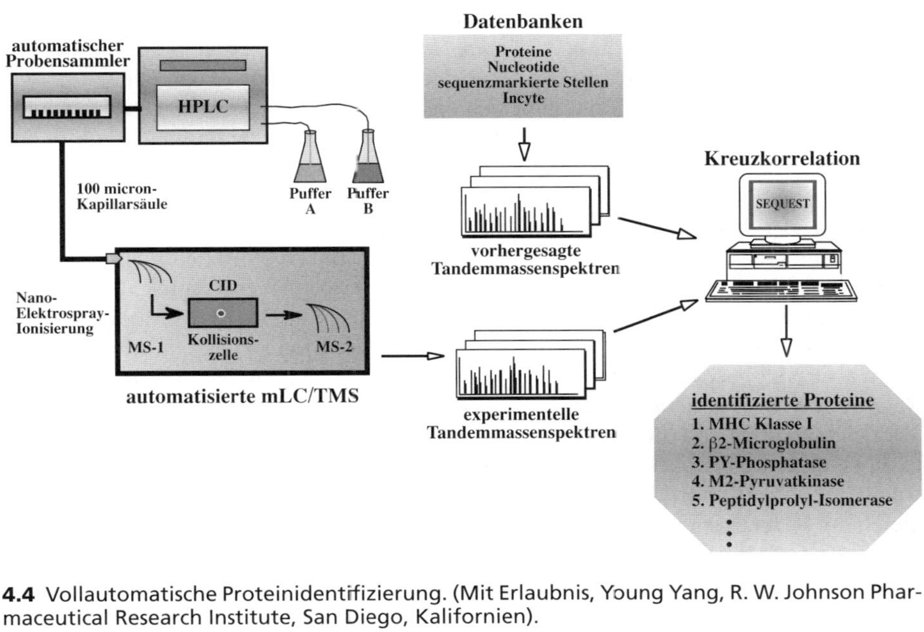

4.4 Vollautomatische Proteinidentifizierung. (Mit Erlaubnis, Young Yang, R. W. Johnson Pharmaceutical Research Institute, San Diego, Kalifornien).

2-D-PAGE bei Expasy

Der erste Schritt bei der Analyse des Proteoms zellulärer Organismen ist der Vergleich von 2-D-Gelen, die man nach der Stimulierung der Zelle mit einem Aktivator (wie Insulin im Fall von Leberzellen) erhalten hat, mit Zellen im physiologischen Grundzustand.[1] Viele öffentliche Datenbanken enthalten eine zunehmende Zahl solcher Referenzgele zur vorläufigen Identifizierung der Ladung und des Molekulargewichts eines neuen Proteins. Eine öffentliche Proteomdatenbank (SWISS-2DPAGE) wurde an der Universitätsklinik in Genf eingerichtet (http://www.expasy.ch). Diese Datenbank ist eine von insgesamt acht, die Wissenschaftlern durch die direkte Untersuchung der Genprodukte (Proteine) und der sie betreffenden posttranslationalen Modifikationen helfen sollen, Organismen auf der funktionellen Ebene zu verstehen. Über die Website kann man interaktiv auf die 2-D-Datenbank zugreifen und sie bietet online-Hilfe, technische Anleitungen zur 2-D-Gelelektrophorese, Dienstleistungen wie einen Gellauf nach Einschicken einer entsprechenden Probe, Schulungskurse vor Ort in Genf und Softwarepakete zur Analyse von 2-D-Gelen an.

Die 2-D-Datenbank bei Expasy enthält elektrophoretische Informationen über 16 Gewebe und Organismen, einschließlich Hefe, *E. coli*, *Dictyostelium* und menschliche Zelltypen (Blutplättchen, rote Blutkörperchen, Makrophagen, Plasmaproteine, Lymphom, Leber, Niere, zwei Leukämiezelllinien, cerebrospinale Flüssigkeit und Darmepithelzellen). Bekannte Proteine kann man über die Suche nach der Indexnummer (SWISS-PROT) oder durch das Anklicken von 2-D-Gelen mit markierten Flecken finden. Die vermutete Stelle neuer Proteine lässt sich identifizieren, wenn die Aminosäurensequenz bekannt ist. Dabei werden das hypothetische Molekulargewicht und die hypothetische Ladung benutzt, um die Stelle des Proteins im Gel zu bestimmen. Die theoretischen Werte unterscheiden sich jedoch – und das ist ein wichtiger kritischer Punkt der 2-D-Gelelektrophorese – oft von den experimentellen Werten, was durch das Löslichkeitsverhalten des Proteins im Gel und die posttranslationalen Modifikationen der Aminosäuren bedingt ist. Viele Proteine ergeben in 2-D-Gelen aus diesem Grund mehrfache Flecken. Diese Informationen können für den Biochemiker beim Verständnis der Proteinfunktion in der zellulären Umgebung eine wertvolle Hilfe darstellen.

Ein Blick auf diese Gele zeigt, dass sich die meisten Flecken mit keinem bekannten Protein in Verbindung bringen lassen. Man entwickelt neue Technologien, um Proteine in 2-D-Gelen schneller zu identifizieren. Die biochemische Analyse durch Mikrosequenzierung von Peptidfragmenten und der Massenspektrometrie dieser Fragmente ist ein Ansatz, der dem Sequenzieren bei Nucleinsäuredatenbanken analog ist.

Ist ein Protein in einem Zelltyp oder einem Organismus identifiziert, kann man sein Expressionsniveau mit dem in anderen Zelltypen oder Geweben vergleichen, was potenziell unterschiedliche Expressionsniveaus oder posttranslationale Modifikationen offen legt. Diese Aufgabe, die Niveaus der Proteinexpression zu vergleichen, kann man kaum als trivial bezeichnen. Wie ein Protein auf einem Gel läuft, hängt wesentlich vom Reinigungsvorgang, dem Ausgangsmaterial und dem Elektrophoreseprotokoll ab. Der Vergleich verlangt deshalb eine vorsichtige Interpretation, unter Einbeziehung der relativen Position der Flecken und ihrer Intensitäten. SWISS-2DPAGE bietet ein Analysepaket mit schneller Bildmanipulation, vollständiger 2-D-Analyse, weltweitem Vergleich mit Referenzen und automatisiertem Gelvergleich und Feststellung der Übereinstimmung an (Melanie 3 2-D Analysesoftware, entwickelt von Denis Hochstrasser von der Melanie-Gruppe in Genf, http://www.expasy.ch/melanie/). Einige der Merkmale von Melanie 3 umfassen:

Schnelle Bildmanipulation:
- Zoomen
- Filtern (Glätten, Kontrastverstärkung, Hintergrundsubstraktion)
- Gel umdrehen
- Gele zur besseren Visualisierung stapeln
- Bilddehnung

Vollständige 2-D-Analyse:
- Automatische Fleckidentifikation und -analyse
- Modellieren der Flecken nach Gauss
- Anzeige von Gel-overlays
- Schnittstelle mit Mausbedienung
- Eingegliederte Orientierungspunkte
- PI/MW-Bestimmung
- Umfangreiche Berichte
- Histogramme
- Statistische Datenanalyse

Weltweite Vergleiche:
- Anzeige mehrerer Gele gleichzeitig
- Schneller automatischer Gelvergleich und Feststellung der Übereinstimmung
- Referenzgele zum Vergleich mit allen anderen Gelen
- Erstellung synthetischer Gele durch Zusammenfassen einer Gruppe von Gelen
- SWISS-2DPAGE Mastergele
- Netzwerk- und online-Links zu biologischen Datenbanken einschließlich SWISS-2DPAGE und SWISS-PROT über Expasy
- World Wide Web Server

Daten Ein- und Ausgabe:
- Ausdrucken von Gelen
- Bildimport und -export in den Formaten TIFF und PPM
- Datenexport zu Excel und anderen Anwenderprogrammen
- Datenexport im Melanie-I-Format für öffentlich zugängliche statistische und heuristische Gruppierungsprogramme

Spezialisierte 2-D-PAGE-Datenbanken

Es gibt zwei spezialisierte Proteomdatenbanken, die Expressionsprofile vergleichen, die mit *Toxinen* und *xenobiotischen Substanzen* zusammenhängen: die Rodent Molecular Effects Database bei Oxford's Glycosciences und eine Keratinocytendatenbank beim Danish Center for Human Genome Research unter http://biobase.dk/cgi-bin/celis. Letztere stellt eine Datenbank für *Knock-out*- oder transgene Tiere dar, was heißt, dass man bestimmte Gene ausgeschaltet oder der Keimbahn der Tiere eingefügt hat. Die Abwesenheit oder das zusätzliche Vorhandensein von Genen sollte auf der Proteinebene durch fehlende oder zusätzliche Flecken im 2-D-Gel sichtbar sein. Die Datenbank zu neurologischen Krankheiten von ESA, Inc, hat sich auf Alzheimer, Parkinson und Chorea Huntington spezialisiert und gibt differenzielle Proteinmuster an. Die Yeast Proteome Database™ (YPD) von Proteome, Inc. (www.proteome.com) ist ein Beispiel dafür, wie unternehmerische Anstrengungen ein riesiges Gebiet in der Literatur existierender Daten aufgreifen und es spezifisch in neuer Form kombinieren. In diesem Fall handelt es sich um das kollektive Wissen über alle Proteine eines Mikroorganismus, *Saccharomyces cerevisiae*, der Bäckerhefe (Genomprojekt 1997 beendet).

YPD[2] ist eine Enzyklopädie aller bekannten und vom Hefe-Genomprojekt vorhergesagten Hefeproteine und verbindet grundlegende biophysikalische und funktionelle Daten wie Molekulargewicht aus der Massenspektrometrie, Aminosäurensequenzen (aus Genomsequenzen) und Funktion (aus der veröffentlichten Literatur). Gegenwärtig charakterisiert man etwa 30 neue Hefeproteine auf unterschiedlichen Informationsebenen und 3 000 Proteine sind bis zu einem gewissen Grad bekannt (wie viele ORFs und URFs). Viele Wissenschaftler benutzen Hefe als Modellorganismus, um erste Studien an Proteinen durchzuführen, die im menschlichen Stoffwechsel und in der menschlichen Physiologie ähnlich benutzt werden. Hierbei sind Querverweise, die auf Homologie basieren und die Hefe mit dem Menschen in Verbindung bringen, äußerst nützlich. Die Daten, die in YPD und in 2-D-Gelkarten im Allgemeinen gespeichert werden, enthalten Informationen zum Molekulargewicht aus der *Massenspektrometrie*, Informationen zur Ladung und zu chemischen Modifikationen aus der *Aminosäurensequenz* und *funktionelle* Informationen zum großen Teil aus publizierten Daten.

Literatur

1. Wilkins, M. R. et al. *Protein identification with N- and C-terminal sequence tags in proteome projects.* In: *J. Mol. Biol.* 278 (1998) S. 599–608.
2. Garrels, J. I. *YPD-A database for the proteins of Saccharomyces cerevisiae.* In: *Nucleic Acids Res.* 24 (1996) S. 46–49.

4.2 Die Rekonstruktion des Stoffwechsels

Die Kyoto Encyclopedia of Genes and Genomes – KEGG

Die Kyoto Encyclopedia of Genes ans Genomes (KEGG) entspringt den Bemühungen, ein Hilfsmittel zur Berechnung molekularer und zellulärer Vorgänge zur Verfügung zu stellen. KEGG[1] ist ein Teil des japanischen Human Genome Program am Institute for Chemical Research, Kyoto University (http://www.genome.ad.jp:80/kegg/; siehe auch Kapitel 2.1 für Details über die Benutzung von KEGG). Obwohl die technischen Herausforderungen und der Grundansatz von KEGG denen des NCBI entsprechen, widmet sich KEGG den komplexen Wechselwirkungen von Proteinen in Zellen unter dem Gesichtspunkt des Metabolismus. Ihre Philosophie umfasst den Versuch, Antworten auf einige der grundlegenden Fragen der modernen Molekularbiologie zu finden, wie zum Beispiel: Was wissen wir über die Beziehung zwischen der Sequenz eines Gens und der Funktion des Proteins? Worin besteht das Problem der Proteinfaltung im Kontext der *Zelle*? Welches sind die Herausforderungen und Probleme, denen man bei der Aufgabe der funktionellen Rekonstruktion gegenüber steht, oder wie können wir die Beziehung zwischen dem Genom und dem Organismus – seine Entwicklung und Morphologie – verstehen? Das Ziel von KEGG ist es deshalb, ausgehend von den in den unterschiedlichen molekularen Katalogen verfügbaren Komponenten eine funktionelle Karte aufzubauen. Die funktionellen Karten stellen metabolische und regulatorische Wege dar. Die molekularen Kataloge umfassen Genomkarten, Basensequenzen, Genorte (physikalische Karte, Vererbungskarte) und die LIGAND-Datenbanken (Enzyme, chemische Substanzen und Elemente).

Das Modell der funktionellen Rekonstruktion

Andere Datenbanken und Organisationen besitzen Informationen, die denen von KEGG ähnlich sind, aber es gibt eine bemerkenswerte Ausnahme: KEGG hat auch eine *deduktive Datenbank*. Damit kann der Benutzer Wege und binäre Beziehungen mit dem Ziel berechnen, Wirkdiagramme von Genen und Molekülen zu erstellen. Das sollte zum Verständnis der Zellen als eines komplexen, sich selbst aufbauenden Systems führen, dessen Komponenten und deren wechselseitige Beziehungen man vollständig versteht. Dieser Ansatz ist auch als das Modell zur funktionellen Rekonstruktion bekannt. In den Worten von KEGG ist das Genom einfach »ein Warenlager mit Einzelteilen.... und alle regulatorischen Signale im Genom sind einfach Strichcodes, um sie anzufordern. Unter diesem Gesichtspunkt ist der Bauplan des Lebens in der gesamten Zelle als ein Netzwerk molekularer Wechselwirkungen niedergeschrieben.« Um zum Verständnis dieses Netzwerkes molekularer Wechselwirkungen zu gelangen, benutzt KEGG *Vorhersageinstrumente* zur Berechnung neuer Beziehungen, die einzig auf dem Inhalt seines individuellen Katalogs (dem Warenlager) basieren. Diese Instrumente kann man durch den Link „*Search and compute with KEGG*" finden.

Wie können wir einen biologischen Organismus rekonstruieren? Der Ansatz von KEGG besteht in einer hierarchischen Sicht des Organismus, die man sich am einfachsten als Atomebene, Molekülebene und Netzwerkebene (die Stoffwechselwege) vorstellen kann. KEGG benutzt zur Darstellung der Daten ein System, das die Datenbank gemäß der Anzahl der Links zwischen seinen Komponenten strukturiert.

Die Elemente der Katalogdatenbank umfassen Moleküle (Proteinstrukturen, Metabolite), Gene (Sequenzen) und Genome (Abb. 4.5). Stoffwechselwegkarten verbinden Elemente von der Katalogdatenbank über binäre Verbindungen, bei denen es sich um molekulare Wechselwirkungen (Struktur) und genetische Wechselwirkungen (Funktion) handelt. Wechselwirkungen mit mehr als zwei Partnern werden als Netzwerk bezeichnet und umfassen Stoffwechselwege (molekular und genetisch), Genome (linear und zirkulär), Hierarchien (Klassifikation, Taxonomie) und Nachbarn (Sequenzähnlichkeit, strukturelle Ähnlichkeit).

KEGG führt die Integration der genomischen Information mit Stoffwechselwegen ein, um die biologische Realität innerhalb der Zelle widerzuspiegeln. Das erlaubt es dem einzelnen Wissenschaftler, Proteine oder Gene neuer oder verwandter Stoffwechselwege in Modellorganismen zu suchen, die nicht der untersuchte Organismus sind. Fehlende strukturelle Informationen kann man schnell durch das Finden Homologer bei „Nachbarn" finden, deren Struktur schon aufgeklärt ist. Man kann neue Wege finden, indem man den Anfangspunkt und den Endpunkt von Substrat und Produkt eingibt und den geeigneten Organismus auswählt.

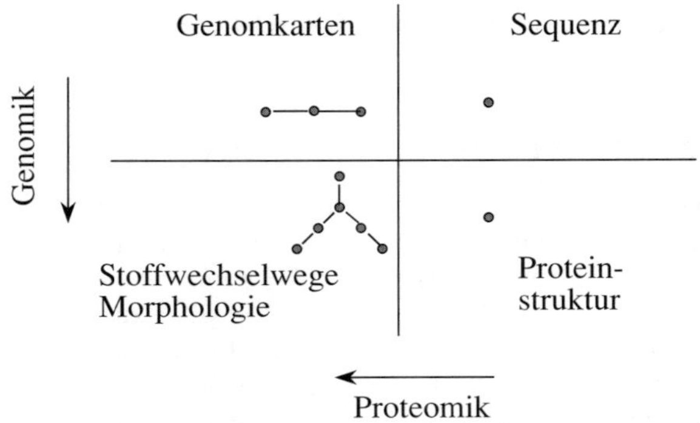

4.5 Datenbankhierarchie.

Die *E. coli*-Stoffwechseldatenbank: EcoCyc

Das Bakterium *E. coli* ist das Testobjekt schlechthin im Labor der Genetiker, Molekularbiologen, Mikrobiologen und Biochemiker. Es ist auch für die menschliche Gesundheit und Physiologie äußerst wichtig, da es ein Teil unseres Gastrointestinalsytems ist. Unglücklicherweise ist *E. coli* auch ein opportunistisches Pathogen. Das heißt, dass dieser ansonsten harmlose Keim pathogen werden kann, wenn er auf geschwächte Individuen trifft. Die meisten Menschen kennen es wegen seiner Rolle bei Lebensmittelvergiftungen, die durch kontaminiertes Fleisch verursacht werden, meistens durch nicht genügend gegarte Hamburger. Seine enge genetische Verwandtschaft mit *Salmonella typhimurium* (ein pathogenes Bakterium, das meistens bei Geflügel auftritt) macht die vollständige Kenntnis seines Metabolismus, seiner Genetik und der Gesundheitsprobleme zu einem drängenden und auch faszinierenden Thema.

EcoCyc[2] von DoubleTwist, Inc. (http://www.doubletwist.com/ecocyc) widmet sich der Integration der klassischen biochemischen Wege (Stoffwechsel) von *E. coli* mit seiner kompletten Information über die Genomsequenz. An den Stoffwechselwegen zur Aminosäuresynthese sind bei *E. coli* zum Beispiel mehrere Enzyme beteiligt, die auf der Ebene der Genexpression zusammen reguliert werden. Deshalb sollten empfindliche Techniken der Proteomik Änderungen der Intensität der Flecken von 2-D-Gelen nicht nur bei einem Protein, sondern bei mehreren gleichzeitig nachweisen können. Neue oder homologe Stoffwechselwege in neu untersuchten Organismen mit begrenzter Sequenzinformation könnte man mithilfe der Proteomik entdecken.

Ähnlich wie KEGG benutzt EcoCyc Bibliotheken chemischer Substanzen, die die an jeder biologischen Reaktion beteiligten Moleküle, das Molekulargewicht der Substanz und in vielen Fällen seine chemische Struktur auflisten.

> Die EcoCyc KB lässt sich auf vielfältige Art nutzen. Sie stellt eine elektronische Referenzquelle für *E. coli*-Biologen und für Biologen, die mit verwandten Mikroorganismen arbeiten, dar. Die Wissenschaftler können die Anordnung der Gene innerhalb des *E. coli*-Chromosoms, oder einer bestimmten biochemischen Reaktion, oder eines vollständigen biochemischen Stoffwechselweges (unter Anzeige der Struktur der beteiligten Substanzen) sichtbar machen. Die Navigationsmöglichkeiten erlauben es dem Nutzer, von der Anzeige eines Enzyms zur Anzeige der Reaktion, die das Enzym katalysiert oder zu dem

Gen, das das Enzym codiert, zu wechseln. Die Schnittstelle unterstützt auch eine Reihe von Abfragemöglichkeiten, wie das Erstellen eines Schaubildes der Kartenpositionen aller Gene, die Enzyme innerhalb eines bestimmten biochemischen Stoffwechselweges codieren.

EcoCyc KB dient nicht nur als Referenzquelle für einzelne Fakten. Es erlaubt auch komplexe Berechnungen, die mit dem Stoffwechsel zusammenhängen, wie das Design neuer biochemischer Stoffwechselwege für die Biotechnologie, Untersuchungen zur Evolution von Stoffwechselwegen und deren Simulation. Die EcoCyc KB wird auch zur computergestützten Lehre in der Biochemie benutzt. (Aus: http://ecocyc.PangeaSystems.com/ecocyc/ecocyc.html)

Die *E. coli*-Stoffwechseldatenbank versorgt uns mit einer beträchtlichen Menge an Informationen, die über ein PC-Terminal leicht verfügbar ist. Auf dem Stand von Januar 1998 enthielt die jüngste Version von Ecocyc folgende Anzahl von Objekten:

- 4 909 *E.-coli*-Gene
- 804 der von diesen Genen codierten Enzyme
- 829 Stoffwechselreaktionen, die in *E. coli* vorkommen
- 124 Stoffwechselwege, die in *E. coli* vorkommen
- 1 303 chemische Substanzen, die am Stoffwechsel von *E. coli* beteiligt sind
- 79 tRNAS
- 45 Zweikomponenten-Signalübertragungsproteine

Was hält das Bakterium am Leben? Diese Frage beschäftigt die Biowissenschaftler und die Antwort scheint beängstigend nah zu sein. Die Designer von EcoCyc sprechen von einem »*in silicio* Modell des Stoffwechsels von *E. coli*, das mit Hilfe von Rechnern untersucht und analysiert werden kann.«[3] Das deutet an, dass es eines Tages ebenso möglich sein könnte, anstelle des biochemischen Modells ein Computermodell der Stoffwechselwege zu untersuchen, so wie man heute Nucleartests am Computer simuliert, wodurch die realen Tests ersetzt werden, die der Gegner seismografisch feststellen kann. Außerdem deutet das an, dass man die Enzyklopädie eines Tages in eine Werkbank umwandeln wird – ein elektronisches Labor anstelle einer elektronischen Bibliothek.

Wohin weist die Entwicklung?

Beim gegenwärtigen Stand der Datenbankintegration und der Kombination allgemeiner Informationen ist das Internet eine offene, schlecht bearbeitete und unredigierte „Datenbank". Es gibt eine unbegrenzte Zahl bestehender Hyperlinks, und es ist manchmal unmöglich, korrekte und vollständige Informationen zu finden.[4] Immer öfter werden kleine Firmen gegründet, die den Biowissenschaftlern editierte, kommentierte und aufbereitete Informationen zur Verfügung stellen, damit die existierenden Informationen bestmöglich genutzt werden können. Die Bearbeitung und Kommentierung ist teuer, aber sie verkauft sich gut, wenn sie auf die Kundenwünsche und -bedürfnisse zugeschnitten ist. Für Unternehmer kann der Verkauf zusammengetragener Informationen an die Industrie sehr lukrativ sein, da es extrem kostspielig ist, die Zeit und das Expertenwissen von Wissenschaftlern und Computeringenieuren zu finanzieren. Der Verkauf von Informationen über das Internet – Informationen, die in Rohform schon verfügbar sind – ist anfällig gegenüber Ausbeutung. Die Schnittstelle zwischen privater und akademischer Information und der Kampf um neue Patente auf Lebensformen haben Firmen wie Proteome und DoubleTwist Systems entstehen lassen.

Die räumliche Organisation zellulärer Komponenten ist für die Funktion einer Zelle von zentraler Bedeutung, aber dennoch ist dieser Aspekt supramolekularer Strukturen nur wenig erforscht. Letztlich lässt sich die Frage darauf reduzieren, wie eine Zelle die notwendigen Bausteine zur rechten Zeit an die richtige Stelle bringt. Selbstzusammenbauende Systeme bilden einen Teil eines neuen und interdisziplinären Zweiges der Biologie und Chemie, der derartige Probleme bearbeitet – Chemie jenseits der Molekülebene.

Literatur

1. Ogata, H. et al. *Kyoto Encyclopedia of Genes and Genomes*. In: *Nucleic Acids Res.* 27 (1999) S. 29–34.
2. Karp, P. D. et al. *EcoCyc: encyclopedia of Escherichia coli genes and metabolism.* In: *Nucleic Acids Res.* 27 (1999) S. 55–58.
3. Karp, P. D. et al. *EcoCyc: encyclopedia of Escherichia coli genes and metabolism.* In: *Nucleic Acids Res.* 25 (1997) S. 43–51.
4. Lawrence, S.; Giles, C.L. *Searching the World Wide Web [in process citation].* In: *Science* 280 (1998) S. 98–100.

5 Die Computerrevolution in der Neurobiologie

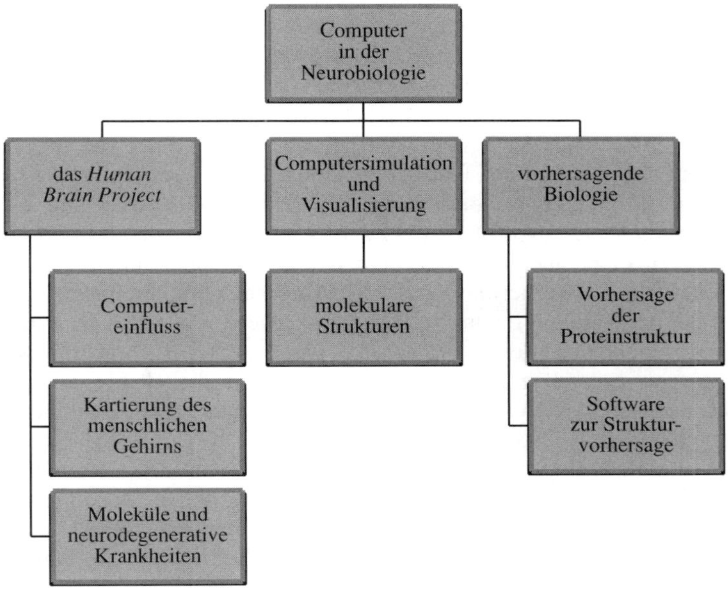

5.1 Kapitelüberblick.

5.1 Das *Human Brain Project*

Computer befinden sich in beinahe allen modernen Laborgeräten. Das schließt Netzgeräte für die Gelelektrophorese, computergesteuerte Chromatographie, die elektrophysiologische Untersuchung der Aktionspotenziale (Ionenkanäle, Neurotransmitter-Rezeptoren, Hormone), spektroskopische Techniken (Fluoreszenz, NMR, Kristallographie, Elektronenmikroskopie), online-Aufzeichnung (zum Ersetzen der Bandaufzeichnung), online-Oszilloskope (simulieren analoge Geräte) und digitale Oszilloskope mit Computerzugang ein.

Der Einfluss von Computern auf die Wissenschaft

Die experimentelle Wissenschaft in Biologie, Physik und Chemie ruft Bilder wach, in denen Reagenzgläser, farbige Flüssigkeiten und Mikroskope sowie Männer in weißen Laborkitteln mit wirrem Haar vorkommen. Der Alltag im Labor kann jedoch für den Wissenschaftler genau so banal sein, wie er für den Durchschnittsbürger mysteriös ist. Wir wissen, dass Wissenschaftler Experimente durchführen, aber was sagt das? Experimentieren bedeutet das Überprüfen einer Idee, indem man eine Reihe von Chemikalien über eine bestimmte Zeitspanne hinweg vorgegebenen Bedingungen aussetzt. Was dann geschieht ist kein Zufall, sondern wird von der Notwendigkeit bestimmt – der Notwendigkeit der Annahmen des Experimentators und der physikalischen Parameter, wie Temperatur, Säuregrad, Konzentration oder Druck. Zum Experimentieren braucht es offensichtlich Planung und Organisation.

Computer spielen bei der Ausarbeitung, der Durchführung und der Analyse von Experimenten eine zentrale Rolle. Sie haben die Dynamik eines modernen Labors in beinahe jeder Hinsicht geändert, nicht was wissenschaftliches Denken oder Methoden, auch nicht was Hypothesen und die Kontroversen über die Entdeckung und Falsifikation von Modellen angeht, aber den Kern der Wissenschaft: das eigentliche Experiment. Computer zählen die Zahl der Zellen in einer Petrischale, messen die Größe der Zellkerne in einem mikroskopischen Querschnitt durch eine Nieren-Tumorzelle, zeichnen die elektrische Aktivität eines isolierten Neurons auf, von dem man annimmt, dass es chronischen Schmerz verursacht und lesen die Sequenzinformation von einem Gel, nachdem es über Nacht einen Röntgenfilm belichtet hat. Andere nicht ersetzbare Hilfsdienste werden von Zellsortiermaschinen, Videokamaras mit computergesteuerter online-Kontrolle, der Reinigung von Produkten mit reverse-Phase Chromatographie, digitalen Oszillographen und der *real-time peak current*-Analyse erbracht. Ausgeklügelte Computersysteme unterstützen experimentelle Systeme, bei denen die menschliche Hand und das menschliche Auge zu langsam und ungenau wären, um die Experimente durchzuführen und die wichtigen Daten aufzuzeichnen.

Die Präzision eines Experiments wird natürlich nicht von den Computern, sondern von der Qualität der benutzten Geräte bestimmt. Man muss Hochleistungsinstrumente entwickeln, damit man gefrorene Zellproben für die Elektronenmikroskopie mit Präzision schneiden, Glaspipetten für den Transfer eines Zellkerns in die Stammzelle zur Herstellung von *knock-out*-Mäusen ausziehen und die elektrische Aktivität eines einzelnen Neurons im Hirngewebe messen kann. Der Computer übernimmt die Funktion der Steuerung, Durchführung, Datenbearbeitung und Datenspeicherung. Die Speicherkapazität hat in den letzten Jahren durch die digitalen Aufzeichnungs- und die einfachen Datenkopiertechniken enorm zugenommen.

Man darf jedoch nicht vergessen, dass Präzision und genaue Messungen in der Wissenschaft schon vor dem Aufkommen der Computer erreicht wurden. Ramón y Cajal (1852-1934), ein spanischer Neuroanatom, dem 1906 der Medizinnobelpreis verliehen wurde (eine kurze Biografie findet sich unter http://www.nobel.se/essays/cajal/index.html), ist ein Beispiel für die herausragenden Leistungen der Wissenschaft des 19. Jahrhunderts. Er untersuchte das Nervensystem und zeichnete seine anatomischen Untersuchungen in Form detailgenauer Zeichnungen auf (ein Portrait von Cajal: http://www.faseb.org/anatomy/bict5.gif).

Cajal befand sich an der Spitze der Hirnforschung, weil seine hervorragenden Zeichnungen von Neuronen und Neuronengruppen auf neuen Färbetechniken beruhten (Anfärben von individuellen Zellen oder von Zellgruppen mit Farbstoffen, wobei sich die Neuronenverbindungen darstellen lassen), die von Camillo Golgi entwickelt worden waren, dem Mitinhaber des Medizinnobelpreises von 1906. Cajal zeigte, dass das Vertebratengehirn aus Milliarden individueller Zellen und Neuronen besteht, aber kein kontinuierliches Netzwerk feiner Arterien darstellt. Auf ähnliche Weise benutzt man heute neue Färbetechniken und computerunterstützte Spektroskopie, um anatomische Karten des menschlichern Gehirns zu erstellen (siehe den *The Whole Brain Atlas* der Harvard Medical School; http://www.med.harvard.edu/AANLIB/home.html). Das Anfärben und die Probenaufbereitung unter Zuhilfenahme einer Reihe von Molekülen ist auch heute noch zur Sichtbarmachung einer einzelnen Zelle nötig.

Die Entwicklung der *Fluoreszenztechnik* hat die biologische Probenaufbereitung und in letzter Zeit Techniken zur DNA-Manipulation wie den DNA-Chip von Affymetrix revolutioniert und optische Methoden zur Hirnbeobachtung ermöglicht. Der interdisziplinäre Ansatz – die Kombination von Biologie und Chemie – hat beide Disziplinen bereichert. Die *Materialwissenschaft* kombiniert Biologie und Chemie auf Wegen, die sich von der klassischen Biochemie vollkommen unterscheiden. Die Nanotechnologie, die Manipulation von Materie im Maßstab eines einzigen Moleküls, ist eine neue Entwicklung, die inzwischen in aller Munde ist. Sie zeigt, dass die Technologie die Verkleinerung medizinischer und technischer Vorrichtungen laufend verbessert, mit dem Ziel, Maschinen aus einem einzigen Molekül zu schaffen. Der Nanometer, die physikalische Dimension dieser Mikrowelt, ist die Dimension der Moleküle des Lebens selbst. Inspiration und kreative Lösungen müssen daher aus der engen Zusammenarbeit von Biologen, Chemikern und Ingenieuren erwachsen.

Die Medizin ist ein anderer Bereich, der von der Computertechnologie profitiert. Nichtinvasive Techniken machen chirurgische Eingriffe sowie den Gebrauch von Röntgenstrahlen oder Chemikalien unnötig. Zwei erfolgreiche nichtinvasive Techniken sind die funktionelle Kernspintomographie (fMRI) und der Ultraschall, die die physikalischen Eigenschaften spezieller Atome oder Moleküle ausnutzen, die von aller Materie geteilt werden. Darüber hinaus werden die Entwicklung und die Anwendung von Expertensystemen die Einfachheit und den Erfolg der Durchführung von Routinebehandlungen in der Medizin verbessern.

Computer in der Neurobiologie und die Kartierung des menschlichen Gehirns

Das Gehirn wird aus offensichtlichen Gründen von den Wissenschaftlern mit besonderer Aufmerksamkeit bedacht: Verhalten, Bewusstsein, Gedächtnis, Schlafstörungen oder Schmerzen einschließlich der Phantomschmerzen nicht mehr vorhandener Gliedmaßen. Neuentwickelte computergestützte Techniken zum Scannen des Gehirns und der Erfolg des Human-Genom-Projektes haben Initiativen neuen Schwung gegeben, das Gehirn sowohl anatomisch als auch funktionell zu kartieren. Mit diesen Karten sollte es eines Tages möglich sein, neuronale Aktivitäten auf der Ebene eines einzigen sensorischen Neurons als Funktion motoneuraler Aufgaben, dem Lernen von Wörtern, oder dem Lesen von Symbolen zu lokalisieren. Der neugeprägte Ausdruck *Neuroinformatik* verspricht der Neurowissenschaft, was gegenwärtig im Falle des menschlichen Genoms, namentlich der Integration von Karten (oder Sequenzen) mit funktionellen Daten geschieht. Eine solche Integration produziert *mechanistische* Erklärungen für das menschliche Verhalten. Die Verfügbarkeit der Informationen über Computernetzwerke wie das Internet ist eine unerlässliche Komponente dieses Vorhabens (siehe Science online, 279:1320 unter http://www.scienceonline.org/). Am 2. April 1993 wurde das *Human Brain Project*[1] offiziell vom NIH angekündigt. Es ist als eine Langzeit-Forschungsinitiative mit breiter Basis ausgelegt, um die Forschung und Entwicklung fortschrittlicher Technologien zu unterstützen. Dieses Projekt soll die Datenautobahnen (d. h. das Internet) für Neurowissenschaftler öffnen und sowohl sie als auch Forscher aus den Verhaltenswissenschaften können daran teilnehmen (*the Human Brain Project*, http://www.HBP.scripps.edu/).

Das *Human Brain Project* ist in drei Unterprojekte gegliedert: die multimodale Bildgewinnung und Analyse der neuronalen Verbindungen oder das *Connectivity Project*, die *in vivo*-Atlanten der Gehirnentwicklung oder das *Atlas Project* und die zielgerichteten Algorithmen zur 3-D-Analyse und Visualisierung oder das *Algorithms Project*. Eine Reihe von unterschiedlichen Techniken, wie Chemie, Tiermodelle, Computerwissenschaft, Web-Design, Netzwerke und funktionelle magnetische Resonanzbildgebung müssen bei diesen Projekten integriert werden. Diese Techniken beinhalten das Design, die Synthese und die Reinigung neuer Kontrastmittel (chemischer Kernbereich), den Kauf, die Betreuung, das Züchten, chirurgische Eingriffe und die Beseitigung von Tieren (tierischer Kernbereich), den Entwurf und die Wartung einer stabilen und effektiven Rechnerumgebung, die Implementierung der mit der zielgerichteten Bildgebung verbundenen Algorithmen, Verbreitung dieser Ergebnisse zur Unterstützung der Computer Hard- und Software sowie der Netzwerke und schließlich die Websiteunterhaltung einer Bildgebungsvorrichtung, die Kernresonanz-Spektroskopie (NMR) benutzt. Zum besseren Verständnis unseres Gehirns ist das letztendliche Ziel des *Brain Projects* das »Zusammenführen der Informatik- und Neurowissenschaftskomponenten« der Hirnforschung zu einer einzigen Einheit. Dem California Institute of Technology zufolge gilt:

> In der Vergangenheit ist der Fortschritt des *Human Brain Projects* von den laufenden und dynamischen Wechselwirkungen zwischen den einzelnen individuellen Projekten und Kernbereichen vorangetrieben worden. Das wird von der Tatsache gefördert, dass viele der teilnehmenden Personen Erfahrungen und Interessen haben, die die künstlichen Projekt/Kernbereich-Grenzen überschreiten. Die Arbeit der Informatiker stellt den Neurowissenschaftlern neue und effizientere Wege zur Sammlung, Analyse und Informationsverarbeitung zur Verfügung. Das fordert von den Informatikern, dass sie von den Neurowissenschaftlern lernen, wie die Daten gesammelt werden und was genau an den Daten interessant und wichtig ist. So haben wir eine Win-Win-Situation, bei der jede Komponente hilft und dafür von der andern befruchtet wird (Quelle: http://www.gg.caltech.edu/hbp/).

Die Neurobiologie ist inzwischen zum Betätigungsfeld einer großen Bandbreite von Spezialisten geworden, von Molekularbiologen und Elektrophysiologen bis zu Kognitionsforschern und Philosophen. Es gibt Wissenschaftler, die epistemologischen (mit dem Bewusstsein zusammenhängenden) Fragen nachgehen und die glauben, dass die Wissenschaft auf der Molekülebene eines Tages das Mysterium des Geist-Körper-Problems lösen wird. Die Hirnforschung ist auf Myriaden von Wissenschaftlern verteilt, von denen jeder seinen eigenen Ansatz, seine Technik und Methodik verfolgt. Es gibt keine gemeinsame Sprache, die von Biophysik bis zu Psychologie reicht, auch wenn viele Forscher glauben, dass eine solche Sprache – ein vereinigtes Forschungsgebiet – eines Tages existieren wird. Die Komplexität des Gehirns und die Anstrengungen, es zu verstehen, sind enorm. Das Fühlen und das analytische Denken, zwei zentrale Aspekte des menschlichen Bewusstseins, sind unter dem biologischen Gesichtspunkt schwer fassbare Begriffe. Es ist richtig, dass bestimmte Chemikalien unser Bewusstsein beeinflussen, was beweist, dass es tief in unserem zentralen Nervensystem verankert ist. Man weiß jedoch sehr wenig über mögliche Mechanismen, die erklären, wie das Bewusstsein aus der Chemie des Gehirns entsteht (räumlich und zeitlich). Die Neurobiologie leidet unter großen Wissenslücken, die immer noch in einigen biowissenschaftlichen Teilgebieten vorhanden sind. Es ist wahr, wenn man sagt, dass ein Ganzes mehr als die Summe seiner Teile ist, aber es gibt noch kein Modell, das genau erklären würde, wie eine solche Transzendenz dieser funktionellen Ebenen vor sich gehen könnte.

Bedingt durch die Notwendigkeit, die Funktionen des Gehirns oder den Vorgang der Faltung eines Proteins zu einem aktiven Enzym nach seiner Synthese zu verstehen, versuchen die Wissenschaftler, eine neue Perspektive einzunehmen – die eines Wassermoleküls, dass mit dem sich faltenden Protein in Wechselwirkung steht. Auch hier können Computer dabei behilflich sein, funktionelle Landschaften zu erstellen, bei denen sich die erwünschten Parameter sichtbar machen lassen (z. B. die elektrostatischen Kräfte zwischen Atomen und Molekülen), ein Standpunkt, der unserem Denken und unserer Erfahrung äußerst fremd ist. Wir sind uns nur unserer eigenen Erfahrungen bewusst, und was uns bei unseren Versuchen fehlt, ein Wassermolekül oder ein Virus zu verstehen, ist eben gerade das Bewusstsein, eines zu sein. Der Philosoph Thomas Nagel hat ein ähnliches Argument über die Fähigkeit der „Radarwahrnehmung" der Fledermäuse gemacht. Wir haben zum Beispiel gelernt zu vermeiden, die Finger in Steckdosen zu stecken, weil wir einen Stromschlag fürchten. Obwohl wir die Effekte der Schwerkraft spüren, besitzen wir keinen Sinn, der uns die Wahrnehmung elektromagnetischer Kräfte ermöglichen würde.

Um unsere Unfähigkeit, die Welt auf der Ebene der Atome und Kraftfelder zu „sehen" wettzumachen, müssen wir Bilder nach unserem Maß schaffen – sozusagen Übersetzungen – um auf andere Art darzustellen, was auf jener Ebene geschehen könnte. *Falschfarbenbilder* sind ein sehr wirksames derartiges Hilfsmittel. Die Einheiten eines physikalischen Parameters werden in einen Farbcode überführt, der von rot nach blau reicht. Da wir keine Zahlen lesen und vergleichen müssen, „sieht" unser Gehirn über den Raum verteilte Unterschiede und Identitäten sofort. Auf diese Weise können wir Temperaturunterschiede „sehen" (als Infrarotbilder sichtbar gemacht) oder den Verbrauch molekularen Sauerstoffs durch das Gehirn an Stellen hoher Stoffwechselaktivität sichtbar zu machen. Die Falschfarbenbilder stellen eine faszinierende und ästhetisch befriedigende Technik dar, weil sie es uns erlauben, abstrakte mathematische Formeln, die *numerische Beziehungen* zwischen Objekten beschreiben – und alle Wissenschaft handelt von numerischen Beziehungen – in direkte sensorische Eingaben für unsere visuellen Rezeptoren (Augen) umzuwandeln. Auch in diesem Fall ist die Computerleistung ein Schlüssel bei der Implementierung dieser grafischen Werkzeuge.

Eine integrierte Karte des menschlichen Gehirns legt die anatomische und die funktionelle Karte sowohl zeitlich als auch räumlich übereinander. Die Art der Fragen, die man damit beantworten kann, hängt von der Auflösung der Karte ab. Zur verbesserten Visualisierung der räumlichen Anordnung funktioneller Einheiten des Gehirns versuchen topografische Karten, wie die Kartografie einer Landschaft, Serien von Querschnitten anzulegen, die übereinander gelegt werden. Die funktionelle Gehirnkartierung benutzt nichtinvasive Techniken wie SPECT/PET (*single photon emission computed tomography/positron emission tomography),* fMRI (funktionelle Kernspintomographie), EEG (Elektroenzephalographie), MEG (Magnetoenzephalographie), optische Bildgebung und neuroanatomische Untersuchungen. Diese Werkzeuge benutzt man dann zur Erstellung von Karten, die sich aus Querschnittsbildern des Gehirns ableiten. Die Querschnitte setzt man wieder zusammen und erhält so ein virtuelles 3-D-Bild des Gehirns.

Die räumliche Auflösung im Millimeterbereich (fMRI) und die zeitliche Auflösung in der Größenordnung von Millisekunden (EEG, MEG) müssen über Computer zusammengebracht werden und ergeben bewegte Bilder der Gehirnaktivität (Liu et al., *PNAS* 95 (1998) S. 8945 unter http://www.pnas.org/). Diese Gehirnkarten lösen die *neuroanatomische* Ebene auf. Der *Whole Brain Atlas* der Harvard Medical School (http://www.med.harvard.edu/AANLIB/home.html) ist ein Beispiel einer frei zugänglichen *real-time*-Karte, die gesunde Gehirne mit anderen vergleicht, die unter Gefäßkrankheiten (Schlaganfall), neoplastischen Krankheiten (Tumoren), degenerativen Krankheiten (Alzheimer, Huntington) und entzündlichen oder ansteckenden Krankheiten (multiple Sklerose, AIDS-bedingte Demenz, Creutzfeld-Jakob, Herpes) leiden. Diese Karten spiegeln die hohe räumliche Auflösung wider, die man durch hämodynamische oder Stoffwechselmessungen wie Glucoseniveau oder Sauerstoffverbrauch zusammen mit der hohen zeitlichen Auflösung der elektromagnetischen Signale erzielen kann. Diese Korrelation ist nicht unbedeutend, weil das Gehirn ein komplexes Organ ist, das anatomisch deutlich unterscheidbare Verarbeitungszentren aufweist, die über große Entfernungen und mehrere Zeitskalen in Verbindung stehen (Liu et al. 1998).

Die räumliche Auflösung im Millimeterbereich ist jedoch auf keinen Fall ausreichend für molekulare Untersuchungen der Gehirnfunktionen. Auch wenn die Auswüchse der Neuronen, die Axone mehrere Millimeter oder sogar Meter messen können (im peripheren Nervensystem), beträgt doch der Durchmesser ihres Zellkörpers Mikrometer und die Größenordnung wird noch geringer, wenn wir die funktionelle Morphologie der chemischen Synapse betrachten. Neuroanatomische Karten wie *The Whole Brain Atlas* kann man deshalb durch molekulare Details ergänzen, die aus biochemischen, physiologischen, pharmakologischen oder molekularbiologischen Untersuchungen stammen wie die Verteilung von Ionenkanälen oder Rezeptoren (Proteomik), Verteilung der mRNA-Konzentrationen (Genomik) und die synaptische Leitfähigkeit und Plastizität, die für die enorme Komplexität der neuronalen Netzwerke verantwortlich sind. Der gegenwärtige Informationsinhalt und die Auflösung des *Whole Brain Atlas* können zwar die anatomischen Zentren der Aktivität motoneuraler Aufgaben angeben, aber sie sind zum Beispiel nicht in der Lage, Informationen über die Muster elektrischer Aktivität (Feuermuster) und die Neurotransmitterselektivität individueller Neuronen oder von Neuronengruppen zu geben. Mit anderen Worten, die strukturellen Details sind noch nicht mit funktionellen Zuständen, der zeitlichen Aktivität des Gehirns, verbunden.

Computergenerierte virtuelle Bilder erlauben einen Blick auf Objekte aus einer Perspektive, die wir auf andere Art nicht haben könnten. Wir können uns mit ihrer Hilfe nun so klein machen, dass wir uns innerhalb eines Körpers bewegen können (man hat Spielfilme gedreht, die genau das versuchen und dabei eine künstlerische Vorstellung vom Innenleben des Menschen gegeben haben). Um den Zusammenhang von Struktur und Funktion deutlich zu machen, stellen Sie sich ein neues Haus vor, dass sie zusammen mit einem Architekten bauen wollen. Sie können sich selbst im Haus vorstellen, wie sie den Raum nutzen und von Zimmer zu Zimmer gehen. Es ist nicht notwendig, eine Querschnittskarte zur Visualisierung des Hauses zu erstellen, da wir wissen, wie Struktur und Funktion zusammenhängen. Wir sind mit dem Gefühl vertraut, in die Küche zu gehen und wissen, wie der Geruch des Mittagessens unsere Sinne wachruft, wenn es bald unser Lieblingsessen gibt. Oft mögen wir eine bestimmte Mahlzeit nicht nur wegen ihres Geschmacks, sondern auch wegen der Person, die sie gekocht hat.

Diesen Einblick haben wir nicht, wenn es um biologische Objekte geht. Das Verständnis einer fundamentalen Erfahrung wie der Genuss des Essens unterscheidet sich dramatisch von dem Versuch eines Wissenschaftlers, einen Virus zu verstehen. In dem Maße, wie wir die Freude auf ein Essen verstehen können, wie sie von anderen erfahren wird, sind wir unfähig, eine Analogie zu benutzen, um eine Virusinfektion unter dem Blickwinkel eines Virus zu verstehen. Uns bleibt die rein mathematische Beschreibung eines Prozesses molekularer Wechselwirkungen, bei denen Viruspartikel an Zelloberflächen „andocken“. Und so wie wir uns der Nahrungsmittel bewusst sind, wenn wir sie essen, denken wir überhaupt nicht an den Vorgang des Verdauens und der Nährstoffabsorption (außer wenn es Probleme gibt). Unser Bewusstsein bezüglich Stoffwechselaktivitäten ist so inexistent wie unsere Fähigkeit, wie ein Virus zu „fühlen“. Die meisten unserer Körperfunktionen sind uns nicht bewusst und man darf mit Recht annehmen, dass das mikrobielle Leben auf einer ähnlichen Stufe des Unbewusstseins stattfindet. Wir fühlen oder denken nicht mit unserer Leber, sondern mit unserem Gehirn. Wenn wir doch nur den Unterschied verstehen könnten.

Von Molekülen zu neurodegenerativen Krankheiten

Obwohl wir das Bewusstsein erfahren, haben wir kein mechanistisches Modell dafür. Die Neurobiologie hat jedoch bei der Charakterisierung der Grundfunktionen einzelner Neuronen und ihrer Bestandteile große Fortschritte gemacht. Die Weiterleitung von Aktionspotenzialen in Neuronen ist ein gut verstandener grundlegender Mechanismus der Signalverarbeitung des Gehirns. Bei Aktionspotenzialen handelt es sich um lokalisierte kleine Spannungsänderungen (in Millivolt gemessen) über die Zellmembran hinweg, deren Dauer sich auf Millisekunden beläuft. Wiederholte Aktionspotenziale bilden in individuellen Nervenzellen *Feuermuster*. Diese Feuermuster sind die intrinsischen Signalmechanismen der Neuronen und sind in unterschiedlichen Zelltypen verschieden. Wie kann man sie messen? Wegen ihrer geringen Dauer ist eine handbediente Stoppuhr kein geeignetes Instrument zu ihrer Messung. Analoge Instrumente sind zwar schnell genug, um die elektrische Aktivität an der Zellmembran über einen Schreiber aufzuzeichnen, aber dem Wissenschaftler bleibt die mühsame Aufgabe, die Daten in Handarbeit auszuwerten – das heißt, er muss ein Lineal zur Hand nehmen, um die Zeitdauer und die Amplitude der Signale auszumessen und sie dann zur statistischen Analyse in einen Rechner eingeben. Die computergestützte Simulation, *real-time*-Aufzeichnung und die unmittelbare Eingabe der Daten in Analysesoftware haben die Zeit zur Messung und Interpretation der Daten um mehrere Größenordnungen verkürzt. Man kann durch die Benutzung kommerziell erhältlicher Tabellenkalkulationsprogramme eine Analyse in Minuten anstelle von Stunden oder Tagen durchführen.

Die molekulare Neurobiologie widmet sich der Struktur-Funktions-Beziehung so genannter Ionenkanäle, den Proteinkomplexen, die für die Aktionspotenziale verantwortlich sind. Viele dieser Kanalproteine sind an neurodegenerativen Krankheiten beteiligt und reagieren auf Arzneimittel und Toxine. Obwohl Ionenkanäle sowohl strukturell als auch funktionell gut untersucht sind – die ersten Untersuchungen hat man in den Vierzigerjahren durchgeführt – hat doch die Benutzung molekularbiologischer Techniken zur Entdeckung neuer Gene und der Genomorganisation der Kanalproteine unser Verständnis von Alzheimer, Parkinson und Huntington sehr erweitert. Das Human-Genom-Projekt wird unser Verständnis dieser und anderer vererbbarer Krankheiten noch weiter voranbringen. Die Suche nach Behandlungsmöglichkeiten und Heilmethoden ist ein fruchtbarer Testplatz für bioinformatische Werkzeuge auf beinahe jeder Ebene der Forschung.

Ionenkanäle bilden enge kanalförmige Wege, die von Ionen zum Durchqueren der Zellmembran benutzt werden. Die Membran ist ein elektrischer Isolator und blockiert die Bewegung von Ionen (positiv oder negativ geladenen Atomen oder Molekülen), wenn keine Kanäle vorhanden sind. Den Ionenfluss kann man als elektrischen Strom messen. Mit äußerst empfindlichen Verstärkern kann man die Bewegung von einigen Tausend Ionen jede tausendstel Sekunde messen und so Informationen über die elektrische Aktivität einer Zellmembran oder in einem engen Bereich der Membran erhalten. An den Aktionspotenzialen, dem Signalmodus der Neuronen, sind mindestens drei Klassen von Ionenkanälen beteiligt, was bedeutet, dass für jedes der beteiligten Ionen ein unterschiedliches Protein vorhanden sein muss, das es ihm ermöglicht, die Zellmembran zu passieren. Man weiß, dass Ionenkanäle ionenselektiv sind.

Wegen der Eigenschaften der elektrischen Aktivität und der extrem geringen Zahl der geladenen Atome und Moleküle, die die Membranen durchqueren, sind die Computer bei der Steuerung und Analyse elektrophysiologischer Experimente zu einem unentbehrlichen Instrument geworden. Die Entwicklung der Technik der Mikroglaspipetten im Jahre 1975 zur Messung der Aktivität einzelner Proteine hat die Neurobiologie und die Pharmakologie revolutioniert. Die Elektrophysiologie entstand in den Vierzigerjahren und ist zu einer Industrie gewachsen, bei der Wissenschaftler, die an einem bestimmten Protein oder einer bestimmten Krankheit interessiert sind, die Pharmakologie und Physiologie mit kommerziell erhältlichen Computern untersuchen können, die dabei helfen, die Grenzen der experimentellen Systeme auszuweiten, besonders bei sehr schnellen Vorgängen. Stromsignale kann man in Spannungssignale oder schnelle optische Vorgänge umwandeln, so dass ständig bessere Zeit- und Amplitudenauflösungen erreichbar werden, wodurch man die theoretische Grenze der Aktivitätsmessung eines einzigen Moleküls erreicht.

Die Vierzigerjahre waren die Ära der analogen Instrumente. Die Erfahrung und die Intuition hatten schon das Verständnis der Neuronenaktivität von der makroskopischen zur mikroskopischen Ebene vorangetrieben. Zwei Jahrzehnte zuvor hatten Physiker und Chemiker das Mysterium der Atomstruktur und der Natur der chemischen Bindung gelöst. Die Erforschung der Struktur und Funktion einzelner Moleküle schien in der Biologie also nur eine Frage von wenigen Jahren zu sein. Die Elektronenmikroskopie zeigte schon die Form einzelner Zellen und von Viren. In der Neurobiologie hat man viel von dem, was die Aktivität eines Ionenkanals ausmacht, durch die biochemische und kinetische Analyse elektrischer Ströme einzelner Zellen abgeleitet. Das Konzept der Struktureinheiten der Teilchenphysik half sicher bei der Herausbildung der Vorstellung, dass es einzelne von Proteinen gebildet Ionenkanäle gibt, von denen mehrere zusammen die beobachtete Aktivität einer Zelle ausmachen. Dazu braucht man korrekte mathematische Beschreibungen und daran hat sich wenig geändert, außer der Geschwindigkeit und der Anzahl der Parameter, die man experimentell handhaben kann. Das macht natürlich einen großen Unterschied bei unserem Verständnis komplexer Systeme.

Ein Wissenschaftler muss nicht mehr Elektronikpionier und Programmierexperte sein, um Computer zu benutzen. Er hat jetzt ein Werkzeug, um die Funktion von Proteinen zu untersuchen, die für die Hirnaktivität auf Molekülebene verantwortlich sind. Die meisten bekannten Drogen agieren auf der Ebene der Ionenkanäle oder assoziierter Proteine, die die Aktivität dieser Kanäle steuern. Auch viele starke und oft tödliche Gifte aus Schlangen- und Spinnenserum binden sich direkt an diese Kanäle und interferieren mit ihren funktionellen Aktivitäten.

Das QT-Syndrom ist ein Defekt der Rhythmuskontrolle des Herzmuskels, der aus Strukturabweichungen des Kaliumkanals des Herzmuskels resultiert, und die Patienten neigen zu einem beschleunigtem Herzrhythmus.[2] Das kann zu einer plötzlichen Bewusstlosigkeit führen und bei Teenagern und jungen Erwachsenen unter Stress (z. B. sportliche Übungen oder sehr laute Geräusche) unter Umständen sogar einen plötzlichen Herztod auslösen. (Quelle: die NCBI-Website: *Genes and disease*)

Bei dem verantwortlichen Protein handelt es sich um einen kaliumselektiven Ionenkanal, der alle anderen biologisch wichtigen Ionen wie Natrium, Chlor, Calcium und Magnesium ausschließt. Kalium liegt zum Großteil in den Zellen vor; außerhalb der Zellen findet man es nur in einer zehnfach geringeren Konzentration. Daraus folgt, dass immer, wenn sich ein Kaliumkanal öffnet, Kalium aus dem Zellinneren ausströmt, wodurch sich außen positive Ladungen ansammeln. Diese Bewegung wird so lange aufrecht erhalten, bis die Kaliumkonzentration ausgeglichen ist – das heißt, innen und außen die gleiche Kaliumkonzentration vorliegt. Aber dieser Gleichgewichtszustand tritt bei normalen Zellen niemals ein.

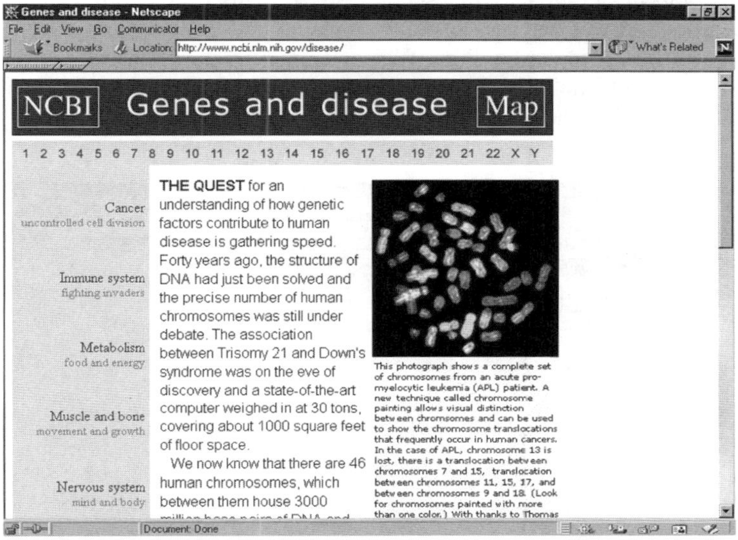

5.2 *Genes and disease*: Eine Datenbank am NCBI über Gene, die an Erbkrankheiten beteiligt sind.

Es gibt zwei Mechanismen, die erklären könnten, warum dies bei normalen Zellen nie geschieht. Erstens sind sie in der Lage, Kaliumionen in die Zelle zurückzupumpen, wobei gleichzeitig Natriumionen durch dieselben Transportproteine herausgeschafft werden. Dadurch wird eine asymmetrische Verteilung der Natriumionen geschaffen, die eine elektrogene Kraft bewirkt, die dem Ionenfluss der Kaliumionen in entgegengesetzter Richtung entgegenwirkt. Zweitens werden die Kaliumkanäle so gesteuert, dass sie nur eine sehr kurze Zeit offen sind und dann längere Zeit geschlossen (inaktiv) bleiben. Die Zeitdauer und die Menge des Stromflusses durch Kaliumkanäle variiert von Zelle zu Zelle, was auf eng verwandte, aber deutlich unterschiedliche Kanäle schließen lässt. Das ist möglich, da es unterschiedliche Gene für Kaliumkanäle gibt, auch wenn sie eng miteinander verwandt sind. Die Gene werden differenziell exprimiert, was eine zell- oder gewebespezifische Verteilung der Kaliumkanäle und ihrer Aktivität zur Folge hat. Der Nettoeffekt der Kaliumkanäle ist die Repolarisierung (Wiederherstellung) des Ruhepotenzials von Neuronen. Beim QT-Syndrom ist dieser Vorgang durch die Mutation eines der Gene für Kaliumkanäle, die die Rhythmusstörung des Herzmuskels verursacht, merklich verlangsamt.

Bis jetzt hat man viele Kaliumkanalgene mit einem so genannten *clone-by-clone*-Ansatz gefunden. Die Sequenzanalyse und der Vergleich dieser Gene erlaubt uns ein besseres Verständnis darüber, welche Rolle sie spielen und wie Organismen diese Proteine benutzen. Die Kombination der DNA-Sequenzanalyse (und zu diesem Zweck der Proteinsequenzanalyse) mit funktioneller Information ist äußerst wichtig, wenn wir unser biologisches Wissen erweitern wollen. Wenn wir die Funktion mit genetischer Variabilität und zelltypspezifischer Expression und zelltypspezifischem Gebrauch in Verbindung bringen, werden wir Datenbanken in Form funktioneller Karten erstellen können.

Wie viele Kaliumkanalgene gibt es? Gegenwärtig hat man über 50 Gene kloniert und sequenziert, eine Zahl, die Gene aus unterschiedlichen Organismen umfasst – vom Menschen bis zu Bakterien. Die wachsende Zahl der Sequenzen ermöglicht interessante Interpretationen, die auf den Sequenzunterschieden und gut ausgearbeiteten Informationen über ihre Funktionen beruhen. Wieder einmal ist die Beziehung zwischen Sequenz, Struktur und Funktion für unser Verständnis der Physiologie dieser Kanäle, einschließlich der Krankheiten, äußerst nützlich.

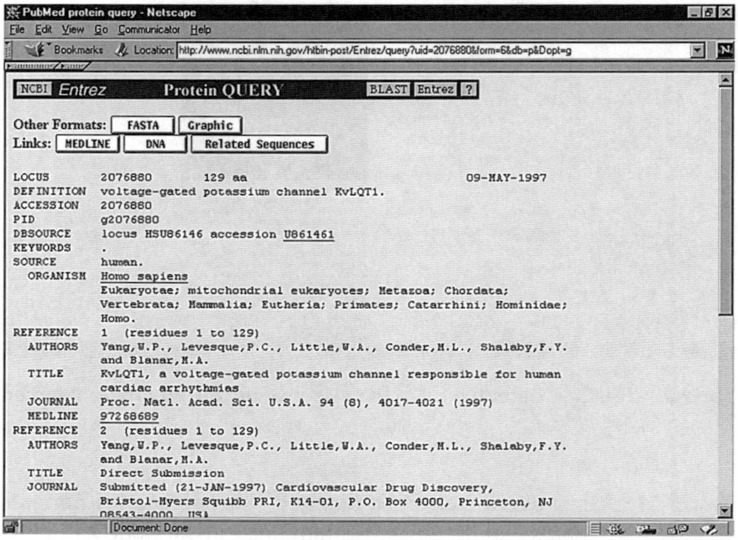

5.3 PubMed-Proteinabfrage nach dem spannungsgesteuerten Kaliumkanal KvLQT1: Diese Proteinsequenz enthält eine Mutation, die für die als QT-Syndrom bezeichnete Krankheit verantwortlich ist, die Herzrhythmusstörungen verursacht.

Die Physiologie, die Pharmakologie, die Molekulargenetik und die phylogenetische Analyse (der Vergleich von Kanälen nicht nur innerhalb eines Organismus, sondern auch zwischen so unterschiedlichen Organismen wie Mensch und Pflanze) sind die Zukunft der Molekularbiologie, wobei man die Teile eines reduktionistischen Puzzles eines nach dem anderen zusammensetzt. Dieses Puzzle wird uns letztendlich begreiflich machen, wie Arzneimittel wirken, und zwar nicht nur durch *in vitro*-Untersuchungen, bei denen Bindungsstudien die Spezifität und die Affinität zeigen, sondern auch, wie ein Arzneimittel, das auf einen Typ von Kaliumkanälen einwirkt, unsere Wahrnehmung oder die Schmerzsuppression beeinflussen, da man ein Phänomen wie den Schmerz auf molekularer Ebene nicht versteht. Arzneimittel zu finden, die schmerzstillend wirken, ist wie das Suchen einer Stecknadel in einem Heuhaufen. Zwei Kategorien bekannter Krankheiten, die mit Mutationen (Defekten) von Ionenkanälen in Zusammenhang stehen, werden in Tabelle 5.1 aufgelistet. Ionenkanäle reagieren auch auf Gifte und Drogen, wie z. B. Calciumkanäle auf Schlangengifte und Koffein, Acetylcholinrezeptoren auf Nikotin und Kaliumkanäle auf das Schlangengift Charybdotoxin,

Tabelle 5.1 Bekannte Krankheiten, die mit Mutationen von Ionenkanälen zusammenhängen

Krankheit	Kanalprotein	Empfänglichkeit auf Toxine und Drogen
Charcot-Marie-Tooth-Krankheit	Gap junction Protein Cx43; X-gekoppelt	
	Calciumkanäle	omega-Conotoxin (Schlangengifte), Koffein
Myotonie	Chloridkanal ClC-2	
	Acetylcholinrezeptor	Nikotin, alpha-Bungarotoxin
QT-Syndrom	Kaliumkanal	Charybdotoxin

Für weitere Innformationen kann man die Website des National Center for Biotechnology Information über Gene und Krankheiten konsultieren: http://www.ncbi.nlm.nif.gov/disease/

Der Fortschritt beim Sequenzieren und bei der Kartierung von Genen hatten die Identifikation der in Tabelle 5.1 aufgelisteten Krankheitsgene zur Folge. Das National Center for Biotechnology Information bietet einen zusammenfassenden Link zu genetisch bedingten Krankheiten an (http://www.ncbi.nlm.nih.gov/disease/). Acht unterschiedliche Krankheiten hängen mit Ionenkanälen, -pumpen und -transportproteinen zusammen, einschließlich cystischer Fibrose (Chloridkanal), diastrophischer Dysplasie (Sulfattransporter), QT-Syndrom (Kaliumkanal), Menkers Syndrom (Kupfertransport), Pendred Syndrom (Schwerhörigkeit; schilddrüsensspezifischer Sulfattransporter), polycystische Nierenkrankheit (Zell-Zell-Wechselwirkung, Organisation der Membranproteine), Wilsons Krankheit (Kupfertransport, ATPase) und das Zellweger-Syndrom (schwere Entwicklungsstörungen mit frühzeitigem Tod; PXR1, der Peroxisom-Proteinimport-Rezeptor, Störung der Peroxisomenbiogenese).

Literatur

1. Shepherd, G. M. et al. *The Human Brain Project: neuroinformatic tools for integrating, searching and modeling multidisciplinary neuroscience data.* In: *Trends Neurosc.* 21 (1998) S. 460–468.
2. Yang, W. P. et al. *KvLQT1, a voltage-gated potassium channel responsible for human cardiac arrhythmias.* In: *Proc. Natl. Acad. Sci. U.S.A.* 94 (1997) S. 4017–4021.

5.2 Computersimulation und die Visualisierung molekularer Strukturen

Die biologische Forschung findet heutzutage in geschlossenen Räumen und nicht mehr in der freien Natur statt. Die Labors in den Universitäten, privaten Forschungseinrichtungen und der pharmazeutischen und biotechnologischen Industrie sind voller teurer Geräte und engagiertem Personal, das mit kleinen Mengen von Lösungen arbeitet, die in der Regel durchsichtig sind, aber doch jene essenziellen Moleküle enthalten, die als DNA (Desoxyribonucleinsäure) und Proteine bekannt sind. Die moderne Biologie ist zu einer Wissenschaft der Handhabung der Moleküle des Lebens geworden, die für das bloße Auge unsichtbar sind. Im Gegensatz zu Gregor Mendel, der die Farbe und Form der Erbsen beschrieb, die in seinem Garten wuchsen, benutzen die heutigen Wissenschaftler leistungsfähige Mikroskope, um die Lokalisierung der eigentlichen Gene sichtbar zu machen, die die Erbsen veranlassen grün oder gelb, glatt oder gerunzelt zu werden, und sie können die molekularen Strukturen durch indirekte Detektionsmethoden bestimmen. Wie wissen wir, dass Gene wie die berühmte Doppelhelix aussehen, die Watson und Crick im Jahr 1953 beschrieben? Welches sind die strukturellen Eigenschaften von Proteinen in der heutigen biologischen Welt? Da man Moleküle nicht durch mikroskopische Mittel sehen kann, muss man ihre Form aus den experimentellen Daten über mathematische Analysen ableiten.

3-D-Visualisierung

Die chemische Struktur aller Materie wurde zuerst durch den Gebrauch hochenergetischer Strahlung (Röntgenstrahlung), die in reguläre Muster gebeugt wird, wenn sie auf ein Kristall eines bestimmten Moleküls trifft, untersucht und aufgeklärt. Das Beugungsmuster und die Intensität der gebeugten Röntgenstrahlen kann man zur Berechnung der Elektronen im Molekülkristall heranziehen. Die komplizierten mathematischen Formeln machen eine Lösung in Handarbeit unmöglich. Der Einsatz von Computern war also bei der Strukturaufklärung komplexer Moleküle wie Proteine, Nucleinsäuren, Lipide und Kohlenhydrate unumgänglich. Die reine Anzahl der an biologischen Systemen beteiligten Atome übersteigt die menschliche Rechenkapazität und bedingt durch die begrenzte Leistungsfähigkeit der Computer kann man viele moderne Probleme selbst mit den neuesten Supercomputern nicht lösen.

Wirkliche Moleküle lassen sich durch makroskopische Werte darstellen. Die Viskosität des Wassers ist zum Beispiel eine Auswirkung der intermolekularen Wasserstoffbrücken zwischen den Wassermolekülen in der flüssigen Phase und der Größe der sich bewegenden Teilchen. Man kann die Größe und das Molekulargewicht eines Proteins also herausfinden, indem man die Viskosität einer Proteinlösung bestimmt. Die biologisch signifikanten Wechselwirkungen (kovalente und nichtkovalente Bindungen) zwischen Molekülen sind äußerst komplex, wenn sie quantenmechanisch beschrieben werden sollen, aber die dielektrische Konstante, ein einziger physikalischer Parameter, den man zur Messung der elektrischen Polarisierung des Wassers benutzt, vereinfacht die Berechnungen, indem er die Wechselwirkungen geladener Moleküle in Wasser behandelt. Ein Biochemiker kann die dielektrische Konstante des Wassers benutzen, um die Wechselwirkungsenergie zwischen einer Proteinoberfläche mit Wasser oder einem anderen Protein oder mit DNA zu beschreiben. Auf ähnliche Art lassen sich Membranproteine behandeln, indem man einen einzigen Parameter benutzt, der die dielektrischen Eigenschaften hydrophober Lösungsmittel darstellt, die dramatisch von wässrigen Lösungen abweichen. Diese Begrenzung – die in Wahrheit eine sehr praktische Vereinfachung darstellt – ist der Grund, warum man in Computersimulationen von Proteinstrukturen und deren Dynamik die Lösungsmittel (d. h. Wassermoleküle) durch einen einzigen makroskopischen Parameter ersetzt. Sonst wäre die Suche nach einer Lösung innerhalb einer vernünftigen Zeitspanne, sagen wir einige Wochen, unmöglich, da eine große Zahl unabhängiger Parameter behandelt werden müsste.

Die Abbildung 5.4 zeigt als Beispiel die Struktur der Reversen Transkriptase des Humanen Immundeffizienz-Virus (HIV). Die Struktur dieses Moleküls konnte man mit einer hohen Auflösung von 2,6 Å aufklären, wobei die Raumkoordinaten von 7 715 Atomen beschrieben werden. Dabei sind nicht alle Wasserstoffatome berücksichtigt. Insgesamt hat man zur Strukturverfeinerung 27 198 Reflexe gemessen und mit dem Programm X-PLOR 3.1 ausgewertet.[1] Wenn man die Indexnummer 1REV der Abfragewebsite der Protein Data Bank[2] (PDB; http://rcsb.org/.pdb) benutzt, gelangt man zu einer zusammenfassenden Website, die das Datum der Einreichung (17. 9. 1995), den Namen des Proteins (HIV Reverse Transkriptase) und der Autoren (J. Ren et al.) angibt.

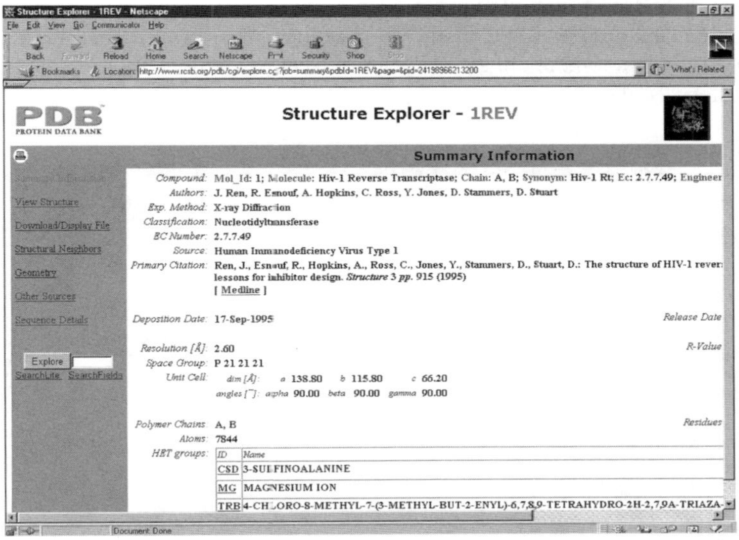

5.4 Das Datenblatt zur Reversen Transkriptase des HIV.

Die Information zur Klassifikation der Substanz und des Organismus gibt die Herkunft des Proteins an (es ist biotechnologisch oder rekombinant hergestellt, Enzym mit der EC-Nummer 2.7.7.49 und es handelt sich um ein Enzym des Humanen Immundefizienz-Virus Typ 1) und wurde in einem bakteriellen System exprimiert, um die zur Kristallisation notwendige große Menge zu erhalten (das Expressionssystem der Wahl war eine *E. coli*-Zelle, in die man die rekombinante DNA mit dem Gen eines Virus eingebracht hat, das nur Menschen aber keine Bakterien befällt, um das Protein zu seiner weiteren Aufreinigung überzuexprimieren). Die Proteinkristallparameter (Raumgruppe), Methoden, zusätzliche Liganden und Auflösung (2,6 Å) werden ebenfalls angegeben. Um die gegenwärtige gültige Struktur dieses Proteins ganz zu verstehen, gibt es mehrere Links, die es dem Forscher ermöglichen, in Form einer Tabelle oder als 2-D- oder 3-D-Visualisierung auf die Daten zuzugreifen.

„*View structures*" leitet zu mehreren interaktiven 3-D-Anzeigeprogrammen weiter, von denen eines der *Chemscape Chime Viewer* von MDL ist (http://www.mdli.com/chemscape/chime/). Es handelt sich um ein Software Plug-In zur einfachen Visualisierung der Struktur auf unterschiedliche Arten. Alternativ dazu kann man die PDB-Strukturdatei auf die eigene lokale Festplatte herunterladen und über den Rasmol Browser Plug-In Chime ansehen (Abb. 5.5)

Es ist interessant, einen Blick auf die Geschichte der Bilderzeugung im Zusammenhang mit biologischen Makromolekülen zu werfen. Eine kurze historische Abhandlung von Eric Martz kann man online unter www.umass.edu/microbio/rasmol/history.htm finden. Die Computerdarstellung von Drahtgittermodellen ist erst seit 1972 möglich und wurde von Levinthal und Katz eingeführt. Jahre später konnte man raumfüllende Modelle und Molekülrotationen wiedergeben. Seit einigen Jahren stehen günstige Programme zur Verfügung, die sich in Klassenzimmern benutzen lassen und auf einem Apple-Computer oder einem PC laufen, der weniger als 1 Megabyte freien Festplattenspeicher hat (die Dateien mit den Daten benötigen jedoch einige hundert Kilobytes und könnten beträchtliche Festplattenkapazitäten aufbrauchen, wenn man eine persönliche Strukturdatenbank auf einem PC installieren wollte). Aber Programme wie Kinemage[3] und Rasmol[4] zeigen, wie leicht es sein kann, Proteinstrukturen anzusehen (Rasmol ist frei erhältlich).

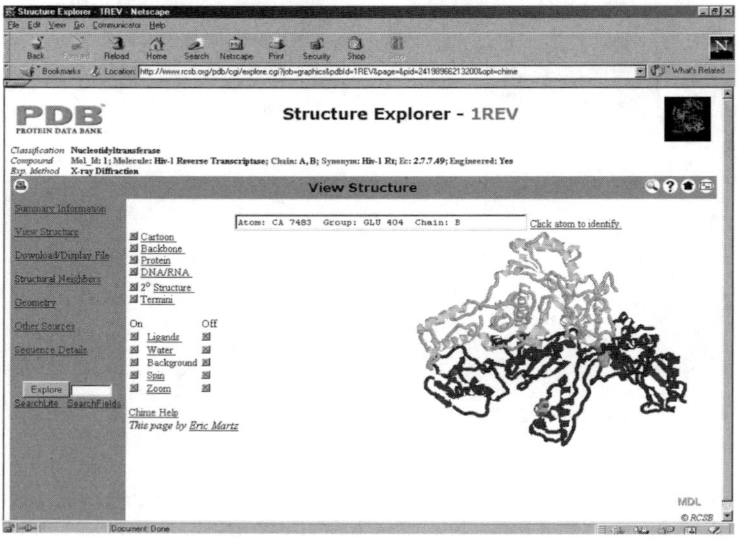

5.5 Die 1REV.PDB-Struktur der HIV-Reversen-Transkriptase mit Chime gesehen (Option *„first glance"*).

Der virtuelle Arzt: virtuelle Chirurgie und ferngesteuerte Chirurgie

Computer und Roboter werden zu integralen Bestandteilen fortschrittlicher medizinischer Verfahrensweisen. Die Zeiteffizienz und die steigende Genauigkeit dieser Verfahren treibt ihre zunehmende Einbindung in die heutige und zukünftige Medizin voran. Man benutzt jetzt in manchen Universitätskrankenhäusern Simulationssoftware bei der Lehre in der Chirurgie und sie dient als Schulungsmethode für Chirurgen unterschiedlicher Fachgebiete. Die virtuelle Chirurgie könnte den Erfolg bestimmter Techniken erhöhen, aber ihre Grenze liegt in der Unfähigkeit, Probleme vorherzusehen, die bei einer wirklichen Operation auftreten können. Das aber würde die Chirurgenteams vorteilhafter vorbereiten und die Operationsergebnisse verbessern. Deshalb ist es sehr wichtig, dass die Simulationssoftware so realistisch wie möglich ist. Um eine detailgenaue Darstellung des angezeigten Raumes zu erlangen, müssen die Angaben und die Darstellungen der anatomischen Regionen im 3-D-Raum sehr exakt sein. Während der Simulation der virtuellen Chirurgie muss das Programm in der Lage sein, Änderungen auf der Ebene des Operateurs zu entdecken und zu quantifizieren, damit die Datenausgabe entsprechend beeinflusst wird und es dem Operateur möglich ist, die anatomische Region und den betreffenden Raum zu sehen.

Die Visualisierung der menschlichen Anatomie war über viele Jahrhunderte hinweg eine große Herausforderung. Die detaillierten anatomischen Zeichnungen von Leonardo da Vinci (von 1489) hatten zu seinen Lebzeiten einen großen erzieherischen, diagnostischen und therapeutischen Einfluss. Was die Zeichnungen von da Vinci nicht aufwiesen, war die *in vivo*-Darstellung, die erst möglich wurde, als Wilhelm Conrad Röntgen 1895 die Röntgenstrahlen entdeckte. Man benutzte Röntgenstrahlen zur Entwicklung der ersten Technik der Darstellung medizinischer Bilder. Diese Technik beschränkte sich auf die 2-D-Wiedergabe der analysierten Querschnitte, aber sie ergab wenig Information bezüglich der Organe selbst. Trotzdem sind Röntgenstrahlen ein leistungsfähiges medizinisches Werkzeug, das auch heute noch genutzt wird. Die Entwicklung der Computertomographie (CT) in den Siebzigerjahren und der Kernspintomographie (MRI) in den Achtzigerjahren hat die Bildgebung von Querschnitten anatomischer Merkmale deutlich verbessert. Die 2-D-Bilder, die man mit diesen Techniken erhält, waren ein wichtiges Diagnoseinstrument und haben auch bei der Verbesserung der Lehrmittel in der Anatomie geholfen.

Die Nachteile der 2-D-Techniken sind das Fehlen von räumlicher Information und der Beziehungen von Merkmalen im 3-D-Raum. 3-D-Bilder wären realitätsnaher und würden mehr relativistische Informationen (Gewebe-Gewebe- oder Organ-Organ-Wechselwirkungen) liefern. Bei einer zweidimensionalen Abbildung basiert die Information auf einem Koordinatensystem mit zwei Koordinaten (x, y). Um aus diesen 2-D-Bildern 3-D-Abbildungen zu erhalten, benötigt man Informationen über eine dritte Dimension (z). Deshalb benutzt man viele 2-D-Bilder mit festen x- und y-Koordinaten und variabler z-Koordinate, um 3-D-Bilder zu erstellen. Man hat mehrere Techniken zur Erstellung von 3-D-Bildern und zur Verbesserung der Qualität und der Realitätsnähe der erhaltenen Bilder angewandt, die es dem Betrachter auch erlauben sollen, sich tiefer in das erhaltene Bild hineinzuversetzen. Die „Graustufen-Gradientenschattierung“[5], das „allgemeine Voxel-Modell“[6] und die Rekonstruktion des Modells des „gläsernen Menschen“ (*visible human*) sind einige der erfolgreichsten Projekte des letzten Jahrzehnts. Bei der Graustufen-Gradiententechnik benutzt der Computer die originalen computertomographischen Daten, um eine geglättete Oberflächennormale mit einem breiten dynamischen Bereich zu berechnen. Das allgemeine Voxel-Modell ermöglicht die weitere Aufarbeitung der angezeigten Bilddaten. Ein Beispiel seiner Anwendung ist die Anzeige von Organen im Zusammenhang mit anderen Organen und die Möglichkeit selektiver Schnitte durch die angezeigten 3-D-Bilder. Die jüngsten Anstrengungen gehen in Richtung der Erstellung eines virtuellen „gläsernen Menschen“.[7] Bei diesem Projekt hat die Anwendung farbiger Querschnittbilder die 3-D-Qualität der angezeigten Objekte erhöht und hat die gezeigten Merkmale viel wirklichkeitsgetreuer gemacht. Computer haben die Medizin deutlich verbessert und sie werden der Medizin weiterhin nützliche Dienste erweisen.

Literatur

1. Badger, J. et al. *New features and enhancements in the X-PLOR computer program.* In: *Proteins* 35 (1999) S. 25–33.
2. Sussman, J.L. et al. *Protein Data Bank (PDB): database of three-dimensional structural information of biological macromolecules.* In: *Acta. Crystallogr. D. Biol. Crystallogr.* 54 (1998) S. 1078–1084.

3. Richardson D. C.; Richardson J. S. *The kinemage: a tool for scientific communication*. In: *Protein Sci*. 1 (1992) S. 3–9.
4. Sayle, R. A.; Milner-White, E. J. *Rasmol: biomolecular graphics for all*. In: *Trends Biochem. Sci*. 20 (1995) S. 374.
5. Cao, Q. L. et al. *Enhanced comprehension of dynamic cardiovascular anatomy by three-dimensional echocardiography with the use of mixed shading techniques*. In: *Echocardiography* 11 (1994) S. 627–633.
6. Schmidt, R. et al. *Visualization of 3-D treatment plans with fast neutrons*. In: *Strahlenther. Onkol*. 168 (1992) S. 698–702.
7. Slavin, K. V. *The visible human project*. In: *Surg. Neurol*. 48 (1997) S. 638–639.

5.3 Vorhersagende Biologie

Die jüngsten Fortschritte in der Biologie und Medizin verbessern das Vorhersage-Potenzial dieser Gebiete. Die Möglichkeiten, die durch ein derartiges Verständnis der Biowissenschaften entstehen, sind endlos. Unsere gesteigerten Fähigkeiten, das Ergebnis biologischer Experimente vorherzusagen, haben unseren Lebensstandard verbessert und werden dies auch weiterhin tun, so dass viele Science-Fiction-Vorstellungen Wirklichkeit werden. Das geschieht hauptsächlich durch den Fortschritt auf dem Sektor der Therapeutika (d. h. der Arzneimittel) und diese Fortschritte beim Design von Arzneimitteln werden das Leben unzweifelhaft verbessern und verlängern. Obwohl die Mehrzahl dieser Entwicklungen unsere Lebensqualität erhöhen soll, sind die begleitenden negativen und potenziell gefährlichen Auswirkungen unvermeidlich.

Eines dieser kontroversen Themen ist das Klonieren von Menschen. Jeder Mensch ist im Sinne der genetischen Information, die sie oder er trägt, einzigartig – mit eineiigen Zwillingen als offensichtlicher Ausnahme. Aber es ist gerade diese Einzigartigkeit, die manchmal unser Überleben erschwert (z. B. verhindert sie die Akzeptanz von Spenderorganen). Ein Argument für das Klonen menschlicher Zellen ist, dass es viele der Probleme, die mit unserer Einzigartigkeit zusammenhängen, entschärfen könnte. Die genetische Information (DNA) eines klonierten Organs ist mit der des Empfängers identisch. Das klonierte Organ würde also vom Körper als Teil seiner selbst akzeptiert und die Wahrscheinlichkeit einer Abstoßungsreaktion wäre reduziert. Um derartige Ziele zu erreichen, müssen wir in der Lage sein, bestimmte Hindernisse zu überwinden. Die Analyse des vollständigen Genoms des Individuums ist bei diesem Vorgang der erste notwendige Schritt, und das wäre ohne leistungsfähige Computerwerkzeuge nicht möglich. Computer und Roboter werden fähig sein, die relevanten Daten zu analysieren und die Aufgaben auszuführen, die für das Erreichen eines solch ambitionierten Ziels notwendig sind.

Es ist noch nicht so lange her, dass die pharmazeutische Industrie beim Design neuer Wirkstoffe nur empirische Vorgehensweisen benutzen konnte. Tausende unterschiedlicher Substanzen werden jeden Tag getestet, um geeignete Mittel zur Behandlung bestimmter Krankheiten zu finden. Das Fehlen anwendbarer biologischer Gesetze zwingt zu solch umfangreichen Testreihen. Heute haben die riesigen Fortschritte in den Biowissenschaften zur Aufstellung biologischer und biochemischer Gesetze geführt, die speziell im Falle des Arzneimitteldesigns anwendbar sind. Vor der experimentellen Testphase kann man jetzt eine Substanzbibliothek mit Tausenden chemischer Substanzen mehrfach einschränken. Das hat im Gegenzug zu einem effizienteren Screening mit hohen Umsätzen geführt. Dabei sucht man in großen Molekülbibliotheken, die durch kombinatorische Chemie erstellt werden, nach Kandidaten, die potenziell als lebensrettende Wirkstoffe dienen könnten.

Während der letzten Jahrzehnte hat das exponentielle Wachstum biologischer und biochemischer Daten auf molekularer Ebene wesentlich dazu beigetragen, daß die Entwicklung von Pharmazeutika nicht mehr von der empirischen Vorgehensweise, sondern von einem rationalen und systematischen Design bestimmt wird. Eine notwendige Bedingung beim rationalen Design ist das Wissen über die beteiligten molekularen Strukturen – sowohl des Rezeptormoleküls als auch des Arzneimittels. Wenn man die Strukturen nicht kennt – und das trifft auf viele der neu entdeckten Gene zu, die man bei den Genomprojekten als offene oder nichtidentifizierte Leseraster gefunden hat – ist die Strukturvorhersage auf der Seite des Rezeptors die einzige durchführbare Alternative für diesen rationalen Ansatz.

Vorhersage der Proteinstruktur

1940 fing man mit dem Modellieren biologischer Makromoleküle an, lange bevor fortgeschrittene Computerwerkzeuge zur Verfügung standen. Linus Pauling, James Watson und Sir Francis Crick waren die wichtigsten Pioniere (in einem Gebiet mit vielen herausragenden Biochemikern und Kristallographen), die zur erfolgreichen Aufklärung der DNA-Struktur 1953 und zur ersten Proteinstruktur 1961 beitrugen. Das Modellieren der Struktur biologischer Makromoleküle ermöglicht uns einen tiefen Einblick in die funktionellen Eigenschaften eines Moleküls.

Die ersten wenigen biologischen Makromoleküle, für die man Modelle erstellte, waren die DNA-Helix (ein Polynucleotid) und das sauerstoffbindende Protein Myoglobin, ein Protein mit alpha-Helix. Da es keine leistungsfähigen Computer gab, waren diese Versuche der Modellbildung sehr Zeit raubend. Man brauchte fast zehn Jahre an Experimenten und extensiven Rechnens, um die alpha-Helix und den DNA-Doppelstrang aufzuklären.

Linus Pauling war der Vater der molekularen Modellbildung, und seine Beiträge waren richtungsweisend für die Wissenschaftler, die in seine Fußstapfen traten. Sein Modell der alpha-Helix machte die Identifizierung struktureller Muster möglich, die man Sekundärstrukturen nennt und die auf der molekularen Ebene der Proteine in allen Organismen vorkommen, wie Farbbild 5.1 zeigt.*

Das hat im Gegenzug dabei geholfen, strukturelle Übereinstimmungen (Sekundärstrukturen) mit anderen biologischen Makromolekülen zu finden und den Anfang eines Klassifikationssystems zu machen, das mit der Sekundärstruktur eines Polypeptids zusammenhängt (alpha-Helix, beta-Faltblatt; gegenwärtig hat man über 250 Typen klassifiziert, Holm et al. *Mapping the protein universe*. In: *Science* 273 (1996) S. 595–602.).

Sir Francis Crick und James Watson wurde der Nobelpreis für die Aufklärung der Struktur des DNA-Doppelstranges verliehen. Die Struktur dieses Moleküls war ein essenzieller Schritt bei der Aufklärung vieler Unklarheiten, die mit der biologischen Vererbung und der Entwicklung verbunden waren, und sie hat die Entwicklung eines neuen Zweiges der Biologie möglich gemacht, der sich spezifisch mit den biologischen Problemen auf der molekularen Ebene befasst: die Molekularbiologie. Dieses Feld beschäftigt sich hauptsächlich mit dem Verständnis des DNA-Moleküls in einer Anzahl von Arten und seiner direkten und indirekten Wechselwirkungen mit anderen biologischen Makromolekülen (d. h. Proteine). Die riesige Menge an Informationen, die mit

* Siehe Farbtafelteil in der Mitte des Buches.

der Struktur des DNA-Moleküls verbunden sind, hat uns einen unglaublichen Einblick in die phänotypischen (physikalischen) und molekularen Charakteristika vieler unterschiedlicher Arten ermöglicht.

Zu Beginn des 20. Jahrhunderts galt es als Zukunftsvision, biologische Systeme auf molekularer Ebene verstehen zu wollen – etwas, das man nur in Science Fiction-Büchern finden konnte. Einige Jahrzehnte später schlossen Averys Experimente Proteine als codierende (Bauplan-) Moleküle lebender Systeme aus und unterstützten die Theorie von Desoxyribonucleinsäure (DNA) als für die Codierung verantwortliches Agens. Diese Hinweise schufen ein dringendes Bedürfnis, jedes noch so kleine Detail dieses Moleküls zu verstehen. Das zog im Gegenzug viele hervorragende Wissenschaftler an, die weiterhin zum exponentiellen Wachstum und zum Fortschritt auf diesem Gebiet beitragen.

Heute sind Röntgenstrahlkristallogaphie, Kernresonanz und Kryoelektronenmikroskopie mit der Möglichkeit zur Elektronenbeugung Techniken, die man bei der Aufklärung von Strukturen biologischer Makromoleküle mit hoher Auflösung benutzt. Mit der Röntgenstrahlkristallographie konnte man erstmals die Struktur des DNA-Moleküls aufklären. Diese Technik hat man auch benutzt, um die modellierte Struktur von Linus Paulings alpha-Helix-Protein zu verifizieren.

Bei der Röntgenstrahlkristallographie bombardiert man das kristallisierte Protein mit Röntgenstrahlen. Das Beugungsmuster der Elektronen dient dazu, die Struktur des Moleküls auf der Ebene der Atome zu bestimmen. Moleküle bestehen aus Atomen, die sich ihrerseits aus Elektronen, Protonen und Neutronen zusammensetzen. Unterschiedliche Atome haben unterschiedliche elektronische Signaturen, die es uns ermöglichen, sie voneinander zu unterscheiden. Das Beugungsmuster der Röntgenstrahlen benutzt man dann, um die Atomkoordinaten auf der Basis der gemessenen Elektronendichte zu berechnen, die mit jedem der detektierten Atome assoziiert ist. Da diese Methode keine Beschränkungen bezüglich der Größe der Moleküle aufweist, könnte man sie im Prinzip zur Aufklärung der Struktur jeder makromolekularen Struktur benutzen – sogar der von Zellen, wenn man sie auf geordnete Weise in Kristallen von Millionen Einheiten anordnen könnte.

Diese Methode hat jedoch auch eine Reihe von Einschränkungen. Erstens ist die Kristallisierung biologischer Makromoleküle nicht einfach, was hauptsächlich an der Schwierigkeit liegt, reguläre Kristallgitter von Millionen identischer Untereinheiten zu erhalten. Die Struktur vieler unserer lebenswichtigen Proteine (z. B. membrangebundener Proteine) ist immer noch unbekannt, da man nicht in der Lage ist, diese Proteine zu kristallisieren, wenn man sie aus ihrer Membranumgebung entfernt hat. Die Elektronenbeugung stellt jedoch dank der Kryotechniken, bei denen die Proben mit extremer Schnelligkeit (Millisekunden) in flüssigem Stickstoff (–180 °C) eingefroren werden, eine exzellente Alternative dar.

Ein zweites Problem stellen die umfangreichen Berechnungen dar, die mit der Analyse der Datensätze verbunden sind. Dieses Problem wurde durch den Einsatz fortschrittlicher Computer verringert. Das Fehlen dynamischer Information ist ein weiteres Hindernis, wenn man Strukturen über Kristallographie erhält. Biologische Makromoleküle (z. B. Proteine) befinden sich meist in einer wässrigen Umgebung und ihre Strukturen sind ziemlich dynamisch und flexibel. Die Kristallographie gibt uns ein starres Bild von der Struktur eines Moleküls, was durch die lange Belichtungszeit bedingt ist, die man zur Aufzeichnung von Beugungsmustern braucht.

NMR-Daten ergeben dagegen alle möglichen Arten von Konformationen, da ihre viel höhere zeitliche Auflösung im Bereich von Millisekunden liegt. Obwohl die Benutzung von NMR Vorteile zu haben scheint und die vernünftigste Methode zur Strukturaufklärung sein könnte, braucht man wegen ihrer Einschränkungen alternative Techniken (z. B. Röntgenstrahlkristallographie, Elektronenbeugung). Die Benutzung von Protonensignaturen bei der NMR bewirkt bei größeren Makromolekülen (> 30 KD) Rauschen (überlappende Signaturen). Jetzt führt man die Analysen mit Computerprogrammen durch. Die ausgedehnten und Zeit raubenden Berechnungen, die bei der Kristallographie (z. B. Fouriertransformationen etc.) und der NMR-Analyse notwendig sind, werden jetzt mit unglaublicher Genauigkeit von automatischen oder halbautomatischen Programmen in einem Bruchteil der Zeit durchgeführt, die man zur manuellen Bearbeitung benötigt hat.

Heute ist die tägliche Rate, mit der man Sequenzinformationen veröffentlicht, viel größer als die struktureller Informationen, die man über Kristallographie und NMR gewinnt. Daher ist die Notwendigkeit und die Popularität von vorhersagender struktureller Biologie dramatisch angestiegen und wird oft bei einer Reihe wissenschaftlicher Anwendungen (z. B. Pharmazeutika) angewandt. In der Vergangenheit waren an dieser Art von Biologie vor allem Theoretiker aus der Biochemie, Biophysik und den biomedizinischen Wissenschaften beteiligt. Diese Forscher benutzten später fortschrittliche Rechenwerkzeuge, um die biologischen Probleme zu untersuchen, die man möglicherweise durch physikalische oder chemische Gesetze hätte lösen können. Die Computer erlaubten es ihnen, einige dieser Aufgaben zu automatisieren und ermöglichten einige der faszinierenden physikalischen und chemischen Trends zu identifizieren, die in den untersuchten biologischen Systemen vorkamen. Das war ein grundlegender Schritt auf dem Weg zur vorhersagenden Biologie. Ohne Computer wäre der vergleichende Schritt bei diesem Vorgang kaum möglich. Mit den heutigen Computern dauert die Analyse eines typischen Proteinmoleküls einige Tage – ohne Rechnerleistung wären Jahre für die Bearbeitung notwendig. Die Notwendigkeit von Computerwerkzeugen und die Fortschritte, die man durch ihre Anwendung erzielt hat, haben neu aufkommende Forschungsfelder entstehen lassen, einschließlich der Computerbiologie und der medizinische Informatik.

Das Verständnis der strukturellen Aspekte eines gegebenen Proteins wird eine riesige Informationsmenge über seine mögliche Funktion und seine Beziehungen zu anderen essenziellen Makromolekülen ergeben. Die Vorhersage der Struktur eines Proteins mit hoher Auflösung und des korrekten Faltungsvorganges ist jedoch eines der wichtigsten Probleme der Biologie, da sich Proteine aus 20 unterschiedlichen alpha-Aminosäuren zusammensetzen, die die essenzielle Sequenzvariabilität bewirken, die man bei diesen Molekülen beobachtet. Jede dieser Aminosäuren kann ihrerseits eine Reihe von Konformationen im Verhältnis zu anderen Resten (den Seitenketten, die an jeder der Aminosäuren gekoppelt sind) im Protein einnehmen.

Die Anzahl der unterschiedlichen strukturellen Möglichkeiten, welche die Aminosäuren eines Proteins in Bezug auf ihre Konformation annehmen können, ist theoretisch phänomenal, aber nur eine oder einige wenige eng verwandte aktive Strukturen bilden sich in Lösung aus. Man hat unterschiedliche Methodologien angewandt um zu erklären, warum nur eine bevorzugte Konformation aus dieser astronomischen Anzahl von Möglichkeiten ausgebildet wird. Die am häufigsten benutzten deduktiven Techniken behandeln die Energetik (Thermodynamik) und die Informationen, die man von dem Molekül bezogen auf andere bekannte Homologe hat. Gegenwärtig herrscht Übereinstimmung darin, die beiden Methoden auf geordnete Weise anzuwenden. Wenn möglich benutzt man homologe Moleküle, um einen Einblick in das untersuchte Molekül zu gewinnen. Die Anwendung von Software zur Energieminimierung wendet man an, um physikalische und chemische Anomalien der Wechselwirkungen so klein wie möglich zu halten, wie das das Farbbild 5.2 zeigt.*

Wie schon oben besprochen, ist die Rate der Strukturaufklärung über Röntgenstrahlkristallographie oder NMR viel niedriger als die Zahl neuer DNA- oder Proteinsequenzen, die jeden Tag bekannt werden, so dass man einen berechenbaren und halbwegs zuverlässigen Ansatz zur Strukturfindung benötigt. Die Bioinformatikgruppen sind hauptsächlich dafür verantwortlich, die Schlüsselmakromoleküle (d. h. Proteine) zu identifizieren, die pathologische Vorgänge verursachen, und dafür, potenzielle Inhibitoren für diese Makromoleküle vorzuschlagen. Um das Molekül zu verstehen und so mögliche Wechselwirkungen mit seinem Substrat oder anderen Substanzen vorschlagen zu können, muss man die Struktur des Makromoleküls kennen. Das führt zu mehreren Problemen. Das größte Hindernis ist das Fehlen struktureller Daten über das betreffende Molekül. In den meisten Fällen handelt es sich bei den untersuchten Makromolekülen um strukturelle oder regulatorische Proteine. Im Falle von Proteinen kann man beim Fehlen von NMR oder kristallographischer Information homologe Proteine von anderen Arten benutzen, deren Struktur bekannt ist. Das Modellieren unbekannter Proteinstrukturen basierend auf ihren Homologen ist als homologiebasiertes strukturelles Modellieren besser bekannt und das Programm, das einen solchen Ansatz am besten umsetzt, ist das Homologieprogramm InsightII des MSI. Auf den nächsten Seiten werden wir die Details, die mit dem homologiebasierten Modellierungsansatz zusammenhängen, näher erläutern und seine offensichtlichsten Stärken und Schwächen ausleuchten.

Viele der essenziellen Proteine des Menschen kommen auch in anderen lebenden Organismen vor. Diese Proteine sind die Schlüsselregulatoren, die das Leben aufrecht erhalten. Es gibt bestimmte Proteine, die von allen lebenden Organismen geteilt werden, von einem Ende des evolutionären Spektrums (Mensch) bis zum anderen (Bakterien), während andere auf eine bestimmte Klasse von Organismen beschränkt sind. Lebende Zellen teilen sich ständig und müssen deshalb ihre genetische Information (DNA) verdoppeln, um das Leben zu erhalten. Daher müssen die Proteine, die an der Katalyse eines so essenziellen Prozesses beteiligt sind, ihre Funktion während des Verlaufs der Evolution behalten, während weniger essenzielle Proteine einzigartig für bestimmte Reiche, Stämme oder Klassen von Organismen sind. Die DNA-Polymerase-Enzyme und die Moleküle des MHC (Major Histocompatibility Complex) sind Beispiele für derartige Proteine. Die DNA-Polymerase ist für die DNA-Replikation essenziell und ist deshalb für alle lebenden Organismen notwendig, während die MHC-Moleküle für die Antigenpräsentation verantwortlich sind, um eine Immunantwort auszulösen und nur in höheren Eukaryoten wie Mensch und Ratte zu finden sind.

Als homologe Proteine bezeichnet man im Allgemeinen Polypeptide, die eine ähnliche Aminosäurenzusammensetzung gemeinsam haben. In den meisten Fällen sind die Proteine mit einem relativ hohen Grad an Identität auch strukturell und funktionell homolog (Abb. 5.6). Änderungen der Aminosäurensequenz eines Proteins könnten eine Änderung der 3-D-Struktur bewirken. Es ist diese Beziehung zwischen der Aminosäurensequenz eines Proteins und seiner dreidimensionalen Struktur, die es uns erlaubt, Proteine, für die es keine NMR oder Röntgenkristallstrukturen gibt, mit ihren Sequenzhomologen zu vergleichen, deren Struktur man kennt.

Die Sequenzhomologen mit bekannter Struktur ermöglichen es uns, die Struktur der homologen Sequenzen, deren Struktur unbekannt ist, durch komparative Modellbildung zu berechnen und erlauben so einen Einblick in die Proteinfunktion. Beim homologie-

* Siehe Farbtafelteil in der Mitte des Buches.

basierten Proteinmodellieren bezeichnet man die experimentell bestimmten Strukturen im Allgemeinen als Matrizen (*templates*) und das Sequenzhomologe (d. h. eine neue Kette von Nucleotiden, die man in einem laufenden Genomprojekt identifiziert hat) wird Zielsequenz (*target sequence*) genannt. Der homologiebasierte Ansatz zum Erstellen von Modellen umfasst vier aufeinander folgende Schritte (Abb. 5.7). Der erste besteht in der Identifikation bekannter Strukturen, die eine zu unserer Zielsequenz verwandte Sequenz aufweisen. Das erreicht man typischerweise durch Internetwerkzeuge wie BLAST, die der Suche nach möglichen Matrizen dienen. Im zweiten Schritt werden die potenziellen Matrizen vergleichend mit unserer Zielsequenz ausgerichtet (*alignment*), um die am nächsten verwandte Matrize zu identifizieren. Im dritten Schritt berechnet man ein Modell der Zielsequenz, wobei man von der am besten geeigneten Matrize des zweiten Schrittes ausgeht. Der vierte Schritt besteht schließlich in einer Bewertung des Modells der Zielsequenz, wobei man eine Reihe von Kriterien heranzieht (z. B. Energetik etc.)

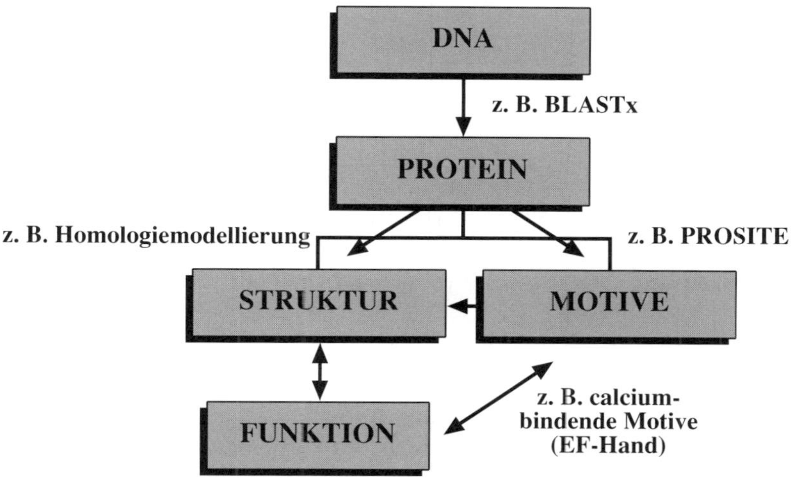

5.6 Von der DNA-Sequenz zur Proteinfunktion.

Im idealen Fall ist die Aminosäurensequenz des unbekannten Proteins der seines Strukturhomologen recht ähnlich und es gibt in der PDB[1]-Proteindatenbank mehr als einen bekannten Homologen aus anderen Arten. Das Programm BLAST[2] des NCBI ermöglicht es uns, diese bekannten Homologen zu finden. BLAST benutzt die Primärsequenz (Aminosäurensequenz) der Zielsequenz als Eingabedatei und führt die Suche nach homologen Proteinsequenzen in einer vorgegebenen Datenbank (z. B. SWISS-PROT[3], PDB etc.) durch. Wenn die Suche vollständig ist, werden die engsten Sequenzhomologen angezeigt. Die verwandten Proteine sind in der Regel die mit dem höchsten Punktewert, den BLAST ihnen zuordnet. Wenn man PDB als Datenbank auswählt, beschränkt sich die Suche auf Sequenzhomologe mit bekannter Struktur. Die Strukturkoordinaten der Proteine mit dem höchsten Punktewert werden dann ausgegeben und als Eingabe für das Programm zum Proteinmodellieren verwendet, das man benutzen will (z. B. die Homologie-Software von MSI). Das Ergebnis der Erstellung eines derartigen Strukturmodells wird am Beispiel der Serinprotease in Farbbild 5.3* gezeigt. Die Kernstruktur von vier unterschiedlichen Proteasen mit dem katalytischen Zentrum ist hochgradig konserviert (gelb). Die Oberflächenschleifen sind rot und blau gefärbt, was den Grad der Abweichung von den vier eingegebenen Strukturen anzeigt. Der Vorgang, wie man diese Konsensusstruktur erhält, wird in den drei folgenden Abbildungen gezeigt: Sequenz-*alignment* in Farbbild 5.4*, die Identifizierung der Schleifen über die Farbe in Farbbild 5.5*, und die Überlappung der Strukturen in Abbildung 5.6*, (keine Consensussruktur).

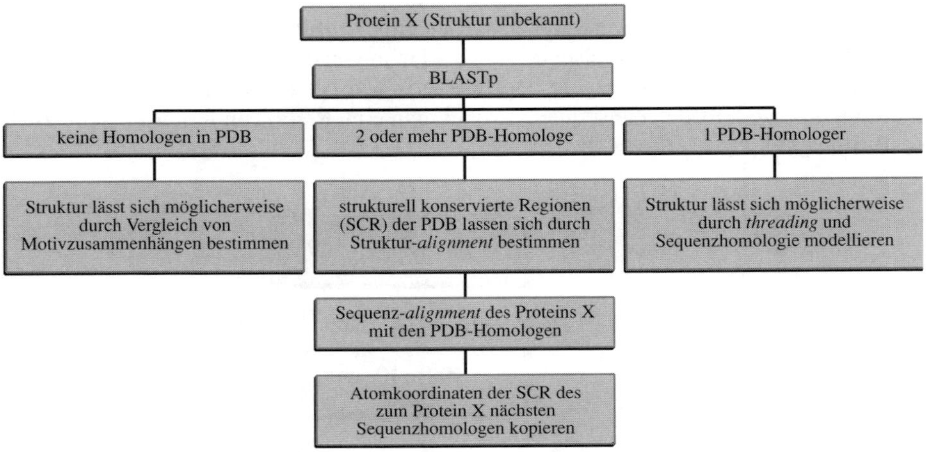

5.7 Homologiebasiertes Modellieren von Strukturen.

Die Atomkoordinaten der potenziellen Matrizen werden dann strukturmäßig angeordnet, um strukturell konservierte Regionen (SCRs) der untersuchten Proteingruppe anzuzeigen. Der Einsatz von SCRs ermöglicht die Konstruktion evolutionär konservierter Strukturen der Zielsequenz (strukturell unbekannte Proteinsequenz). Obwohl es einen Zusammenhang zwischen der Aminosäurensequenz eines Proteins und seiner Struktur zu geben scheint, verhindern die Unklarheiten in dieser Beziehung, dass man Modelle strukturell unbekannter Proteine erstellt, wenn man nur die Aminosäurensequenz zur Verfügung hat.

Die Kenntnis evolutionär konservierter Struktureigenschaften ähnlicher Proteine ermöglicht uns also, mit größerer Zuverlässigkeit einen Einblick in die Struktur der Zielsequenz zu gewinnen. Regionen eines Proteins mit ausgeprägter Homologie bezüglich ihrer Aminosäurensequenz stimmen nicht immer mit strukturell konservierten Regionen (SCRs) überein. In der Tat sind viele der Schleifenregionen homologer Proteine bezüglich ihrer Aminosäurensequenz sehr ähnlich, aber ihre Strukturmerkmale sind sehr variabel (Farbbild 5.5). In anderen Worten, der Zusammenhang zwischen SCRs und dem entsprechenden Aminosäuren-*alignment* ist nicht so eindeutig, wie man das erwarten würde. Deshalb ist das Vorhandensein von SCRs bei einem solchen Ansatz essenziell. Nachdem man die SCRs zugeordnet hat, muss man die geeignetste Matrize finden. Als Matrize wählt man im typischen Fall die der Zielsequenz am nächsten ver-

* Siehe Farbtafelteil in der Mitte des Buches.

wandte Aminosäurensequenz. Dabei handelt sich es in der Regel auch um die Art, die der untersuchten Art am nächsten verwandt ist. Falls es sich bei unserer Zielsequenz um das Protein X vom Menschen handelt und die potenziellen Matrizen das Protein X aus der Ratte und das Protein X aus *Drosophila* (Fruchtfliege) sind, dann wählt man im Normalfall das Protein X der Ratte und nicht das der Fruchtfliege als Matrize zur Modellierung der menschlichen Zielsequenz (Protein X). Das geschieht auf der Kenntnis, dass Menschen und Ratten bezüglich der Sequenzen enger beieinander stehen.

Die Aminosäurensequenz des Zielproteins und der gewählten Matrize werden dann ausgerichtet (Farbbild 5.4). Die Atomkoordinaten der Aminosäuren in den SCR-Regionen der Matrize werden in die homologen Positionen der Zielsequenz hineinkopiert. Die meisten Sekundärstrukturen (z. B. alpha-Helix, beta-Faltblatt etc.) werden typischerweise von den SCRs abgedeckt. Die strukturellen Merkmale, die sich in der Regel außerhalb der markierten SCRs befinden, sind die Schleifen und die Enden des Moleküls. Nachdem man die Koordinaten der überlappenden Aminosäuren der SCR-Regionen zugeordnet hat, muss man die geeignetsten Koordinaten für die Schleifenregionen und die Enden der Zielsequenz finden.

Der folgende Abschnitt ist eine Zusammenfassung einiger Aussagen über ein zuverlässiges, auf wissenschaftlicher Grundlage arbeitendes und äußerst benutzerfreundliches Softwarepaket zur Strukturvorhersage und Analyse, das man von Molecular Simulations Incorporated (MSI) erhalten kann. MSI (www.msi.com) bietet kommerzielle Computerwerkzeuge an, die im akademischen Bereich und auch in der Industrie recht populär sind.

Software zur Strukturvorhersage

Werkzeuge zur Strukturvorhersage lassen sich in zwei Kategorien einteilen: frei zugängliche (*public domain*) und kommerzielle (*proprietory*) Software. Es folgt eine Zusammenstellung einiger der vielen Softwarewerkzeuge, die von MSI exklusiv angeboten werden:

Was ist proprietory Software (z. B. Software von MSI)?
Es handelt sich hierbei um Software, die man von den Inhabern der Rechte käuflich erwerben muss. Sie ist populär, da sie bei der Analyse struktureller Merkmale von Makromolekülen und ihrer Homologen Spitzenprodukte anbietet. Diese Algorithmen sind auf dem Gebiet der Pharmazie sehr beliebt, und ihre Anwendung hat die Untersuchungen zur Arzneimittelentwicklung revolutioniert, da sie den alten empirischen Ansätzen eine Komponente der Vorhersage zugefügt hat. Eines der zur Zeit verbreitetsten kommerziellen Programme ist die InsightII-Umgebung, die von MSI angeboten wird (sie wurde auch zum Erstellen einiger der Abbildungen in diesem Buch benutzt). MSI ist eine Gentechnik- und Bioinformatikfirma mit Sitz in La Jolla, Kalifornien, die sich auf Software zur Strukturvorhersage und -analyse spezialisiert hat. MSI beschäftigt sich vor allem mit dem Design und der Weiterentwicklung ihrer eigenen kommerziellen Algorithmen und Software, die den Bedürfnissen einer Reihe von Biotechnologie- und Pharmaziefirmen entsprechen. Die Firma arbeitet auch mit vielen Forschern an akademischen Einrichtungen zusammen und bemüht sich ständig, ihre technologische Führungsposition zu erhalten. MSI stellt eine Reihe benutzerfreundlicher aber dennoch anspruchsvoller Software über die InsightII-Umgebung zur Verfügung und bietet auch Spezialsoftware für schwierige Rechenprobleme an. So kann man zum Beispiel das Softwareprogramm Affinity zum rationellen Design von Arzneimitteln einsetzen,

während Werkzeuge wie Homology zur Vorhersage der dreidimensionalen Struktur eines Proteins über Homologe mit bekannter 3-D-Struktur geeignet ist.

Welche Hardware braucht man für die MSI-Software?
Gegenwärtig ist die InsightII-Umgebung nur für Silicon Graphics und IBM RISC System/6000 Workstations erhältlich.

Welche grafische Umgebung benötigt InsightII?
Die meisten MSI-Softwaremodule benötigen das InsightII 3-D Grafikprogramm. Seine grafische Benutzeroberfläche ist sehr benutzerfreundlich (wie in Farbbild 5.7 gezeigt*), und ermöglicht die Benutzung aller anderen kompatiblen Softwaremodule. Eine Reihe interaktiver Lernhilfen werden bei vielen der anspruchsvollen Computerwerkzeuge zur Verfügung gestellt, damit der Lernvorgang weiter erleichtert wird.

Es folgt eine Liste der MSI-Module, die gegenwärtig in der akademischen Forschung und der Industrie eingesetzt werden (von der Homepage von MSI angepasst: www.msi.com):

- Biopolymer: dieses Modul hilft bei der Konstruktion von Modellen von Proteinen, Nucleinsäuren und Kohlenhydraten. Diese Modelle kann man bei einer Reihe von Simulationsaufgaben einsetzen.
- Profiles-3-D: dieses Modul ermöglicht es dem Benutzer, die Kompatibilität der Aminosäuren in ihrer Umgebung mit einer Datenbank mit 3-D-Profilen zu bewerten. Die Kompatibilität ist ein Maß zur Verifizierung der modellierten Struktur und ihrer Sequenz[1]. Diese Methode versucht, eine Antwort auf die Frage zu finden: Ist die Abfragesequenz mit einem bekannten dreidimensionalen Profil kompatibel?
- DelPhi: dieses Modul benutzt man in der Regel, um Solvatisierungsenergien und elektrostatische Potenziale zu berechnen.
- Homology: dieses Modul setzt man zur Konstruktion von 3-D-Modellen von Proteinen. Dabei benutzt man Sequenzhomologe mit bekannter Struktur als Matrize.
- ELF: dieses Modul ermöglicht es dem Nutzer, die Minimumstrukturen und mehrere molekulare Wechselwirkungen zu berechnen. Man kann es auch dazu einsetzen, lösungsmittelinduzierte Effekte zu kalkulieren. Diese Effekte umfassen sowohl elektrostatische als auch Bindungsstellen-Wechselwirkungen.
- Discover: Dieses Modul benutzt man in der Regel zur Energieminimierung, für dynamische Simulationen und für Konformationsproben. Es umfasst eine Reihe validierter Kraftfelder. Discover ermöglicht es dem Benutzer, eine Reihe energetischer und struktureller Merkmale vorherzusagen, die dem untersuchten Makromolekül oder System zu Eigen sind.
- CHARm: hier handelt es sich um ein weiter fortgeschrittenes Modul, das Eigenschaften der Minimierung und der Dynamik mit Expertenmethoden wie freie Energieperturbierung (FEP) zusammen mit Quanten- und Molekularmechanik (QM/MM) oder Korrelationsanalyse einsetzt.
- Affinity: dies ist ein automatisiertes Andockungsprogramm. Dieses Modul wird üblicherweise beim rationalen Arzneimitteldesign benutzt. Es dockt den geeigneten Liganden an seinen Rezeptor an.
- Ludi[4]: Dieses Modul erlaubt es dem Forscher, den Liganden oder das untersuchte Molekül in die aktive Stelle oder Bindungsstelle des Zielproteins einzupassen. Dies

* Siehe Farbtafelteil in der Mitte des Buches.

erreicht es, indem die komplementären apolaren-apolaren beziehungsweise polaren-polaren Reste in übereinstimmende Positionen gebracht werden.

Um eine genauere Erklärung der Software und Dienstleitungen von MSI zu erhalten, sollte man die Homepage unter www.msi.com besuchen. Viele der Farbbilder in diesem Band wurden mit MSI-Software angefertigt. Wir danken den Kollegen vom MSI für ihre instruktiven und visuell erstaunlichen Bilder.

Literatur

1. Sussman, J. L. et al. *Protein Data Bank (PDB): database of three-dimensional structural information of biological macromolecules.* In: *Acta. Crystallogr. D. Biol. Crystallogr.* 54 (1998) S. 1078–1084.
2. Altschul, S. F. et al. *Basic local alignment search tool.* In: *J. Mol Biol.* 215 (1990) S. 403–410.
3. Bairoch, A.; Apweiler, R. *The SWISS-PROT protein sequence data bank and its supplement TrEMBL in 1999.* In: *Nucleic Acids Res.* 27 (1999) S. 49–54.
4. Bohm, H. J. *LUDI: rule based automatic design of new substituents for enzyme inhibitor leads.* In: *J. Comput. Aided Mol. Des.* 6 (1992) S. 593–606.

Glossar

Aminosäuren Kleine Moleküle mit unterschiedlichen chemischen Eigenschaften, die als Bausteine der → *Proteine* dienen.

Base Unterschiedliche chemische Strukturen, die man in → *Nucleinsäuren* und als Teil der → *Nucleotide* findet. Die Basen der Nucleotide bilden die Signaturbuchstaben, die die Informationsspeicherung in →*DNA*- und → *RNA*-Strängen ermöglichen.

Bibliothek 1. DNA-Bibliothek: Sammlung von →*DNA*-Fragmenten unterschiedlichen Ursprungs. 2. Chemische Bibliothek: Sammlung von Substanzen, die man durch eine Strategie zufälliger kombinatorischer Synthese erhalten hat.

Bioinformatik Computeranalyse biologischer Information wie Nucleinsäure- bzw. Proteinsequenzen und Proteinstrukturen.

cDNA Komplementäre DNA, die man aus einer mRNA-Matrize über einen reverse Transkription genannten Prozess erhält.

Chromosom Strukturell unabhängige Einheit eines →*Genoms* (s. a. →*Karyotyp*).

Contig Kontinuierliche DNA-Sequenz, die man aus einzelnen, sich an den Enden überlappenden Sequenzfragmenten erhält.

Cytoplasma Der Zellinhalt, in dem die meisten Stoffwechselreaktionen stattfinden.

DNA Desoxyribonucleinsäure, ist Teil der Chromosomen und enthält in allen Organismen die genetische Information.

Enzym Protein, das eine chemische Reaktion katalysiert.

Eukaryot Eine Gruppe von Organismen, die in ihrem →*Cytoplasma* →*Organellen* enthalten, insbesondere einen Zellkern, der alles chromosomale Material enthält.

Evolution (Biologische Evolution) Die ständigen Änderungen der genetischen Zusammensetzung lebender Organismen.

Exon Eine Gensequenz auf Chromosomen, die zur codierenden Sequenz gehört. Exonsequenzen werden von →*Introns* unterbrochen.

Gen Erbeinheit des Lebens auf der →*DNA* in →*Chromosomen*. Die einzelnen Gene codieren →*Proteine* oder →*RNA*-Moleküle. In →*eukaryotischen* Zellen sind die meisten Gene in Form von →*Exons* und →*Introns* strukturiert, wobei die ersteren die codierenden Sequenzen darstellen.

Genpool Die Zusammenstellung aller →*Gene* oder codierenden Sequenzen innerhalb einer Population eines Organismus.

genetischer Code Die „Sprache“, mit der die genetische Information auf den Chromosomen gespeichert ist. Besteht aus vier „Buchstaben“ oder →*Basen*: A (Adenin), G (Guanin), C (Cytosin) und T (Thymin). Dabei bilden Tripletts die Codons. Jedes Codon steht für eine →*Aminosäure*.

Genom Der gesamte strukturelle und funktionelle genetische Inhalt eines Organismus.

Genotyp Die Gesamtheit der →*Gene* eines Organismus.

Homologie Aus der Evolution abgeleitete Ähnlichkeit zwischen Genen oder Proteinen.

Intron Chromosomale DNA-Sequenz, die die codierende Sequenz eines →*Gens* (→*Exon* genannt) unterbricht.

Karyotyp Der Chromosomensatz eines Organismus, artspezifisch. Die →*Chromosomen* werden der Größe nach angeordnet und durch ihr Bandenmuster charakterisiert.

Klonieren, Klon 1. Organismus: Hervorbringen genetisch identischen Nachwuchses. 2. Gen: Verdoppeln einer Nucleinsäuresequenz ohne die Einführung von →*Mutationen*.

Membran Semipermeable Zellhülle, die aus Phospholipiden und Membranproteinen besteht. Phospholipide verleihen der Membran Stabilität und die Proteine sorgen für den Transport und die Signalvorgänge durch die Membran hindurch, die sonst eine impermeable Struktur darstellen würde.

Mitochondrium →*Organelle* in →*Eukaryoten*, sorgt für die sauerstoffabhängige Energie im → *Stoffwechsel*.

Mutation Änderung der Basen- oder Nucleotidsequenz in einem →*Gen* oder Änderung einer →*chromosomalen* Struktur.

Nanometer, Nanotechnologie Ein Nanometer entspricht einem Milliardstel Meter; das Wort Nanotechnologie bezieht sich auf molekulare Vorrichtungen, deren Dimensionen im Nanometerbereich liegen.

Neuron Nervenzelle, die für die elektrische und chemische Signalweiterleitung verantwortlich ist.

Nucleinsäure Makromolekül, das bei der Speicherung genetischer Information wichtig ist. Setzt sich aus →*Nucleinsäuren* zusammen, die die Sequenz der →*Gene* bestimmen. Kommt in zwei allgemeinen Formen vor, →*DNA* (Desoxyribonucleinsäure) und →*RNA* (Ribonucleinsäure).

Nucleotide Bausteine der →*DNA* und →*RNA*. Aus →*Basen*, Ribose (Zucker) und Phosphatgruppen zusammengesetzt.

Organell Kleines membranümhülltes Partikel im Cytoplasma aller →*Eukaryoten*.

ortholog Eine homologe Sequenz, die sich von einem gemeinsamen Vorfahren ableitet und in Individuen unterschiedlicher Arten zu finden ist.

paralog Eine homologe Sequenz, die von einer Genduplikation herrührt und innerhalb desselben Organismus gefunden wird.

PCR, Polymerasekettenreaktion Ein enzymvermittelter DNA-Amplifikatinsmechanismus, der sequenzspezifische Selektion der zu amplifizierenden →*DNA* erlaubt.

Polymorphismus Sequenzunterschiede, die man zwischen Individuen innerhalb einer Population an spezifischen Stellen eines →*Chromosoms* findet.

Protein Makromoleküle, die die meisten der funktionellen Aktivitäten der →*Zelle* durchführen (Zellstruktur, Regulation, Verdauung, Biosynthese). Die Proteinklassen umfassen →*Enzyme*, Hormone, →*Rezeptoren* und Antikörper.

rekombinante DNA Genetisch modifizierte oder strukturell veränderte Nucleinsäuresequenz (üblicherweise ein →*Gen*) innerhalb einer →*Vektor*- oder Wirts-→*DNA*.

Rezeptor →*Protein*, das als Bindungsstelle für Signalmoleküle wie Wachstumsfaktoren, Hormone und Neurotransmitter dient.

RNA Ribonucleinsäure. Eine Form der →*Nucleinsäuren*, die in drei unterschiedlichen polymeren Formen vorkommt: Messenger-RNA, die die Translation der →*DNA* in Aminosäuresequenzen vermittelt, Transfer-RNA, die →*Aminosäuren* an die entsprechenden Codons der Messenger-RNA koppelt und ribosomale RNA, die ein Teil der Ribosomen ist, der cytoplasmatischen Partikel, die die Proteinbiosynthese katalysieren.

Stoffwechsel Chemische Reaktionen in →*Zellen* zum Abbau und zur Biosynthese von Molekülen. Aus Nährstoffen wird chemische Energie gewonnen und zum Aufbau von Makromolekülen, zum Transport, zur Signalweiterleitung und zum Wachstum gebraucht.

Vektor-DNA Ein kleiner DNA-Abschnitt, der bestimmte vorgegebene regulatorische und codierende Sequenzen enthält. Vektor-DNA dient dem Eingliedern und der Amplifizierung eines Gens in ein Zielgenom.

Zelle Grundlegende, sich selbst erhaltende Einheit lebender Organismen. Setzt sich aus der Zell→*Membran* als Außengrenze, die das →*Cytoplasma* umgibt und internen →*Organellen*, die spezielle Aufgaben ausführen (s. →*Mitochondrium*), zusammen.

Zellkultur Eine künstlich (*in vitro*) in einem Wachstumsmedium gehaltene Zellpopulation, die einen spezifisch isolierten Zelltyp enthält. Man benutzt sie zur Expression →*rekombinanter DNA* oder von →*Proteinen* und für physiologische Untersuchungen, bei der Simulation von Experimenten, die sonst mit lebenden Organismen ausgeführt werden müssten.

Index

D

E

F

G

H

I

K

L

M

N

O

P

Q

R

S

T

U

V

W

Y

Z

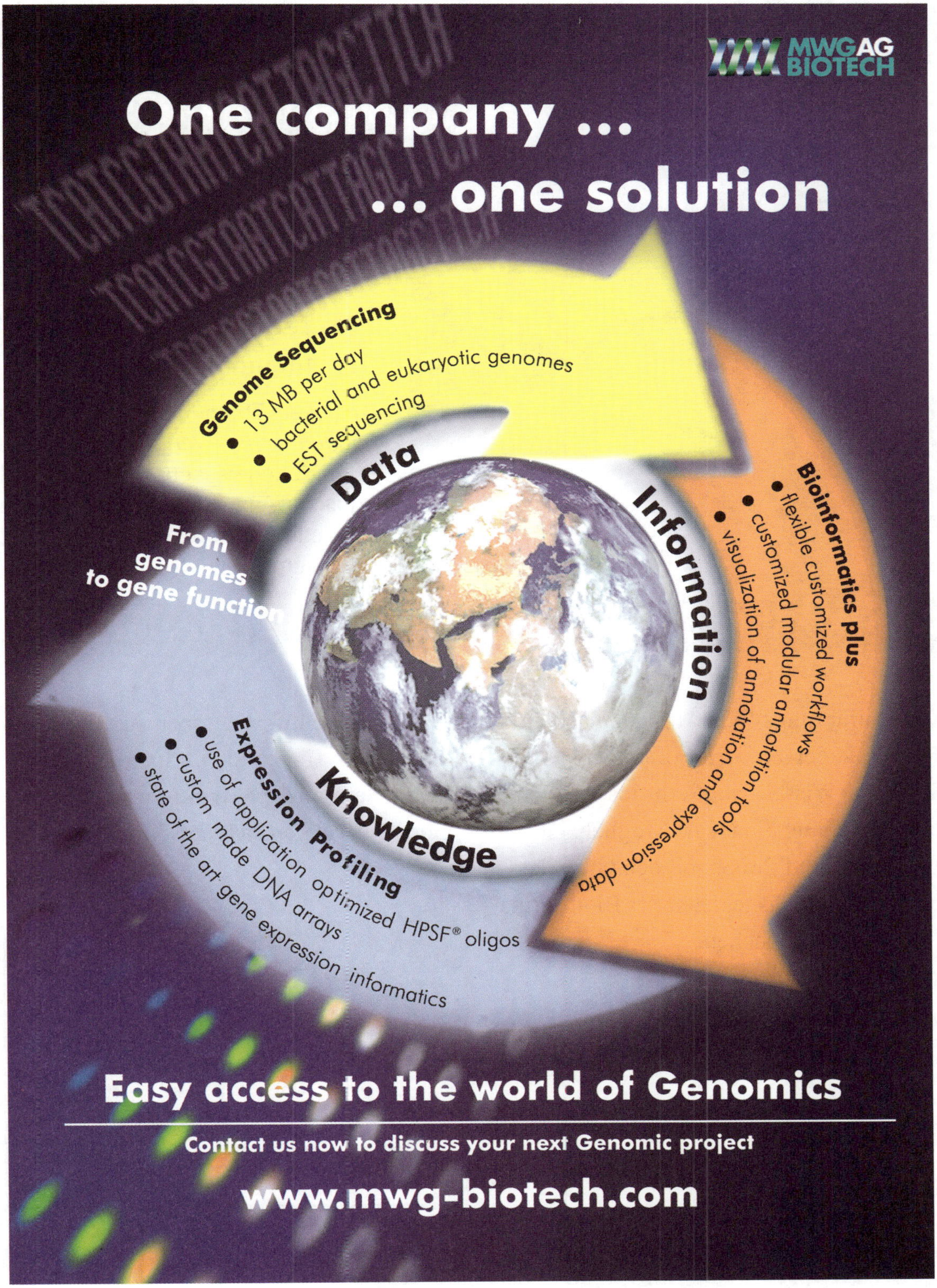
MWG AG BIOTECH
One company ...
... one solution
Genome Sequencing
• 13 MB per day
• bacterial and eukaryotic genomes
• EST sequencing
Data
Information
Bioinformatics plus
• flexible customized workflows
• customized modular annotation tools
• visualization of annotation and expression data
Knowledge
Expression Profiling
• use of application optimized HPSF® oligos
• custom made DNA arrays
• state of the art gene expression informatics
From genomes to gene function
Easy access to the world of Genomics
Contact us now to discuss your next Genomic project
www.mwg-biotech.com